普通高等教育机械类系列教材

机械制造技术基础

杜 劲 主 编

张培荣 衣明东 副主编

电子工业出版社
Publishing House of Electronics Industry
北京·BEIJING

内 容 简 介

本书主要介绍机械制造技术的相关内容，包括零件成形方法、机械制造中的加工方法、生产过程与组织、金属切削原理及刀具、金属切削机床、工件定位与夹具设计、机械零件加工质量分析与控制、机械加工工艺规程设计、先进制造技术等。本书注重基本理论知识的阐述，兼顾新技术、新工艺及其发展方向的介绍，强调培养学生运用基础理论知识解决生产实际问题的能力。本书引用大量常见的工程案例，使读者了解相关知识来源于工程实践又指导工程实践的实际应用价值，加深读者对所学课程专业知识的理解。

本书可作为高等工科院校机械类专业及相关专业的专业基础课教材，也可作为成人高校机械类本科专业教材，还可供制造企业的工程技术人员参考。

图书在版编目（CIP）数据

机械制造技术基础 / 杜劲主编. —北京：电子工业出版社，2022.11

ISBN 978-7-121-44684-9

Ⅰ．①机… Ⅱ．①杜… Ⅲ．①机械制造工艺－高等学校－教材 Ⅳ．①TH16

中国版本图书馆 CIP 数据核字（2022）第 238044 号

责任编辑：杜　军　　　　　　特约编辑：田学清
印　　刷：三河市华成印务有限公司
装　　订：三河市华成印务有限公司
出版发行：电子工业出版社
　　　　　北京市海淀区万寿路 173 信箱　　　邮编：100036
开　　本：787×1092　　1/16　　印张：17.5　　字数：437 千字
版　　次：2022 年 11 月第 1 版
印　　次：2022 年 11 月第 1 次印刷
定　　价：52.00 元

凡所购买电子工业出版社图书有缺损问题，请向购买书店调换。若书店售缺，请与本社发行部联系，联系及邮购电话：(010) 88254888，88258888。

质量投诉请发邮件至 zlts@phei.com.cn，盗版侵权举报请发邮件至 dbqq@phei.com.cn。

本书咨询联系方式：dujun@phei.com.cn。

前　言

本书是齐鲁工业大学（山东省科学院）机械工程学部组织编写的机械设计制造及自动化专业核心课程指导教材。本书是根据教育部等国家部委关于应用型紧缺人才培养、培训工程的要求，吸收了普通高等院校教学改革的成功经验，把《金属切削原理与刀具》《金属切削机床》《机械制造工艺学》《机床夹具设计》等教材的内容有机地结合在一起，编成一本书，形成一种新的教材体系。

本书注重基本理论知识的阐述，兼顾新技术、新工艺及其发展方向的介绍，强调培养学生运用基础理论知识解决生产实际问题的能力。本书梳理机械制造技术相关教学内容，结合课程特点、思维方法和价值理念，培养学生科学思维、科学精神与工匠精神，达到润物无声的育人效果。课程设置的主导思想是以金属切削理论为基础，以金属切削机床和切削刀具为抓手，以机械制造工艺为主线，以获得合格零件、装备为目标，使读者深入了解和掌握机械装备制造的基本理论和基本技术，同时注重培养学生的实践能力。齐鲁工业大学（山东省科学院）"机械制造技术基础"教学团队基于校（院）人才培养定位和机械类专业人才培养特色，发挥校（院）科教融合特色和优势，定期开展教学研讨，将本领域最新科技进展引入本书。本书借助齐鲁工业大学科教融合 2.0 实践，挖掘山东省机械设计研究院所完成的工程项目案例，并结合本专业相关合作企业的工作案例，将新的科技研发动态与基础理论知识相融合，融入教材编写和课程教学过程中，培养学生解决机械制造复杂工程问题的能力。本书是在齐鲁工业大学教材建设基金资助下完成的，还获得齐鲁工业大学机械工程学部学科专业建设经费的支持。

本书第 1 章由张玮负责编写，第 2 章由张培荣负责编写，第 3 章由衣明东负责编写，第 4 章由张鹏负责编写，第 5 章由周婷婷负责编写，第 6 章由孙玉晶负责编写，第 7 章由刘腾云负责编写，第 8 章由杜劲负责编写。全书由杜劲统稿，夏岩负责统一全部稿件的格式。

由于编者水平有限，书中难免存在疏漏和不足之处，敬请广大读者批评指正。

编　者

目　　录

第1章 绪论

1.1 制造业和机械制造技术

制造业是国民经济发展的支柱产业，是科学技术发展的载体，也是科学技术转化为规模生产力的工具和桥梁。机械制造技术是一个国家综合制造能力的集中体现，也是衡量一个国家工业化水平和综合国力的重要标准。

1.2 常用的机械制造技术

1.2.1 材料成形方法

在机械制造过程中，各种材料成形方法主要用于产品零件的毛坯制造。因为铸造、锻压、焊接等制造工艺都需要将金属材料加热，所以传统上也将它们统称为热加工工艺。

1. 铸造

铸造是一种金属热加工工艺，已有约 6000 年的历史。铸造是指将固态金属熔化为液态倒入特定形状的铸型，待其凝固成形的加工方式。被铸金属通常有铜、铁、铝、锡、铅等，普通铸型的材料是原砂、黏土、水玻璃、树脂及其他辅助材料。特种铸造包括熔模铸造、消失模铸造、金属型铸造、陶瓷型铸造等，原砂包括镁砂、锆砂、铬铁矿砂、镁橄榄石砂等。铸造过程如图 1.1 所示。

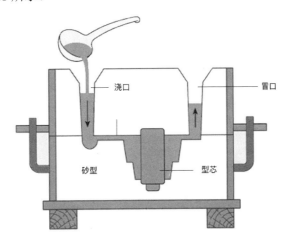

图 1.1 铸造过程

1）铸造的定义

国家标准 GB/T5611—2017 中给出的铸造的定义为：

熔炼金属，制造铸型（芯），并将熔融金属浇入铸型，凝固后获得具有一定形状、尺寸和性能的金属零件毛坯的成形方法。

铸造是将金属熔炼成符合一定要求的液体并浇进铸型里，经冷却凝固、清整处理后得到有预定形状、尺寸和性能的铸件的工艺过程。铸造毛坯因近乎成形，可达到免机械加工或少量加工的目的，降低了成本并在一定程度上减少了制作时间。铸造是现代装置制造工业的基础工艺之一。

2）铸造的分类

铸造主要有砂型铸造和特种铸造两大类。

（1）砂型铸造。

砂型铸造利用砂作为铸型材料，又称砂铸、翻砂，包括湿砂型、干砂型和化学硬化砂型三类，但并非所有砂均可用以铸造。砂型铸造的优点是成本较低，因为铸型所使用的砂可重复使用；缺点是制造铸型耗时长，且铸型本身不能被重复使用，必须破坏后才能取得铸件。

在生产中，砂芯的制造方法总体上可分为手工制芯和机器制芯。

（2）特种铸造。

砂型铸造虽然有很多优点，但是砂型铸造的铸件，其尺寸精度和表面质量及内部质量在某些方面不能满足要求，因此出现了与砂型铸造有显著区别的其他铸造方法，统称为特种铸造，常见的有熔模铸造、金属型铸造、压力铸造、离心铸造等。

① 熔模铸造。

熔模铸造又称失蜡铸造，是用易熔材料（如蜡料）制成精确的可熔性模样并组装成蜡模组，然后在模样表面反复涂上若干层耐火材料，经过干燥、硬化成整体型壳，再加热型壳，熔去蜡模，经高温熔烧制成耐火型壳，将液体金属浇入型壳中，金属冷凝后敲掉型壳获得铸件的方法。

熔模铸造的生产流程包括压制蜡模、制作蜡模组、制作模壳、熔模（失蜡）、焙烧模壳、填砂、浇注、清理等过程。

熔模铸造的优点是铸造精度高，表面质量好，适用于各种铸造合金，特别是一些高熔点合金和难以切削加工的合金铸件；可铸造出形状复杂的薄壁铸件。但是熔模铸造工艺繁杂，生产周期长；原材料价格高，铸件成本高；影响铸件质量的因素多，必须严格控制各道工艺。熔模铸造是一种精密铸造，主要用于汽轮机、涡轮发动机、纺织机械、汽车、拖拉机、风动工具、机床等。

② 金属型铸造。

金属型铸造是将液态金属在重力作用下浇入金属铸型内以获得铸件的方法。金属铸型常用铸铁、铸钢或其他合金制成。金属铸型可以重复浇注几百次至数万次。

金属型铸造有很多优点：金属铸型导热快，冷却速度快；金属铸型可以反复使用，生产效率高；金属型铸件的尺寸精度高，表面质量好。但是金属铸型本身的制造成本高，生产周期长，且金属铸型冷却速度快，容易产生冷隔、浇不足等铸件缺陷。因此，生产中必须严格控制金属铸型的浇注温度、预热温度和开型时间。所以它不宜生产形状复杂的薄壁铸件，主要用于生产铝、镁、铜等低熔点的有色金属铸件，如活塞、气缸体等。

③ 压力铸造。

压力铸造是将液态金属在高压作用下充填金属铸型，并在保持压力的情况下凝固成铸件的铸造方法。压力铸造常用的压力为 5MPa～70MPa，有时高达 200MPa，充型时间很短，一般只有 0.1～0.2s。为了承受高压、高速金属液的冲击，铸型一般使用耐热合金钢制造。

压力铸造的优点是铸件尺寸精度高，表面质量好；强度和硬度等力学性能高；可铸造形状复杂的薄壁铸件，可嵌铸其他材料；易于实现机械化、自动化生产，生产效率高。缺点是铸型制造周期长，设备投资大，制造成本高；铸件内部常有气孔和氧化物夹杂。压力铸造主要用于薄壁且形状复杂的熔点较低的锌、铝、镁及铜合金铸件的大批生产，广泛用于汽车、仪表、航空及日用品铸件的生产中。

④ 离心铸造。

离心铸造是将液态金属浇入高速旋转的铸型内，在离心力作用下充填铸型，凝固后获得铸件的方法。

离心铸造的优点是熔融的金属在离心力作用下凝固成形，故铸件组织致密，没有缩孔、气孔和渣眼等缺陷，力学性能高；铸造具有圆形内腔的铸件时，不需要型芯和浇注系统，提高了金属材料的利用率。离心铸造的缺点是靠离心力铸出内孔，尺寸不精确，且内壁非金属夹杂多，需要增大内孔的切削余量。离心铸造常用于铸造水管、套类空心旋转体铸件，以及双层金属（如缸套铜衬）复合材料铸件。

3）铸造工艺

铸造工艺可分为三个基本部分，即铸造金属准备、铸型准备和铸件处理。

铸造金属是指铸造生产中用于浇注铸件的金属材料，它是以一种金属元素为主要成分，加入其他金属或非金属元素而组成的合金，习惯上称为铸造合金，主要有铸铁、铸钢和铸造有色合金。

铸型（使液态金属成为固态铸件的容器）按所用材料可分为砂型、金属型、陶瓷型、泥型、石墨型等，按使用次数可分为一次性型、半永久型和永久型。铸型的质量是影响铸件质量的重要因素。

铸件处理包括清除型芯和铸件表面异物、去毛刺等以及热处理、整形、防锈处理和粗加工等。

4）铸造的优缺点

（1）优点。

① 可以生产形状复杂的零件，尤其是具有复杂内腔的毛坯；

② 适应性广，工业上常用的金属材料均可铸造；

③ 原材料来源广泛，价格低廉，如废钢、废件、切屑等；

④ 铸件的形状尺寸与零件非常接近，减少了切削量，可降低加工成本；

⑤ 应用广泛，农业机械中 40%～70%、机床中 70%～80%的零件都是铸件。

（2）缺点。

① 砂型铸造中，一般为单件小批生产，工人劳动强度大；

② 铸件质量不稳定，工序多，影响因素复杂，易产生许多缺陷，力学性能不如锻件。

铸造的缺陷对铸件质量有很大的影响，因此，在选择铸造合金和铸造方法时就要打好基础，结合铸件主要缺陷的形成与防治，提高铸件的质量。

2．锻压

锻压是锻造和冲压的总称，是利用锻压机械的锤头、砧块、冲头或通过模具对坯料施加外力，使其产生塑性变形，从而获得所需形状和尺寸的制件的成形加工方法。锻压过程如图 1.2 所示。

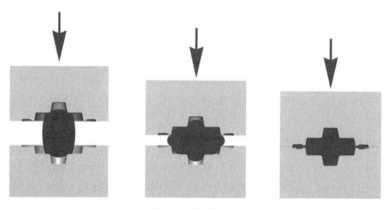

图 1.2　锻压过程

在锻造加工中，坯料整体或局部发生明显的塑性变形，有较大距离的塑性流动；在冲压加工中，坯料主要通过改变各部位的空间位置而成形，其内部不出现较大距离的塑性流动。锻压主要用于加工金属制件，也可用于加工某些非金属制件，如工程塑料制件、橡胶制件、陶瓷坯制件、砖坯及复合材料制件等。

锻压和冶金工业中的轧制、拉拔等都属于塑性加工，但锻压主要用于生产金属制件，而轧制、拉拔等主要用于生产板材、带材、管材、型材和线材等通用性金属材料。

1）锻压的分类

锻压主要按成形方式和变形温度分类。按成形方式，锻压可分为锻造和冲压两大类。按变形温度，锻压可分为热锻压、冷锻压、温锻压和等温锻压四类。

（1）热锻压。

热锻压是在金属再结晶温度以上进行的锻压。提高温度能改善金属的塑性，有利于提高工件的内在质量，使其不易开裂。高温还能减小金属的变形抗力，降低所需锻压机械的吨位。但热锻压工序多，工件精度差，表面不光洁，锻件容易产生氧化、脱碳和烧损等缺陷。当加工工件大、厚，材料强度高、塑性低时（如特厚板的辊弯、高碳钢棒的拔长等），常采用热锻压。当金属（如铅、锡、锌、铜、铝等）有足够的塑性且变形量不大（如在大多数冲压加工中）时，或变形总量大但所用的锻压工艺（如挤压、径向锻造等）有利于金属的塑性变形时，常不采用热锻压，而改用冷锻压。为使一次加热完成尽量多的锻压工作量，热锻压的始锻温度与终锻温度间的温度区间应尽可能大。但始锻温度过高会引起金属晶粒生长过大，从而降低锻压件的质量。温度接近金属熔点时则会发生晶间低熔点物质熔化和晶间氧化，造成过烧。过烧的坯料在锻压时往往碎裂。

（2）冷锻压。

冷锻压是在低于金属再结晶温度下进行的锻压，通常所说的冷锻压专指在常温下的锻压。

在常温下冷锻压成形的工件，其形状和尺寸精度高，表面光洁，加工工序少，便于自动化生产。许多冷锻件、冷冲压件可以直接用作零件或制品，不再需要进行切削加工。但冷锻时，因金属的塑性低，在变形时易开裂，变形抗力大，所以需要大吨位的锻压机械。

（3）温锻压。

将在高于常温、但又不超过再结晶温度范围内的锻压称为温锻压。温锻压的加热温度较热锻压低许多。温锻压的优点：锻件尺寸精度较高，表面较光洁且变形抗力不大。

（4）等温锻压。

等温锻压是在整个成形过程中坯料温度保持恒定值的锻压。等温锻压是为了充分利用某些金属在某一温度下所具有的高塑性，或是为了获得特定的组织和性能而采用的工艺。等温锻压需要将模具和坯料一起保持恒温，所需费用较高，仅用于特殊的成形工艺，如超塑成形。

2）锻压机械

锻压机械主要用于金属成形。锻压机械是通过对金属施加压力使其成形的设备，其基本特点为压力大，故多为重型设备，设备上多有安全防护装置，以保障设备和人身安全。锻压机械主要包括各种锻锤、压力机和其他辅助机械。

锻锤是以重锤落下或强迫工作部分高速运动产生的动能对坯料做功，使其产生塑性变形的机械。锻锤结构简单、工作灵活、易于维修，适用于自由锻造和模型锻造。但锻锤振动较大，较难实现自动化生产。

压力机包括机械压力机、液压机、旋转锻压机等压力设备。机械压力机是用曲柄连杆机构、曲柄肘杆机构、凸轮机构或螺杆机构传动，工作平稳、工作精度高、操作条件好、生产效率高，易于实现机械化、自动化，适于在自动线上工作。机械压力机在各类锻压机械中使用最广泛。

液压机是以高压液体（如水、油、乳化液等）传送工作压力的锻压机械。液压机用静力锻造，有利于锻透金属、改善金属组织，工作平稳，但生产效率低。

旋转锻压机是锻造与轧制相结合的锻压机械。在旋转锻压机上，变形过程是由局部变形逐渐扩张而形成的，所以变形抗力小、机械质量小、工作平稳、无振动，易实现自动化生产。辊锻机、卷板机、多辊矫直机、辗扩机等都属于旋转锻压机。

3）锻压的特点

（1）锻压可以改变金属的组织，提高金属的性能。铸锭经过热锻压后，原来铸态的疏松、孔隙、微裂等被压实或焊合；原来的枝状结晶被打碎，使晶粒变小；同时改变原来碳化物的偏析和不均匀分布，使组织均匀，从而获得内部密实、均匀、细微、综合性能好、使用可靠的铸件。锻件经热锻变形后，金属呈纤维状；经冷锻变形后，金属晶体呈有序结构。

（2）锻压使金属产生塑性流动而制成所需形状的工件。金属受外力产生塑性流动后体积不变，而且金属总是向阻力最小的方向流动。生产中常根据这些规律控制工件的形状，实现镦粗、拔长、扩孔、弯曲、拉深等变形。

（3）锻压出的工件尺寸精确，有利于批量生产。

4）常见锻压方法

（1）锻造。它是在加压设备及工（模）具的作用下，使坯料、铸锭产生局部或全部的塑性变形，以获得一定几何尺寸、形状和质量的锻件的加工方法。锻造包括自由锻造和模型锻造。

（2）板料冲压。利用冲裁力或静压力，使金属板料在冲模之间受压产生分离或成形而获得所需产品的加工方法。

（3）轧制。利用轧制力（摩擦力），使金属在回转轧辊的间隙中受压变形而获得所需产品的加工方法。轧制生产所用原材料主要是钢锭，轧制的产品有型钢、钢板、无缝钢管等。

（4）挤压。利用强大的压力，使金属坯料从挤压模的模孔内挤出并获得所需产品的加工方法。挤压的产品有各种形状复杂的型材。

（5）拉拔。利用拉力，将金属坯料从拉模孔中拉出，并获得所需产品的加工方法。拉拔的产品有线材、薄壁管和各种特殊几何形状的型材。

5）锻压技术的发展趋势

未来锻压工艺将向提高锻压件的内在质量、发展精密锻造和精密冲压技术、研制生产效率和自动化程度更高的锻压设备和锻压生产线、发展柔性锻压成形系统、发展新型锻压材料和锻压加工方法等方向发展。

（1）进一步提高锻压件的内在质量，主要是提高它们的力学性能（强度、塑性、韧性、疲劳强度等）和可靠度。这需要更好地应用金属塑性变形的理论和内在质量更好的材料，如真空处理钢和真空冶炼钢；正确进行锻前加热和锻后热处理；更严格和更广泛地对锻压件进行无损探伤（无损检测）。

（2）进一步发展精密锻造和精密冲压技术。减少切削加工可提高材料利用率、劳动生产率和降低能源消耗，是机械工业未来的发展方向。锻坯少、无氧化加热，以及高硬、耐磨的模具材料和表面处理方法的发展将有利于精密锻造、精密冲压的广泛应用。

（3）研制生产率和自动化程度更高的锻压设备和锻压生产线。专业化生产可大幅度地提高劳动生产率和降低锻压成本。

（4）发展柔性锻压成形系统（应用成组技术、快速换模等）。多品种、小批的锻压生产利用高效率和高度自动化的锻压设备或生产线，能使其生产效率和经济效益接近于大批生产。

（5）发展新型材料，如粉末冶金材料（特别是双层金属粉）、液态金属、纤维增强塑料和其他复合材料的锻压加工方法，发展超塑性成形、高速成形、内高压成形等技术。

3．焊接

焊接是一种以加热、高温或者高压的方式连接金属或其他热塑性材料（如塑料）的制造工艺及技术。焊接如图1.3所示。

图1.3　焊接

现代焊接的能量来源有很多种，包括气体焰、电弧、激光、电子束、摩擦和超声波等。除在工厂中使用外，焊接还可以在多种环境下使用，如野外、水下和太空中等。无论在何处，焊接都可能给操作者带来危险，所以在进行焊接时必须采取适当的防护措施。焊接可能给人体造成的伤害包括烧伤、触电、视力损害、吸入有毒气体、紫外线照射过度等。

（1）焊条电弧焊。

原理：用手工操作焊条进行焊接的电弧焊方法。利用焊条与焊件之间建立起来的稳定燃烧的电弧，使焊条和焊件熔化，从而获得牢固的焊接接头。焊条电弧焊的焊接区域的保护方法属于气渣联合保护。

主要特点：操作灵活，待焊接头装配要求低，可焊接的金属材料广泛；但生产效率低，焊缝质量依赖性强（依赖于焊工的操作技能及现场发挥）。

应用：广泛用于轮船、锅炉及压力容器、机械、化工设备等的制造维修行业中；适用于制造上述行业中各种金属材料、各种厚度、各种结构形状的焊件。

（2）埋弧焊（自动焊）。

原理：电弧在焊剂层下燃烧进行焊接的方法。利用焊丝和焊件之间燃烧的电弧产生的热量，熔化焊丝、焊剂和焊件而形成焊缝。埋弧焊的焊接区域的保护方法属于渣保护。

主要特点：生产效率高，焊缝质量好，成本低，劳动条件好；但施焊空间受限，对焊件装配质量要求高；不适合焊接薄板（焊接电流小于100A时，电弧稳定性不好）和短焊缝。

应用：广泛用于轮船、锅炉、桥梁、起重机械及冶金机械等的制造。凡是焊缝可以保持在水平位置或倾斜角不大的焊件，均可采用埋弧焊；板厚需大于5mm（防烧穿），可焊接碳素结构钢、低合金结构钢、不锈钢、耐热钢、复合钢材等。

（3）二氧化碳气体保护焊（自动或半自动焊）。

原理：利用二氧化碳作为保护气体的熔化极电弧焊方法。其焊接区域的保护方法属于气保护。

主要特点：生产效率高，成本低，焊件变形小（电弧加热集中），质量高，操作简单；但飞溅率大，很难用交流电源焊接，抗风能力差，不能焊接易氧化的有色金属。

应用：主要焊接各种厚度的低碳钢及低合金钢；广泛用于机车和车辆、化工机械、农业机械、矿山机械等的制造。

（4）MIG/MAG焊（熔化极惰性气体保护电弧焊/活性气体保护电弧焊）。

MIG焊（MAG焊）的原理：采用惰性气体（或惰性气体中加入少量活性气体）作为保护介质，使用焊丝作为熔化电极的一种电弧焊方法。

MIG焊的保护介质：惰性气体，如氩气或氦气或它们的混合物。

MAG焊的保护介质：在惰性气体中加入少量活性气体，如氧气、二氧化碳等。

主要特点：焊件质量好，生产效率高，无脱氧去氢反应（易形成焊接缺陷，对焊接材料表面清理要求特别严格）；但抗风能力差，焊接设备复杂。

应用：几乎能焊接所有的金属材料，主要用于有色金属及其合金，不锈钢及某些合金钢的焊接；最小厚度约为1mm，最大厚度基本不受限制。

（5）TIG焊（钨极惰性气体保护电弧焊）。

原理：在惰性气体保护下，利用钨极与焊件间产生的电弧热熔化焊件和填充焊丝（也可不加填充焊丝），形成焊缝的焊接方法。焊接过程中电极不熔化。

主要特点：适应能力强（电弧稳定，不会产生飞溅）；但生产效率低（钨极承载电流能力较差），生产成本较高。

应用：几乎可焊所有金属材料，常用于不锈钢，铝、镁、钛及其合金，难熔活泼金属（锆、钽、钼、铌等）和异种金属的焊接；可焊接厚度在6mm以下的焊件，或作为厚件的打底焊；利用小角度坡口（窄坡口技术）可以实现90mm以上厚度的窄间隙TIG自动焊。

（6）等离子弧焊。

原理：借助水冷喷嘴对电弧的约束作用，获得较高能量密度的等离子弧进行焊接的方法。

主要特点：①能量集中、温度高，对大多数金属在一定厚度范围内都能获得小孔效应，可以充分熔透金属，形成均匀的焊缝。②电弧挺度好，等离子弧基本为圆柱形，弧长变化对焊件上的加热面积和电流密度影响比较小。所以，等离子弧焊的弧长变化对焊缝成形的影响不明显。③焊接速度快。④能够焊接更细、更薄的工件。⑤设备复杂，成本较高。

1.2.2　金属切削加工方法

在产品制造过程中，各种金属切削加工方法主要用于产品零件的加工成形。切削加工时一般不需要对零件进行加热，因此传统上也将其称为冷加工。

1. 车削

车削加工是机械加工的一部分。车削加工是在车床上主要用车刀对旋转的工件进行切削的加工方法。在车床上还可用钻头、扩孔钻、铰刀、丝锥、板牙和滚花工具等进行相应的加工。车床主要用于加工轴、盘、套和其他具有回转表面的工件，是机械制造和修配工厂中使用最广的一类机床。车削加工如图1.4所示。

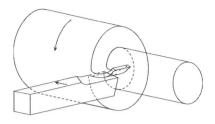

图 1.4 车削加工

车削加工时，工件旋转，车刀在平面内做直线或曲线移动。车削可用以加工工件的内外圆柱面、端面、圆锥面、成形面和螺纹等。

车削内外圆柱面时，车刀沿平行于工件旋转轴线的方向运动。车削端面或切断工件时，车刀沿垂直于工件旋转轴线的方向运动。如果车刀的运动轨迹与工件旋转轴线成一斜角，就能加工出圆锥面。车削回转体表面，可采用成形刀具法或刀尖轨迹法。

车削时，工件由车床主轴带动旋转，做主运动；夹持在刀架上的车刀做进给运动。切削速度 v 是旋转的工件加工表面与车刀接触点处的线速度（单位为 m/min）；切削深度是每一切削行程中工件待加工表面与已加工表面间的垂直距离（单位为 mm），但在切断和成形车削时则为垂直于进给方向的车刀与工件的接触长度（单位为 mm）。进给量表示工件每转一转时车刀沿进给方向的位移量（单位为 mm/r），也可用车刀每分钟的进给量（单位为 mm/min）表示。用高速钢车刀车削普通钢材时，切削速度一般为 25～60m/min，用硬质合金车刀车削普通钢材时，切削速度为 80～200m/min；用涂层硬质合金车刀车削普通钢材时，最高切削速度可达 300m/min。

车削一般分为粗车和精车（包括半精车）两类。粗车力求在不降低切削速度的条件下，采用大的切削深度和大的进给量以提高车削效率，但加工精度只能达到 IT11，表面粗糙度 Ra 为 20～10μm；半精车和精车尽量采用高速而较小的进给量和切削深度，加工精度为 IT10～IT7，表面粗糙度 Ra 为 10～0.16μm。在高精度车床上用精细修研的金刚石车刀高速精车有色金属件，可使加工精度为 IT7～IT5，表面粗糙度 Ra 为 0.04～0.01μm，这种车削称为镜面车削。如果在金刚石车刀的切削刃上修研出 0.1～0.2μm 的凹、凸形，则车削的表面会产生凹凸极微而排列整齐的条纹，在光的衍射作用下呈现锦缎般的光泽，可作为装饰性表面，这种车削称为虹面车削。

车削加工时，如果在工件旋转的同时，车刀以相应的转速（刀具转速一般为工件转速的几倍）与工件同向旋转，就可以改变车刀和工件的相对运动轨迹，加工出截面为多边形（三角形、长方形、菱形和六边形等）的工件。如果车刀在纵向进给的同时，相对于工件每转一转，给刀架附加一个周期性的径向往复运动，就可以加工凸轮或其他非圆形断面的表面。在铲齿车床上，按类似的工作原理可加工某些多齿刀具（如成形铣刀、齿轮滚刀）刀齿的后刀面，称为铲背。

2. 铣削

铣削是指使用旋转的多刃刀具切削工件，是高效率的加工方法。铣削时刀具旋转（做主运动），工件移动（做进给运动），工件也可以固定，但此时旋转的刀具还必须移动（同时完成主运动和进给运动）。铣削用的机床有卧式铣床和立式铣床，还有大型的龙门铣床。

这些铣床可以是普通铣床，也可以是数控铣床。铣削常用来加工平面、沟槽、各种成形面（如花键、齿轮和螺纹）和模具的特殊形面等。铣削加工如图1.5所示。

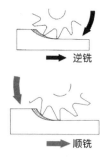

图1.5　铣削加工

铣床按其结构可以分为以下几类。

（1）台式铣床：小型的用于铣削仪器、仪表等小型零件的铣床。

（2）悬臂式铣床：是铣头装在悬臂上的铣床，床身水平布置，悬臂通常可沿床身一侧立柱导轨做垂直移动，铣头沿悬臂导轨移动。

（3）滑枕式铣床：主轴装在滑枕上的铣床，床身水平布置，滑枕可沿滑鞍导轨做横向移动，滑鞍可沿立柱导轨做垂直移动。

（4）龙门铣床：床身水平布置，其两侧的立柱和连接梁构成门架的铣床。铣头装在横梁和立柱上，可沿其导轨移动。通常横梁可沿立柱导轨横向移动，工作台可沿床身导轨纵向移动。

（5）平面铣床：用于铣削平面和成形面的铣床，床身水平布置，通常工作台沿床身导轨纵向移动，主轴可沿轴向移动。它结构简单，生产效率高。

（6）仿形铣床：对工件进行仿形加工的铣床，一般用于加工复杂形状的工件。

（7）升降台铣床：具有可沿床身导轨垂直移动的升降台的铣床，通常安装在升降台上的工作台和滑鞍可分别做纵向、横向移动。

（8）摇臂铣床：摇臂装在床身顶部，铣头装在摇臂一端，摇臂可在水平面内回转和移动，铣头可在摇臂的端面上回转一定角度的铣床。

（9）床身式铣床：工作台不能升降，可沿床身导轨做纵向移动，铣头或立柱可做垂直移动的铣床。

（10）专用铣床：如工具铣床，是用于铣削工具模具的铣床，加工精度高。

3．刨削

刨削是在刨床上用刨刀相对工件做直线往复运动的切削加工方法，主要用于零件的外形加工。

刨削是平面加工的主要方法之一。常见的刨床有牛头刨床、龙门刨床等。

刨削是单件小批生产的平面加工常用的加工方法，加工精度一般为IT9～IT7，表面粗糙度 Ra 为12.5～1.6μm。

刨削的主运动是工件的变速往复直线运动。因为在变速时有惯性，限制了切削速度的提高，并且在回程时不切削，所以刨削生产效率低。但刨削所需的机床、刀具结构简单，制造安装方便，容易调整，通用性强，因此在单件小批生产中，特别是加工狭长平面时得到广泛应用。

刨削主要用来加工平面（包括水平面、垂直面和斜面），也广泛地用于加工直槽，如直角槽、燕尾槽和 T 形槽等，如果进行适当的调整和增加某些附件，还可以用来加工齿条、齿轮、花键和母线为直线的成形面等。

牛头刨床的最大刨削长度一般不超过 1000 mm，因此只适合加工中、小型工件，龙门刨床主要用来加工大型工件，或同时加工多个中、小型工件。例如，济南第二机床厂生产的 B236 龙门刨床，最大刨削长度为 20m，最大刨削宽度为 6.3m。由于龙门刨床刚度较好，而且有 2～4 个刀架可同时工作，因此加工精度和生产效率均比牛头刨床高。

插床又称立式牛头刨床，主要用来加工工件的内表面，如键槽、花键槽等，也可用于加工多边形孔，如四方孔、六方孔等，特别适合加工盲孔或有障碍台肩的内表面。

4．磨削

磨削是一种去除材料的机械加工方法，指用磨料、磨具切除工件上的多余材料。磨削应用较为广泛。平面磨削如图 1.6 所示。

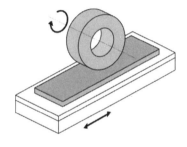

图 1.6 平面磨削

磨削在机械加工中属于精加工（机械加工分粗加工、精加工、热处理等加工方式），加工量少、精度高，在机械制造行业应用比较广泛。经热处理淬火的碳素工具钢和渗碳淬火钢零件，在磨削时与磨削方向基本垂直的表面常常出现大量的较规则排列的裂纹——磨削裂纹，它不但影响零件的外观，还会直接影响零件的质量。

磨削是指利用高速旋转的砂轮等磨具加工工件表面。磨削用于加工各种工件的内外圆柱面、圆锥面和平面，以及螺纹、齿轮和花键等特殊、复杂的成形表面。由于磨粒的硬度很高，磨具具有自锐性，磨削可以用于加工各种材料，包括淬硬钢、高强度合金钢、硬质合金、玻璃、陶瓷和大理石等高硬度金属和非金属材料。磨削速度是指砂轮线速度，一般为 30～35m/s，超过 45m/s 时称为高速磨削。磨削通常用于半精加工和精加工，精度为 IT8～IT5，表面粗糙度：一般磨削 Ra 为 1.25～0.16μm，精密磨削 Ra 为 0.16～0.04μm，超精密磨削 Ra 为 0.04～0.01μm，镜面磨削 Ra 可达 0.01μm 以下。磨削的比功率（或称比能耗，即切除单位体积工件材料所消耗的能量）比一般切削大，金属切除率比一般切削小，故在磨削之前工件通常都先经过其他切削方法去除大部分加工余量，仅留 0.1～1mm 或更小的磨削余量。随着缓进给磨削、高速磨削等高效率磨削的发展，已能从毛坯直接把零件磨削成形。也有用磨削作为粗加工的，如磨除铸件的浇冒口、锻件的飞边和钢锭的外皮等。

1）磨削的分类

（1）外圆磨削。

外圆磨削主要在外圆磨床上进行，用以磨削轴类工件的外圆柱面、外圆锥面和轴肩端面。磨削时，工件低速旋转，如果工件同时做纵向往复移动并在纵向移动的每次单行程或双行程后砂轮相对工件做横向进给运动，则称为纵向磨削法。如果砂轮宽度大于被磨削表面的长度，则工件在磨削过程中不做纵向移动，而是砂轮相对工件连续进行横向进给，称为切入磨削法。一般切入磨削法的效率高于纵向磨削法。如果将砂轮修整成成形面，切入磨削法可加工成形的外表面。

（2）内圆磨削。

内圆磨削主要在内圆磨床、万能外圆磨床和坐标磨床上进行，用以磨削工件的圆柱孔、圆锥孔和孔端面，一般采用纵向磨削法。磨削成形内表面时，可采用切入磨削法。在坐标磨床上磨削内孔时，工件固定在工作台上，砂轮除高速旋转外，还绕所磨孔的中心线做行星运动。内圆磨削时，由于砂轮直径小，磨削速度常常低于30m/s。

（3）平面磨削。

平面磨削主要在平面磨床上进行，用以磨削平面、沟槽等。平面磨削有两种：用砂轮外圆表面磨削的称为周边磨削，一般使用卧轴平面磨床，如用成形砂轮也可加工各种成形面；用砂轮端面磨削的称为端面磨削，一般使用立轴平面磨床。

（4）无心磨削。

无心磨削一般在无心磨床上进行，用以磨削工件外圆。磨削时，工件不用顶尖定心和支承，而是放在砂轮与导轮之间，由其下方的托板支承，并由导轮带动旋转。当导轮轴线与砂轮轴线调整成斜交1°～6°时，工件能边旋转边自动沿轴向做纵向进给运动，称为贯穿磨削。贯穿磨削只能用于磨削外圆柱面。采用切入式无心磨削时，须把导轮轴线与砂轮轴线调整成互相平行，使工件支承在托板上不做轴向移动，砂轮相对导轮连续做横向进给运动。切入式无心磨削可加工成形面。无心磨削也可用于内圆磨削，加工时工件外圆支承在滚轮或支承块上定心，并用偏心电磁吸力环带动工件旋转，砂轮伸入孔内进行磨削，此时外圆作为定位基准，可保证内圆与外圆同心。无心内圆磨削常在轴承环专用磨床上进行，用以磨削轴承环内沟道。

2）磨削的特点

磨削与其他切削加工方式，如车削、铣削、刨削等比较，具有以下特点：

（1）磨削速度很高，为30～50m/s；磨削温度较高，为1000～1500℃；磨削过程历时很短，只有万分之一秒左右。

（2）磨削加工可以获得较高的加工精度和很小的表面粗糙度。

（3）磨削不但可以加工软材料，如未淬火钢、铸铁等，还可以加工淬火钢及其他刀具不能加工的硬材料，如瓷件、硬质合金等。

（4）磨削时的切削深度很小，在一次行程中所能切除的金属层很薄。

（5）当磨削加工时，从砂轮上飞出大量细的磨屑，而从工件上飞溅出大量的金属屑。磨屑和金属屑都会对操作者的眼部造成伤害。

3）磨削的分类

磨削加工方法的形式很多，生产中主要是指用砂轮进行磨削，为了便于使用和管理，通常磨削有以下几种分类方式。

按磨削精度分：粗磨、半精磨、精磨、镜面磨削、超精加工。

按进给形式分：切入磨削、纵向磨削、缓进给磨削、无进给磨削、定压研磨、定量研磨。

按磨削形式分：砂带磨削、无心磨削、端面磨削、周边磨削、宽砂轮磨削、成形磨削、仿形磨削、振荡磨削、高速磨削、强力磨削、恒压力磨削、手动磨削、干磨削、湿磨削、研磨、珩磨等。

按加工表面分：外圆磨削、内圆磨削、平面磨削和刃磨（齿轮磨削和螺纹磨削）。

除此之外，还有多种分类方式，如按磨削中使用的磨削工具的类型，磨削分为固结磨粒磨具的磨削和游离磨粒的磨削。固结磨粒磨具的磨削主要包括砂轮磨削、珩磨、砂带磨削、电解磨削等；游离磨粒的磨削主要包括研磨、抛光、喷射加工、磨料流动加工、振动加工等。按砂轮线速度的高低，磨削分为普通磨削（线速度<45m/s）、高速磨削（线速度为45～150m/s）和超高速磨削（线速度≥150m/s）。按采用的新技术，磨削分为磁性研磨、电化学抛光等。

1.2.3　特种加工工艺

除传统的机械加工工艺外，近年来，人们利用声、光、电等现代手段发展出各种特种加工工艺，并在生产中广泛应用。

1. 电火花加工

电火花加工是指在一定的介质中，通过工具电极和工件电极之间的脉冲放电的电蚀作用，对工件进行加工的方法。电火花加工是20世纪40年代开始研究并逐步应用于生产的一种利用电、热能进行加工的方法。电火花加工如图1.7所示。

图1.7　电火花加工

电火花加工中的电蚀现象早在19世纪末就被人们发现，如插头、开关启闭时产生的电火花对接触表面会产生损害。20世纪早期拉扎林科在研究开关触点遭受火花放电腐蚀损坏的现象和原因时，发现电火花的瞬时高温会使局部金属熔化、汽化而被蚀除掉，从而发明了电火花加工方法，并于1943年利用电蚀原理研制出世界上第一台实用化的电火花加工装置，才真正将电蚀现象运用到实际生产加工中。中国在20世纪50年代初期开始研究电火花设备，并于 60 年代初研制出第一台靠模仿形电火花线切割机床。

电火花加工与一般切削加工的区别在于，电火花加工时工具与工件并不接触，而是靠工具与工件间不断产生的脉冲性火花放电产生局部、瞬时的高温，把金属材料逐步蚀除。由于在放电过程中有可见火花产生，故称为电火花加工。

进行电火花加工时，工具电极和工件分别接脉冲电源的两极，并浸入工作液中，或使工作液流入放电间隙。通过间隙自动控制系统控制工具电极向工件进给，当两电极间的间隙达到一定距离时，两电极上施加的脉冲电压将工作液击穿，产生火花放电。

在放电的微细通道中瞬时集中大量的热能，温度可高达 10000℃，压力也有急剧变化，从而使这一点工作表面微量的金属材料立刻熔化、汽化，并飞溅到工作液中迅速冷凝，形成固体的金属微粒，被工作液带走。这时在工件表面上便留下一个微小的凹坑，放电短暂停歇，两电极间工作液恢复绝缘状态。

紧接着，下一个脉冲电压又在两电极相对接近的另一点处将工作液击穿，产生火花放电，重复上述过程。这样，虽然每个脉冲放电蚀除的金属量极少，但因每秒有成千上万次脉冲放电作用，就能蚀除较多的金属。在保持工具电极与工件之间放电间隙恒定的条件下，一边蚀除工件金属，一边使工具电极不断地向工件进给，最后便加工出与工具电极形状相对应的形状来。因此，只要改变工具电极的形状和工具电极与工件之间的相对运动方式，就能加工出各种复杂的型面。

工具电极常用导电性良好、熔点较高、易加工的耐电蚀材料，如铜、石墨、铜钨合金和钼等制成。在加工过程中，工具电极也有损耗，但小于工件的蚀除量，甚至近乎无损耗。

工作液除作为放电介质，在加工过程中还起着冷却、排屑等作用。常用的工作液是黏度较低、闪点较高、性能稳定的介质，如煤油、去离子水和乳化液等。

2．电火花线切割机

电火花线切割机按走丝速度可分为高速往复走丝电火花线切割机、低速单向走丝电火花线切割机和立式自旋转电火花线切割机三类；按工作台形式又可分为单立柱十字工作台型和双立柱型（俗称龙门型）。

高速往复走丝电火花线切割机的走丝速度为 6～12mm/s。但由于高速往复走丝电火花线切割机不能对电极丝实施恒张力控制，故电极丝抖动大，在加工过程中易断丝。电极丝由于是反复使用的，所以会不断损耗，使加工精度和表面质量降低。

低速单向走丝电火花线切割机以铜线作为工具电极，一般以低于 0.2mm/s 的速度做单向运动，在铜线与铜、钢或超硬合金等工件材料之间施加 60～300V 的脉冲电压，并保持 5～50μm 的间隙，间隙中充满去离子水（接近蒸馏水）等绝缘介质，使电极与工件之间发生火花放电，并彼此被消耗、腐蚀，在工件表面电蚀出无数的小坑，通过 NC 控制使这种放电现象均匀一致，从而使工件成为尺寸大小及形状精度合乎要求的产品。产品精度可达 0.001mm 级，表面质量接近磨削水平。电极丝放电后不再使用，而且采用无电阻防电解电源，一般带有自动穿丝和恒张力装置。低速单向走丝电火花线切割机工作平稳、抖动小、加工精度高、表面质量好，但不宜加工厚度大的工件，且使用成本较高。

与高速往复走丝电火花线切割机、低速单向走丝电火花线切割机相比，立式自旋转电火花线切割机的加工过程中，电极丝的运动多了一个旋转运动；电极丝走丝速度介于高速走丝和低速走丝之间，速度为 1～2mm/s。由于加工过程中电极丝增加了旋转运动，所以立式自旋转电火花线切割机与其他类型线切割机最大的区别在于走丝系统。立式自旋转电火花线切割机的走丝系统由结构完全相同的走丝端和放丝端组成，实现了电极丝的高速旋转和低速走丝的复合运动。走丝端和放丝端主轴头之间的区域为有效加工区域。

高速往复走丝电火花线切割机在平均生产效率、切割精度及表面粗糙度等关键技术指标上，与低速单向走丝电火花线切割机还存在较大差距。于是对高速往复走丝电火花线切割机进行了改良，出现了复合走丝电火花线切割机，其走丝原理是在粗加工时采用 8～12mm/s 高速走丝，精加工时采用 1～3mm/s 低速走丝，这样工作相对平稳、抖动小，并通过多次切割减少了材料变形及钼丝损耗带来的误差，使加工质量相对提高，加工质量可介于高速往复走丝电火花线切割机与低速单向走丝电火花线切割机之间。

3．激光加工

激光加工是利用激光束投射到材料表面产生的热效应来完成对材料或工件的加工的一种工艺。激光加工不需要工具，加工速度快、表面变形小，可加工各种材料。用激光束可对材料进行各种加工，如打孔、切割、划片、焊接、热处理等。某些具有亚稳态能级的物质，在外来光子的激发下会吸收光能，使处于高能级原子的数目大于处于低能级原子的数目——粒子数反转，若有一束光照射，光子的能量等于这两个能级的差，就会产生受激辐射，输出大量的光能。

与传统加工技术相比，激光加工技术具有材料浪费少、在规模化生产中成本效应明显、对加工对象具有很强的适应性等优势。在欧洲，对高档汽车车壳与底座、飞机机翼及航天器机身的特种材料的焊接，通常采用激光技术。

（1）激光功率密度大，工件吸收激光后温度迅速升高而熔化或汽化，即使熔点高、硬度大和质脆的材料（如陶瓷、金刚石等）也可用激光加工。

（2）激光头与工件不接触，不存在加工工具磨损问题。

（3）工件不受应力，不易污染。

（4）可以对运动的工件或密封在玻璃壳内的材料进行加工。

（5）激光束的发散角可小于 1mrad，光斑直径可小到微米级，作用时间可以短到纳秒级和皮秒级，同时大功率激光器的连续输出功率可达千瓦至十千瓦级，因而激光既适于精密微细加工，又适于大型材料加工。

（6）激光束容易控制，易于与精密机械、精密测量技术和电子计算机相结合，实现加工的高度自动化和达到很高的加工精度。

（7）在恶劣环境或其他人难以接近的地方，可用机器人进行激光加工。

按照用途，激光加工可以分为以下几种类型。

1）激光切割

激光切割技术广泛应用于金属和非金属材料的加工中，可大大缩短加工时间，降低加工成本，提高工件质量。激光切割是利用激光聚焦后产生的高功率密度能量实现的。与传统的板材加工方法相比，激光切割具有高的切割质量、高的切割速度、较好的柔性（可随意切割出任意形状）、广泛的材料适应性等优点。

（1）激光熔化切割。

在激光熔化切割中，工件被局部熔化后借助气流把熔化的材料喷射出去。因为材料的转移只发生在液态情况下，所以该过程称为激光熔化切割。

激光束配上高纯惰性切割气体促使熔化的材料离开割缝，而气体本身不参与切割。

激光熔化切割可以得到比汽化切割更高的切割速度。汽化所需的能量通常高于把材料熔化所需的能量。在激光熔化切割中，只有部分激光束被吸收。

激光熔化切割的最大切割速度随着激光功率的增加而增加，随着板材厚度的增加和材料熔化温度的增加而减小。在激光功率一定的情况下，切割速度的限制因素就是割缝处的气压和材料的热传导率。

激光熔化切割对于铁、钛金属可以得到无氧化切口。

（2）激光火焰切割。

激光火焰切割与激光熔化切割的不同之处在于使用氧气作为切割气体。利用氧气和加热后的金属之间的相互作用，进一步加热材料。对于相同厚度的结构钢，采用该方法的切割速度比激光熔化切割高。

该方法和激光熔化切割相比可能切口质量更差。实际上它会生成更宽的割缝、更粗糙的表面、更大的热影响区和更差的边缘质量。

激光火焰切割不适合加工精密模型和尖角（有烧掉尖角的危险）。可以使用脉冲模式的激光来限制热影响。

所用的激光功率决定切割速度。在激光功率一定的情况下，切割速度的限制因素就是氧气的供应和材料的热传导率。

（3）激光汽化切割。

在激光汽化切割过程中，材料在割缝处发生汽化，此情况下需要非常高的激光功率。

为了防止材料蒸气冷凝到割缝壁上，材料的厚度不能超过激光束的直径太多。

激光汽化切割不能用于加工木材和某些陶瓷等没有熔化状态因而不太可能让材料蒸气再凝结的材料。

在激光汽化切割中，光束聚焦取决于材料厚度和光束质量。

激光功率和汽化热对最优焦点位置有一定的影响。

所需的激光功率密度要大于 $108W/cm^2$，并且取决于材料、切割深度和光束焦点位置。

在板材厚度一定的情况下，假设有足够的激光功率，则切割速度只受到气体射流速度的限制。

2）激光焊接

激光焊接过程属热传导型，即激光辐射加热工件表面，表面热量通过热传导向内部扩散，通过控制激光脉冲的宽度、能量、峰功率和重复频率等参数，使两工件熔化，形成特定的熔池，将两者融合为一体。激光焊接已成功地应用于微、小型零件焊接中。与其他焊接技术相比较，激光焊接的主要优点是速度快、深度大、变形小；能在室温或特殊的条件下进行焊接，焊接设备简单。

3）激光钻孔

随着电子产品朝着便携式、小型化的方向发展，对电路板小型化提出了越来越高的要求，提高电路板小型化水平的关键就是越来越窄的线宽和不同层面线路之间越来越小的微型过孔和盲孔。传统的机械钻孔的最小尺寸仅为 100μm，这显然已不能满足要求，取而代之的是一种新型的激光微型过孔加工方式。用 CO_2 激光器加工，在工业上可获得直径为 30～40μm 的小孔；用 UV 激光加工，可获得 10μm 左右的小孔。在世界范围内激光在电路板微孔制作和电路板直接成形方面的应用成为激光加工应用的热点，与其他加工方法相比优越性更为突出，具有更大的商业价值。

脉冲激光器（脉冲宽度为 0.1～1ms），特别适于打微孔（孔径为 0.005～1mm）和异形孔。激光打孔已广泛应用于钟表和仪表的宝石轴承、金刚石拉丝模、化纤喷丝头等工件的加工。在造船、汽车制造等工业中，常使用百瓦至万瓦级的连续 CO_2 激光器对大工件进行切割，这样既能保证精确的空间曲线形状，又有较高的加工效率。对小工件的切割，常用中、小功率固体激光器或 CO_2 激光器。在微电子学中，常用激光切划硅片或切窄缝，速度快、热影响区小。用激光可对流水线上的工件刻字或打标记，不会影响流水线的速度，且刻划出的字符可永久保持。

4）激光微调

采用中、小功率激光器除去电子元器件上的部分材料，以达到改变电参数（如电阻、电容量和谐振频率等）的目的。激光微调精度高、速度快，适于大规模生产。利用类似原理可以修复有缺陷的集成电路的掩膜，修补集成电路存储器以提高成品率，还可以对陀螺进行精确的动平衡调节。

5）激光热处理

用激光照射材料，选择适当的波长，控制照射时间、功率密度，可使材料表面熔化和再结晶，达到淬火或退火的目的。激光热处理的优点是可以控制热处理的深度，选择和控制热处理部位，工件变形小，可处理形状复杂的零件和部件，可对盲孔和深孔的内壁进行处理。例如，气缸活塞经激光热处理后可延长寿命；激光热处理可恢复离子轰击造成损伤的硅材料。

激光加工的应用范围还在不断扩大，如用激光制造大规模集成电路，不用抗蚀剂，工序简单，并能进行 0.5μm 以下图案的高精度蚀刻加工，从而大大提高了集成度。此外，激光蒸发、激光区域熔化和激光沉积等工艺也在发展中。

4．超声加工

超声加工是利用超声振动的工具，带动它与工件之间游离于液体中的磨料冲击、抛磨被加工表面，使工件表面逐步破碎的特种加工。超声加工常用于穿孔、切割和抛光等。

近年来，超声加工得到了迅猛发展，尤其是在难加工材料领域解决了很多关键的工艺问题，取得了良好的效果。

超声加工的主要特点是不受材料是否导电的限制；工具对工件的宏观作用力小、热影响小，因而可加工薄壁、窄缝和薄片工件；被加工材料的脆性越大，越容易加工，材料越硬或强度、韧性越大，则越难加工；由于工件材料的碎除主要靠磨料的作用，磨料的硬度应比被加工材料的硬度高，而工具的硬度可以低于工件材料；可以与其他多种加工方法结合使用，如超声振动切削、超声电火花加工和超声电解加工等。

超声加工主要用于各种硬脆材料，如玻璃、石英、陶瓷、硅、锗、铁氧体、宝石和玉器等的打孔（包括圆孔、异形孔和弯曲孔等）、切割、开槽、套料、雕刻、成批小型零件去毛刺、模具表面抛光和砂轮修整等方面。

超声打孔的孔径范围为 0.1～90mm，加工深度可达 100mm，孔的精度为 0.02～0.05mm。采用 W40 碳化硼磨料加工玻璃时表面粗糙度为 1.25～0.63μm，加工硬质合金时表面粗糙度为 0.63～0.32μm。

超声加工机一般由电源（超声发生器）、振动系统（包括超声换能器和变幅杆）和机床本体三部分组成。

超声发生器将交流电转换为与超声换能器匹配的高频电信号，功率为数瓦至数千瓦，最大可达 10kW。通常使用的超声换能器有磁致伸缩换能器和电致伸缩换能器两类。磁致伸缩换能器又分为金属磁致伸缩换能器和铁氧体磁致伸缩换能器两种。金属磁致伸缩换能器通常用于千瓦以上的大功率超声加工机；铁氧体磁致伸缩换能器通常用于千瓦以下的小功率超声加工机。电致伸缩换能器用压电陶瓷制成，主要用于小功率超声加工机。

变幅杆起着放大振幅和聚能的作用，按截面积变化规律有锥形、余弦线形、指数曲线形、悬链线形、阶梯形等。超声加工机本体一般有立式和卧式两种磁致伸缩换能器，超声振动系统则相应地有垂直放置和水平放置两种。

5. 快速成型技术（3D 打印）

快速成型技术又称快速原型制造技术，一般采用分层实体制造的方式，因此也常称为 3D 打印技术。快速成型技术诞生于 20 世纪 80 年代后期，被认为是近几十年来制造领域的一个重大成果。它集机械工程、CAD、逆向工程技术、分层制造技术、数控技术、材料科学、激光技术于一身，可以自动、直接、快速、精确地将设计思想转变为具有一定功能的原型或直接制造零件，从而为零件原型制作、新设计思想的校验等提供一种高效、低成本的实现手段。

20 世纪 90 年代以后，制造业的外部形势发生了根本的变化。用户需求的个性化和多变性，迫使企业不得不逐步抛弃原来以规模效益第一的少品种、大批的生产方式，进而采取多品种、小批、按订单组织生产的现代生产方式。同时，市场的全球化和一体化，更要求企业面对瞬息万变的市场环境，不断地迅速开发新产品，变被动适应用户为主动引导市场，这样才能保证企业在竞争中立于不败之地。可见，在这种时代背景下，市场竞争的焦点就转移到速度上来，能够快速提供更高性能价格比产品的企业，将具有更强的综合竞争力。快速成型技术是先进制造技术的重要分支，无论在制造思想上还是实现方法上都有很大的突破，利用快速成型技术可对产品设计进行快速评价、修改，并自动地将设计转化为具有相应结构和功能的原型产品或直接制造出零部件，从而大大缩短新产品的开发周期，降低产品的开发成本，使企业能够快速响应市场需求。

快速成型技术是在计算机控制下，基于离散、堆积的原理采用不同方法堆积材料，最终完成零件制造的技术。

从成型角度看，零件可视为"点"或"面"的叠加。从 CAD 电子模型中离散得到"点"

或"面"的几何信息，再与成型工艺参数结合，控制材料有规律、精确地由点到面，由面到体地堆积零件。

从制造角度看，它根据 CAD 造型生成零件三维几何信息，控制多维系统，通过激光束或其他方法将材料逐层堆积而形成原型或零件。

不断扩大快速成型技术的应用领域是推动快速成型技术发展的重要方面。快速成型技术已在工业造型、机械制造、航空航天、建筑、家电、轻工、医学、考古、文化艺术、首饰等领域得到了广泛应用。并且随着这一技术的发展，其应用领域将不断拓展。快速成型技术的实际应用主要集中在以下几个方面：

（1）在新产品造型设计过程中的应用。快速成型技术为工业产品的设计开发人员提供了一种崭新的产品开发模式。运用快速成型技术能够快速、直接、精确地将设计思想转化为具有一定功能的实物模型，这不仅缩短了开发周期，而且降低了开发成本，也使企业在激烈的市场竞争中占据先机。

（2）在机械制造领域的应用。由于快速成型技术自身的特点，其在机械制造领域内获得广泛的应用，多用于制造单件小批金属零件。有些特别复杂的制件，由于只需单件生产，或少于 50 件的小批生产，一般均可用快速成型技术直接成型，成本低，周期短。

（3）快速模具制造。传统的模具生产时间长，成本高。将快速成型技术与传统的模具制造技术相结合，可以大大缩短模具的开发周期，提高生产率，是解决模具设计与制造薄弱环节的有效途径。快速成型技术在模具制造方面的应用可分为直接制模和间接制模两种，直接制模是指采用快速成型技术直接堆积制造出模具，间接制模是指先制出快速成型零件，再由零件复制得到所需要的模具。

（4）在医学领域的应用。人们对快速成型技术在医学领域的应用研究较多。以医学影像数据为基础，利用快速成型技术制作人体器官模型，对外科手术有极大的应用价值。

（5）在文化艺术领域的应用。在文化艺术领域，快速成型技术多用于艺术创作、文物复制、数字雕塑等。

（6）在航空航天技术领域的应用。在航空航天领域中，空气动力学地面模拟实验，即风洞实验是设计性能先进的天地往返系统（航天飞机）所必不可少的重要环节。该实验中所用的模型形状复杂、精度要求高，又具有流线型特性，采用快速成型技术，根据 CAD 模型，由快速成型设备自动完成实体模型，能够很好地保证模型质量。

（7）在家电行业的应用。快速成型技术在国内的家电行业得到了普及与应用，许多家电企业都先后采用快速成型技术来开发新产品，收到了很好的效果。随着快速成型技术的不断成熟和完善，它将会在越来越多的领域得到推广和应用。

1.3　机械产品的生产过程与组织

1.3.1　机械产品的生产过程

机械产品的生产过程是指把原材料变为成品的全过程。机械产品的生产过程一般包括以下几个方面：

（1）生产与技术的准备，如工艺设计和专用工艺装备的设计和制造、生产计划的编制、生产资料的准备等。

（2）毛坯的制造，如铸造、锻造、冲压等。

（3）零件的加工，如切削加工、热处理、表面处理等；

（4）产品的装配，如总装配、调试检验和涂油漆等。

（5）生产的服务，如原材料、外购件和工具的供应、运输、保管等。

1.3.2 生产类型

企业（或车间、工段、班组、工作地）生产专业化程度的分类称为生产类型。生产类型一般可分为单件生产、成批生产、大量生产三种。

1）单件生产

单件生产的基本特点是：生产的产品种类繁多，每种产品的产量很少，而且很少重复生产。例如，重型机械产品制造和新产品试制等都属于单件生产。

2）成批生产

成批生产的基本特点是：分批生产相同的产品，生产呈周期性重复。例如，机床制造、电机制造等属于成批生产。成批生产又可按其批量大小分为小批生产、中批生产、大批生产三种。其中，小批生产和大批生产的工艺特点分别与单件生产和大量生产的工艺特点类似；中批生产的工艺特点介于小批生产和大批生产之间。

3）大量生产

大量生产的基本特点是：产量大、品种少，大多数工厂长期重复地进行某个零件的某一道工序的加工。例如，汽车、拖拉机、轴承等的制造都属于大量生产。

1.3.3 产品的生产过程与组织

1）产品设计

产品设计是企业产品开发的核心。产品设计必须保证技术上的先进性与经济上的合理性等。

产品设计一般有三种形式，即创新设计、改进设计和变形设计。创新设计（开发性设计）是按用户的使用要求进行的全新设计；改进设计（适应性设计）是根据用户的使用要求，对企业原有产品进行改进或改型的设计，即只对部分结构或零件进行重新设计；变形设计（参数设计）是仅改进产品的部分结构尺寸，以形成系列产品的设计。产品设计的基本内容包括：编制设计任务书、方案设计、技术设计和图样设计。

2）工艺设计

工艺设计的基本任务是保证生产的产品符合设计要求，制定优质、高产、低耗的产品制造工艺规程，编制出产品的试制和正式生产所需要的全部工艺文件。

3）零件加工

零件的加工是指坯料的生产，以及对坯料进行各种机械加工、特种加工和热处理等，使其成为合格零件的过程。极少数零件加工采用精密铸造或精密锻造等无屑加工方法。通常毛坯的生产工艺有铸造、锻造、焊接等。常用的机械加工方法有车削加工、钻削加工、刨削加工、铣削加工、镗削加工、磨削加工、拉削加工、研磨加工、珩磨加工等。常用的热处理方法有正火、退火、回火、调质、淬火等。特种加工包括电火花加工、电火花线切割加工、电解加工、激光加工、超声加工等。只有根据零件的材料、结构、形状、尺寸、使用性能等，选用适当的加工方法，才能保证产品的质量，生产出合格零件。

4）检验

检验是采用测量器具对毛坯、零件、成品、原材料等进行尺寸精度、形状精度、位置精度的检测，以及通过目视检验、无损探伤、力学性能试验及金相检验等方法对产品质量进行的鉴定。

测量器具包括量具和量仪。常用的量具有钢直尺、卷尺、游标卡尺、卡规、塞规、千分尺、角度尺、百分表等，用以检测零件的长度、厚度、角度、外圆直径、孔径等。另外，螺纹的测量可用螺纹千分尺、螺纹样板、螺纹环规、螺纹塞规等。

常用的量仪有浮标式气动量仪、电子式量仪、电动式量仪、光学量仪、三坐标测量仪等，除可用以检测零件的长度、厚度、外圆直径、孔径等尺寸外，还可对零件的形状误差和位置误差等进行测量。

特殊检验主要是指检测零件内部及外表的缺陷。其中无损探伤是在不损害被检对象的前提下，检测零件内部及外表缺陷的现代检验技术。无损检验方法有直接肉眼检验、射线探伤、超声探伤、磁力探伤等，使用时应根据无损检测的目的，选择合适的检测方法。

5）装配调试

任何机械产品都是由若干个零件、组件和部件组成的。根据规定的技术要求，将零件和部件进行必要的配合及联接，使之成为半成品或成品的工艺过程称为装配。将零件、组件装配成部件的过程称为部件装配；将零件、组件和部件装配成最终产品的过程称为总装配。装配是机械制造过程中的最后一个生产阶段。

常见的装配调试工作内容有清洗、联接、校正与配作、平衡、验收、试验。

6）入库

为防止企业生产的成品、半成品及各种物料遗失或损坏，将其放入仓库进行保管，称为入库。

入库时应进行入库检验，填好检验记录及有关原始记录；对量具、量仪及各种工具做好保养、保管工作；对有关技术标准、图纸、档案等资料要妥善保管；保持工作地点及室内外整洁，注意防火防湿，做好安全工作。

习　题

1．简述铸造的基本原理及应用。

2．简述锻造的基本原理及应用。

3．简述车削的加工范围。

4．简述铣削的加工范围。

5．刨削适用于哪些场合？

6．磨削适用于哪些场合？

7．简述电火花加工的基本原理。

8．简述激光加工的基本原理。

9．简述机械产品的生产过程。

参考文献

[1] 王红军，韩秋实. 机械制造技术基础[M]. 4 版. 北京：机械工业出版社，2020.

[2] 郑堤. 数控机床与编程[M]. 3 版. 北京：机械工业出版社，2020.

[3] 王令其，张思弟. 数控加工技术[M]. 2 版. 北京：机械工业出版社，2014.

[4] 高进. 工程技能训练和创新制作实践[M]. 北京：清华大学出版社，2011.

[5] 李忠学，武福. 现代制造系统[M]. 西安：西安电子科技大学出版社，2013.

[6] 范君艳，樊江玲. 智能制造技术概论[M]. 武汉：华中科技大学出版社，2020.

[7] 陈德生，曹志锡. 机械工程基础[M]. 2 版. 北京：机械工业出版社，2020.

[8] MICHAEL F. Machining and CNC Technology[M]. 3rd ed. New York：McGraw Hill，2014.

[9] SMID P. CNC Programming Handbook[M]. 3rd ed. New York：Industrial Press，2007.

第2章　金属切削原理

金属切削通过刀具与工件的相对运动来去除多余材料，从而使工件的尺寸精度、形状精度、位置精度及表面质量都符合图纸要求。本章主要介绍切削运动与切削用量、刀具的结构、切削过程的基本规律及伴随切削过程出现的切削力、切削热和表面完整性。

2.1　切削运动与切削用量

2.1.1　切削运动

金属切削加工是利用刀具切去工件毛坯上多余的金属（加工余量），以获得具有一定尺寸、形状、位置精度和表面质量的机械加工方法。刀具的切削作用是通过刀具与工件之间的相互作用和相对运动来实现的。其中，刀具与工件之间的相对运动称为切削运动，即表面成形运动。切削运动可分解为主运动和进给运动。所有切削运动的速度及方向都是按刀具相对于工件来确定的，如图 2.1 所示。

1．主运动

主运动是刀具与工件之间使刀具的前刀面逼近工件材料以进行切削加工的相对运动。主运动的速度最快，消耗的功率最大。

在切削加工中，主运动只有一个。例如，车削时工件的回转运动是主运动；铣削时铣刀的回转运动是主运动；刨削时刀具或工作台的往复直线运动是主运动。

2．进给运动

进给运动是与主运动配合，以连续不断地切除工件上的多余金属，从而形成所需几何形状的已加工表面的运动。

进给运动可以是连续的，如车削、铣削和磨削等；也可以是间歇的，如刨削和插削。进给运动可能是与主运动同时连续进行的，也可能是与主运动交替间歇进行的。

进给运动可以只有一个，也可以有几个。如车削和刨削一般只需要一个进给运动，而铣削和磨削可能需要多个进给运动。还有些切削加工过程，如攻螺纹和拉削等，进给运动是在刀具设计时，通过合理布置切削刃来完成的。

3．合成切削运动

主运动和进给运动合成的运动称为合成切削运动。

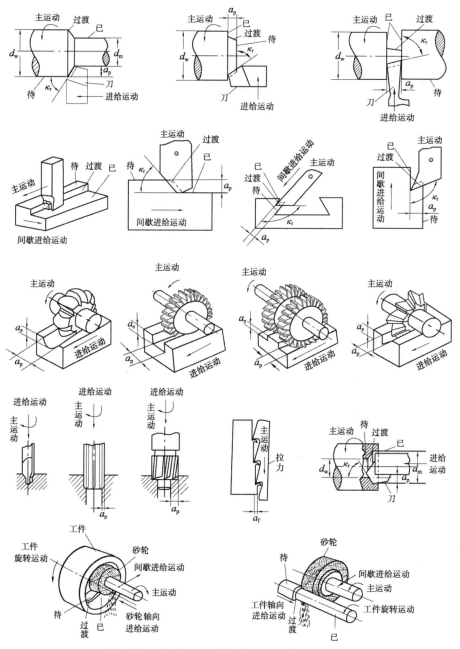

待—待加工表面；已—已加工表面；过渡—过渡表面

图 2.1　各种切削方法的切削运动和工件表面划分

2.1.2　工件表面

在切削过程中，工件上通常存在着 3 个不断变化的表面：待加工表面、已加工表面和过渡表面，如图 2.1 所示。

（1）待加工表面：工件上有待切除的表面。

（2）已加工表面：工件上经刀具切削后形成的表面。

（3）过渡表面：工件上连接待加工表面与已加工表面的表面。它是工件上正在被切削的表面。它在下一切削行程中被切除，或者在刀具或工件的下一转里被切除，或者由下一切削刃切除。

2.1.3　切削用量三要素

切削用量三要素是指切削速度、进给量及背吃刀量。它们表示切削过程中切削运动的速度及刀具切入工件的程度。这三个要素是切削过程中重要的运动参量和几何参量，每个切削过程都需要针对工件、刀具和其他加工条件及加工要求来合理选择。

1．切削速度 v

切削速度是切削刃上选定点相对于待加工表面在主运动方向上的速度，单位为 m/min。若主运动为旋转运动，切削刃上各点的切削速度可能是不同的，一般将切削刃上的最大切削速度作为该切削过程的切削速度，切削速度可由下式计算：

$$v = \frac{n\pi d_{w}}{1000}$$

式中，d_{w} 为工件待加工表面或刀具的最大直径（mm）；n 为工件或刀具每分钟旋转的转数（r/min）。

2．进给量 f

进给量是工件或刀具每旋转一周或每完成一次行程时，工件与刀具在进给运动方向上的相对位移，单位为 mm/r（用于车削、镗削等）或 mm/行程（用于刨削、磨削等）。进给量还可以用进给速度 v_{f}（单位为 mm/s）或每齿进给量 f_{z}（用于铣刀、铰刀等多刃刀具，单位为 mm/齿）表示。对于多齿刀具，若刀具齿数为 z，则进给量与进给速度、每齿进给量的关系为

$$v_{f} = nf = nzf_{z}$$

3．背吃刀量 a_{p}

背吃刀量是待加工表面与已加工表面之间的垂直距离，单位为 mm。外圆车削时，背吃刀量为

$$a_{p} = \frac{d_{w} - d_{m}}{2}$$

式中，d_{m} 为工件已加工表面的直径（mm）。

2.1.4　切削层参数与切削方式

1．切削层参数

切削层是指工件上正在被切削刃切削的一层金属，即相邻两个加工表面之间的一层金属。以车削外圆为例，切削层是指工件每转一转，刀具从工件上切下的那一层金属。切削层的大小反映了切削刃所受载荷的大小，直接影响到加工质量、生产效率和刀具的磨损等。

切削层参数（见图 2.2）如下。

（1）切削宽度 a_w。沿主切削刃方向度量的切削层尺寸（mm）。车外圆时：

$$a_w = \frac{a_p}{\sin \kappa_r}$$

式中，κ_r 为主切削刃与工件轴线之间的夹角。

（2）切削厚度 a_c。两相邻加工表面间的垂直距离（mm）。车外圆时：

$$a_c = f \sin \kappa_r$$

（3）切削面积 A_c。切削层垂直于切削速度的截面的面积（mm²）。车外圆时：

$$A_c = a_w a_c = a_p f$$

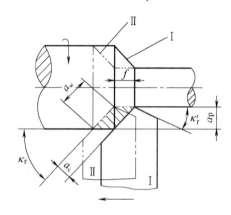

图 2.2　切削用量与切削层参数

2．切削方式

1）直角切削和斜角切削

直角切削是指切削刃垂直于合成切削运动方向的切削方式，如图 2.3（a）所示。斜角切削是指切削刃不垂直于合成切削运动方向的切削方式，如图 2.3（b）所示。直角切削方式，切屑流出方向在切削刃法平面内；而斜角切削方式，切屑流出方向不在切削刃法平面内。

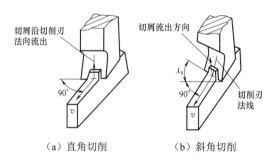

（a）直角切削　　　　（b）斜角切削

图 2.3　直角切削和斜角切削

2）自由切削和非自由切削

自由切削是指只有一条直线切削刃参与切削的切削方式。其特点是切削刃上各点切屑流出方向一致，且金属变形在二维平面内。图 2.3（a）既是直角切削方式，又是自由切削方式，故称为直角自由切削。曲线切削刃或两条以上切削刃参与切削的切削方式称为非自由切削。

在实际生产中，切削多为非自由切削方式。在研究金属变形时为了简化条件，常以直角自由切削方式进行分析。

2.2 刀具的结构

2.2.1 刀具切削部分的组成

金属切削刀具要实现其切削功能，一是要被正确地安装在机床上，二是其结构形状要有利于切削过程的进行。尽管金属切削刀具的种类很多，结构各异，但其结构总是可以分成两个部分：用于安装于机床上的夹持部分和用于切削工件上多余金属的切削部分。

外圆车刀是最基本、最典型的切削刀具，如图 2.4 所示，其切削部分（又称刀头）由前面、主后面、副后面、主切削刃、副切削刃和刀尖组成，统称为"三面两刃一尖"。

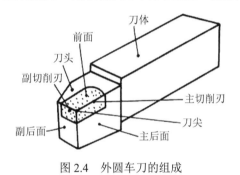

图 2.4 外圆车刀的组成

1．前面（前刀面）

前面是指刀具上与切屑接触并相互作用的表面。

2．主后面（主后刀面）

主后面是指刀具上与工件过渡表面接触并相互作用的表面。

3．副后面（副后刀面）

副后面是指刀具上与工件已加工表面接触并相互作用的表面。

4．主切削刃

主切削刃是指前面与主后面的交线，它完成主要的切削工作。刃口钝圆是增强切削刃的有效方法，不但可以减少刀具的早期破损、提高刀具的耐用度，而且有一定的切削熨压以及消振作用，可降低已加工表面粗糙度。刃口钝圆半径的推荐值如下：一般 $r_n<f/3$，轻型钝圆半径 $r_n=0.02\sim0.03$ mm，中型钝圆半径 $r_n=0.05\sim0.1$ mm，重型钝圆半径 $r_n=0.15$ mm。

5. 副切削刃

副切削刃是指前面与副后面的交线，它配合主切削刃完成切削工作，并最终形成已加工表面。

6. 刀尖

刀尖是指连接主切削刃和副切削刃的一段切削刃，它可以是很小的直线段或圆弧（称为刀尖圆弧，一般刀尖圆弧半径 $r_\varepsilon=0.2\sim1.6$ mm）。

其他刀具的切削部分都可看作车刀的演变和组合。如图 2.5（a）所示，刨刀切削部分的形状与车刀相同；如图 2.5（b）所示，钻头可看作两把一正一反并在一起同时车削孔壁的车刀，因而有两个主切削刃、两个副切削刃，还增加了一个横刃。

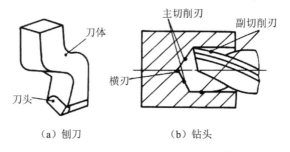

（a）刨刀　　　　　　　（b）钻头

图 2.5　刨刀、钻头切削部分的形状

2.2.2　刀具角度的参考平面

刀具作为工艺系统的组成部分，为保证切削加工的顺利进行并获得预期的加工质量，至少要满足两个基本条件：一是具有合理的几何形状；二是相对于工件具有正确的位置和运动。为了使刀具满足上述两个基本条件且便于刀具的设计、制造和使用，定义了刀具角度以限定刀具切削部分的形状和相对于工件的位置及运动方向。要确定和测量刀具角度，必须引入三个相互垂直的参考平面（参考系）。各国所采用的刀具角度参考系各不相同，主要有正交平面参考系、法平面参考系和假定工作平面参考系三类。我国主要采用正交平面参考系。如图 2.6 所示，正交平面参考系由基面、切削平面和正交平面组成。

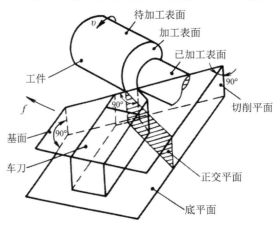

图 2.6　确定车刀角度的参考平面

1．基面

基面是过切削刃选定点的平面，它平行或垂直于刀具在制造、刃磨及测量时适合安装或定位的一个平面或轴线，一般其方位要垂直于假定的主运动方向。

对车刀来说，基面就是通过切削刃选定点，并与刀柄安装面相平行的平面。

对回转刀具来说，基面是通过切削刃选定点并包含刀具轴线的平面。

2．切削平面

切削平面是通过切削刃选定点，与切削刃相切，并垂直于基面的平面。

3．正交平面

正交平面是通过切削刃选定点，同时垂直于基面和切削平面的平面。

需要注意的是，切削刃选定点是为了定义刀具角度在切削刃任一部分上选定的点，因而上述参考平面是指该点的参考平面，据此定义的刀具角度是指选定点的角度。有些情况下，在同一个切削刃上，切削刃选定点的位置不同，所定义的角度可能不同。

2.2.3　刀具的标注角度

刀具的标注角度的作用有两个：一是确定刀具上切削刃的空间位置；二是确定刀具上前面、主后面、副后面的空间位置。现以外圆车刀为例（见图 2.7）予以说明。

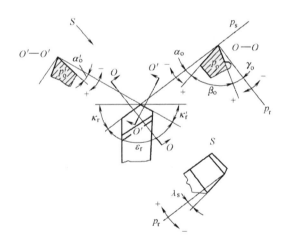

图 2.7　外圆车刀正交平面参考系中的标注角度

1．在正交平面内测量的标注角度

1）前角 γ_o

在正交平面内测量的前面与基面之间的夹角，称为前角。前角表示前面的倾斜程度，有正、负和零值之分，正负规定如图 2.7 所示。

2）后角 α_o

在正交平面内测量的主后面与切削平面之间的夹角，称为后角。后角表示主后面的倾斜程度，一般为正值。

3）楔角 β_o

在正交平面内测量的主后面与前面之间的夹角，称为楔角。楔角为派生角度，$\beta_o = 90° - (\alpha_o + \gamma_o)$。楔角主要用于比较切削刃的强度。

2．在基面内测量的标注角度

1）主偏角 κ_r

在基面内测量的主切削刃在基面上的投影与进给运动方向的夹角，称为主偏角。主偏角一般为正值。

2）副偏角 κ_r'

在基面内测量的副切削刃在基面上的投影与进给运动反方向的夹角，称为副偏角。副偏角一般为正值。

3）刀尖角 ε_r

在基面内测量的切削平面和副切削平面之间的夹角，称为刀尖角。刀尖角也可以定义为主切削刃和副切削刃在基面上的投影之间的夹角。刀尖角为派生角度，$\varepsilon_r = 180° - (\kappa_r + \kappa_r')$。刀尖角主要用于比较刀尖的强度。

3．在切削平面内测量的标注角度

刃倾角 λ_s：在切削平面内测量的主切削刃与基面之间的夹角。如图 2.8 所示，当主切削刃呈水平时，$\lambda_s = 0$；当刀尖为主切削刃上最低点时，$\lambda_s < 0$；当刀尖为主切削刃上最高点时，$\lambda_s > 0$。

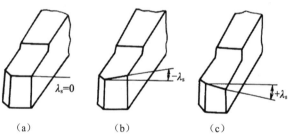

（a）　　　　　　（b）　　　　　　（c）

图 2.8　刃倾角的符号

2.2.4　刀具的工作角度

在实际的切削加工中，由于刀具安装位置和进给运动的影响，切削平面、基面和正交平面位置会发生变化，故刀具的标注角度会发生一定的变化。以切削过程中实际的切削平面、基面和正交平面为参考平面所确定的刀具角度称为刀具的工作角度，又称实际角度。

1．进给运动对工作角度的影响

1）横向进给运动（横车）

以切断刀为例（见图 2.9），当不考虑进给运动时，车刀主切削刃上选定点相对于工件的运动轨迹为一圆周，切削平面为通过主切削刃上该点并切于圆周的平面 p_s，基面 p_r 为平行于刀杆底面同时垂直于 p_s 的平面，正交平面为 p_o 平面。此时，前角为 γ_o，后角为 α_o。当考虑进给运动后，主切削刃选定点相对于工件的运动轨迹为一平面阿基米德螺旋线，切削平面变为通过主切削刃选定点并与螺旋线相切的平面 p_{se}，基面也相应倾斜为 p_{re}，其相对 p_r 的角度变化值为 μ。工作正交平面 p_{oe} 仍为 p_o 平面。此时在刀具工作角度参考系 p_{re}-p_{se}-p_{oe} 内，刀具工作角度 γ_{oe} 和 α_{oe} 为

$$\begin{cases} \gamma_{oe} = \gamma_o + \mu \\ \alpha_{oe} = \alpha_o - \mu \\ \tan \mu = \dfrac{v_f}{v} = \dfrac{fn}{\pi dn} = \dfrac{f}{\pi d} \end{cases}$$

由上式可知，进给量 f 越大，μ 也越大，说明对于大进给量的切削，不能忽略进给运动对刀具角度的影响。另外，随着刀具横向进给的不断进行，d 越来越小，μ 随之增大。当刀具靠近工件中心时，μ 急剧增大，工作后角 α_{oe} 将变为负值，刀具失去切削功能。

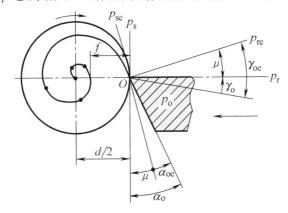

图 2.9　横向进给运动对工作角度的影响

2）纵向进给运动（纵车）

图 2.10 所示为纵车梯形丝杠时纵向进给运动对工作角度的影响。其中切削平面为 p_s，基面为 p_r；工作切削平面为切于螺旋面的平面 p_{se}，工作基面为垂直于 p_{se} 的平面 p_{re}。从图 2.10 中可以看出，工作切削平面 p_{se} 相对于切削平面 p_s、工作基面 p_{re} 相对于基面 p_r 均偏转了一个角度 μ_f，因而可以得出下列关系：

$$\begin{cases} \gamma_{fe} = \gamma_f + \mu_f \\ \alpha_{fe} = \alpha_f - \mu_f \\ \tan \mu_f = \dfrac{f}{\pi d} \end{cases}$$

由上式可知，进给量 f 使工作前角 γ_{fe} 大于标注前角 γ_f，使工作后角 α_{fe} 小于标注后角 α_f。当进给量 f 增大到使 $\mu_f \geqslant \alpha_f$ 时，工作后角 $\alpha_{fe} \leqslant 0$，这意味着主后面的位置已超前于工作切削平面 p_{se} 的位置，主后面已经抵住过渡表面而使刀具丧失了切削能力。

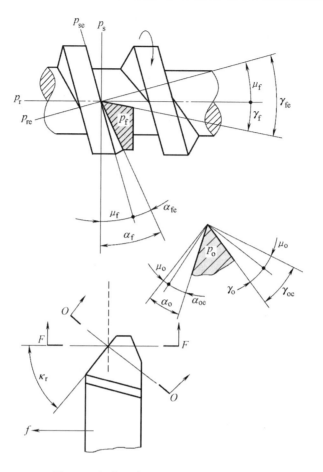

图 2.10　纵向进给运动对工作角度的影响

2. 刀具安装位置对工作角度的影响

1）刀尖位置高低

安装刀具时，刀尖不一定在机床的中心高度上，如果刀尖高于机床中心（见图 2.11），此时工作切削平面为与工件表面切于选定点 A 的 p_{se} 平面，工作基面为与 p_{se} 垂直的 p_{re}，其工作前角、后角分别为 γ_{pe}、α_{pe}。

可见，刀具工作前角 γ_{pe} 比标注前角 γ_p 增大了，工作后角 α_{pe} 比标注后角 α_p 减小了。计算公式为

$$\begin{cases} \gamma_{pe} = \gamma_p + \theta_p \\ \alpha_{pe} = \alpha_p - \theta_p \\ \theta_p = \arctan \dfrac{h}{\sqrt{(d_w/2)^2 - h^2}} \end{cases}$$

式中，θ_p 为刀尖位置变化引起前角、后角的变化值（rad）；h 为刀尖高于机床中心的数值（mm）。

在正交平面内的角度为

$$\begin{cases} \gamma_{oe} = \gamma_o + \theta_o \\ \alpha_{oe} = \alpha_o - \theta_o \\ \tan\theta_o = \tan\theta_p \cos\kappa_r \end{cases}$$

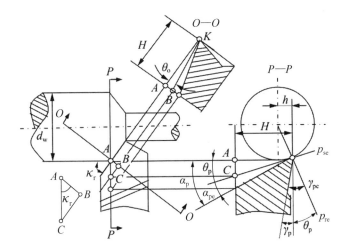

图 2.11　刀尖位置高低对工作角度的影响

2）刀柄轴线不垂直于进给方向

如图 2.12 所示，当刀柄轴线与进给方向不垂直时（刀柄轴线偏转 G 角度），工作主偏角和工作副偏角与标注主偏角和标注副偏角的关系为

$$\kappa_{re} = \kappa_r \pm G; \kappa_{re}' = \kappa_r' \mp G$$

式中，刀头左偏时为+，反之为-。

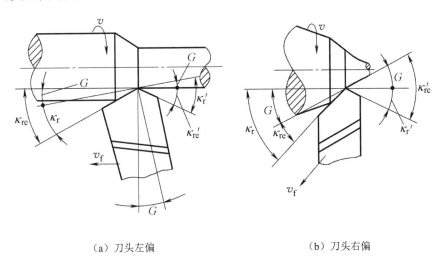

（a）刀头左偏　　　　　　　　　　　　（b）刀头右偏

图 2.12　刀柄轴线不垂直于进给方向对工作角度的影响

2.3 切削过程的基本规律

2.3.1 金属切削过程

1. 金属切削过程的研究方法

金属切削过程是指被切削的金属层在刀具的推挤和挤压下由工件材料的一部分转变成为切屑的过程。金属切削过程是刀具的切削刃和前刀面对工件切削层的连续作用，使切削层产生剪切滑移变形的过程。在这个过程中还会伴随产生已加工表面。被刀刃刮擦过的已加工表面的表层金属也会产生弹塑性变形，使切削的变形过程更为复杂。研究切削过程对保证加工质量、提高生产效率、降低成本和促进切削加工技术的发展，有着十分重要的意义。常用的金属切削过程的研究方法有：侧面变形观察法、快速落刀法、高速摄影法、扫描电镜显微观察法、有限元法等。

1）侧面变形观察法

如图 2.13 所示，将工件侧面抛光，划出细小方格，察看切削过程中这些方格如何被扭曲，从而获知刀具前方变形区的范围以及金属颗粒如何流向切屑。用这种方法可以观察分析从刀具接触工件开始直至切屑形成的整个塑性变形的过程。

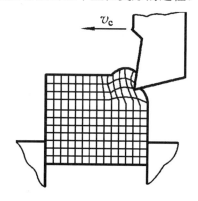

图 2.13 侧面变形观察法示意图

2）快速落刀法

利用快速落刀装置在某一瞬间以很快的速度使刀具脱离工件，获得切屑根部试样。将切屑根部制成金相磨片，借助金相显微镜观察金相组织的变化、晶粒的纤维化、滞留层和积屑瘤的情况，并且可以测得剪切角的大小。一种常见的快速落刀装置如图 2.14 所示，车刀杆的中部通过圆柱销设于刀架上，刀杆的近刀片处有一个压力弹簧，压力弹簧的另一端固定于刀架上，刀杆的另一端与活动定位销接触。使用时转动削边销，车刀杆在弹簧的推力作用下能够稳定快速地脱离工件。

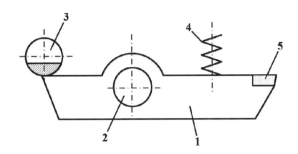

1—车刀杆；2—圆柱销；3—削边销；4—弹簧；5—刀片

图 2.14　快速落刀装置示意图

3）高速摄影法

利用高速摄影技术可以观察试件外表面切屑形成的动态过程，有时还可以看到试件显微组织的变化。一般高速摄影的速度为 1000～8000 幅/秒。

4）扫描电镜显微观察法

利用扫描电镜观察切屑根部或切屑的金相磨片，可以看到金属晶粒内部的微观滑移情况，从物理的角度来理解金属切削过程及其现象。

5）有限元法

金属切削有限元分析的主要过程是定义工件及刀具的材料性能、几何参数和切削参数，以及工件和刀具的相互作用关系，建立切削过程的有限元仿真模型，利用有限元软件对模型进行计算，得出仿真结果并加以分析，从而完成对金属切削过程的仿真研究，如图 2.15 所示。

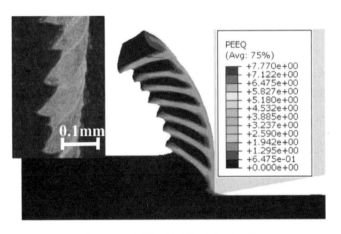

图 2.15　金属切削有限元仿真过程

2．金属切削变形区

以直角自由切削塑性材料模型为基础研究切屑形成过程，进而揭示金属切削过程中涉及的应力、应变和变形问题。根据试验，切削层金属在刀具作用下变成切屑的形态大体可划分为三个变形区，如图 2.16 所示。

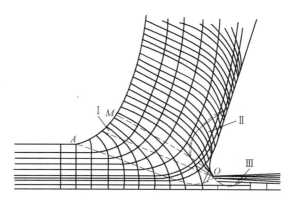

图 2.16　三个变形区

1）第一变形区（Ⅰ）

从 *OA* 线开始金属发生剪切变形，到 *OM* 线金属晶粒的剪切滑移基本结束，*AOM* 区域称为第一变形区（或剪切区）。该区域是切屑变形的基本区，其变形的主要特点是晶粒沿滑移线的剪切滑移变形，并随之产生加工硬化。

2）第二变形区（Ⅱ）

该区是刀-屑接触区。切屑沿前刀面流出时受到挤压和摩擦，使靠近前刀面的晶粒进一步剪切滑移。其特征是切屑底层晶粒纤维化，流速减慢甚至会滞留在前刀面上；切屑发生弯曲；刀-屑接触区温度升高等。

3）第三变形区（Ⅲ）

该区是刀-工接触区，已加工表面受到切削刃钝圆部分及后面（后刀面）的挤压和摩擦，金属晶粒进一步剪切滑移，有时也呈纤维化，其方向平行于已加工表面，并产生加工硬化和回弹现象。

随着对于切削加工理论的深入研究，越来越多的学者认为位于刀尖前方切削层以下的区域会出现第四变形区（Ⅳ），即出现负剪切区。其特征是工件材料在切削力的作用下会在负剪切区发生塑性剪切滑移变形和弯曲变形，从而引起已加工表面的塑性变形。负剪切角越大，则已加工表面塑性变形程度越大。

3．金属切削理论模型

鉴于切削加工巨大的经济和工艺价值，建立切削过程的理论模型，用以预测切削状态，对于优化切削条件、提高加工效率具有重要意义。直角切削是最典型、最简单的一种切削方式，对它的研究有助于揭示切削过程的基本原理及其物理本质。国内外学者致力于该领域的研究，并在过去的几十年里建立了许多经典的二维直角切削模型。下面将简单介绍几种简单剪切模型。

1）Merchant 模型

20 世纪 40 年代，Merchant 提出了被人们广泛接受并沿用至今的简单剪切模型——Merchant 模型。通过把切屑看作一个受力平衡的独立单元，建立 Merchant 圆，如图 2.17 所示。通过 Merchant 圆可以得到各个作用力分量、速度分量及角度间的关系，并可以进一步得到速度、应力、应变、应变率以及能量间的相互关系。

剪切角 φ（剪切面与切削方向的夹角）是切削过程中极其重要的物理参数，它的大小影响整个切削模型的确定。Merchant 根据做功最小原理，认为剪切角总是保持在适当的大小，使得切削过程中所消耗的能量最小，并且假定剪切面上的剪切应力等于材料剪切屈服强度，从而得到剪切角 φ 关于刀具前角 γ 和摩擦角 β 之间的关系：

$$\varphi = \frac{\pi}{4} - \frac{\beta}{2} + \frac{\gamma}{2}$$

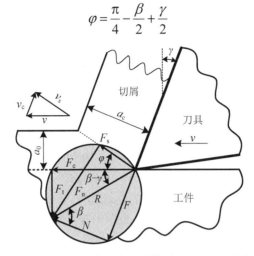

图 2.17   理想二维直角切削模型及 Merchant 圆

2）卡片模型

1948 年，Piispanen 提出了著名的卡片模型。卡片模型将切削过程形象地描述成一系列具有一定厚度的薄片发生连续滑动的过程，整个过程中的剪切变形集中发生于某一平面，并沿最大剪应力方向进行。为更直观地理解切削过程，图 2.18 中给出卡片模型的时间轴模型。ab 为剪切平面，a 点为刀具尖端初始位置，如图 2.18（a）所示。切削开始后，第一个卡片 $abcda$ 在刀具作用下开始形成而未脱离工件，如图 2.18（b）所示。随着刀具的切入，切屑上的点 a、d 与工件上相应的点 a'、d' 相互分离，从而 ad 脱离工件，如图 2.18（c）所示。之后卡片 $abcda$ 沿着剪切面向上滑动，直到刀具尖端移动到 d' 为止，如图 2.18（d）所示。接着新的卡片 $d'gfed'$ 开始形成，如图 2.18（e）所示，$d'e$ 也随着刀具的进一步切入而与工件分离。整个过程不断重复，新的卡片随之不断产生。

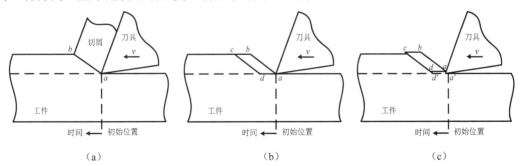

图 2.18   Piispanen 的卡片模型（时间轴模型）

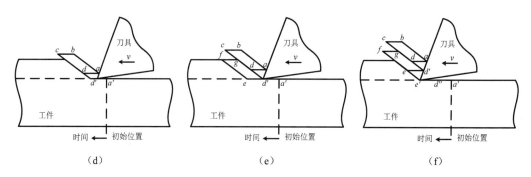

图 2.18　Piispanen 的卡片模型（时间轴模型）（续）

3）滑移线场模型

1951 年，Lee 和 Shaffer 将滑移线场理论引入切削研究中，建立理想刚塑性材料切削的滑移线场模型，从而求解切削过程中的切削力、切屑厚度及切屑变形等参数。其 II 型切屑的二维直角切削滑移线场模型及摩尔应力圆如图 2.19 所示，模型忽略切屑的卷曲作用，因此滑移线场内各滑移线均为直线，分别平行于 *ab* 和 *cd*，两族滑移线相互正交。*bc* 为零应力边界，滑移线 *ab* 和 *cd* 均与其相交，所成的角均为 45°。模型假定切削过程中的塑性变形完全发生于剪切面 *ab* 上，整个滑移线场为均匀应力区，处于极限应力状态并且没有塑性流动，是一个临界于刚体的初始塑性区，用以考察切削力在刀具表面和剪切面之间的传递。该模型中的整个滑移线场处于均匀应力状态，因此可以通过摩尔应力圆对其进行研究，从而得到各角度间的相互关系，进一步给出剪切角表达式：

$$\varphi = \frac{\pi}{4} - \beta + \gamma$$

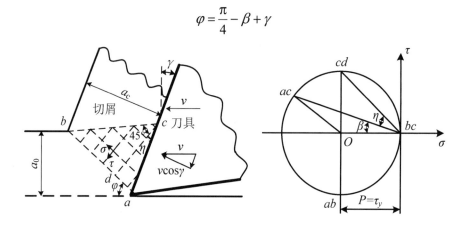

图 2.19　II 型切屑的二维直角切削滑移线场模型及摩尔应力圆

2.3.2　材料去除机理及切屑控制

1. 材料去除机理

1）塑性材料

（1）常规切削速度范围。

塑性金属材料在常规切削速度范围内以剪切滑移去除为主。如图 2.16 所示，当工件受到刀具的挤压以后，切削层金属在始滑移面以左发生弹性变形，越靠近始滑移面，弹性变形越大。在始滑移面上，应力达到材料的屈服点 σ_s，则发生塑性变形，产生剪切滑移现象。随着刀具的连续移动，原来处于始滑移面上的金属不断向刀具靠拢，应力和变形也逐渐加大。在终滑移面上，应力和变形达到最大值。越过终滑移面后，切削层金属将脱离工件基体，沿着前刀面流出而形成切屑，完成切离。

（2）高速或超高速切削速度范围。

塑性金属材料在高速或超高速切削速度范围内去除以绝热剪切或周期性断裂为主。绝热剪切（又称剪切局部化，突变性热塑剪切）是材料在高应变率条件下塑性变形的局部化现象，普遍存在于爆炸、撞击、侵彻、切削等涉及冲击载荷的高速变形过程中。"绝热"是指由于应变速率很高，由塑性功转化的热量来不及散失而将其过程近似为绝热。由于此时剪切变形高度集中在一个相对狭小的区域内，变形过程中塑性功转化的热量引起材料局部升温，导致材料热软化，当热软化效应占优势时，材料就会发生剪切失稳，形成绝热剪切带。绝热剪切带是一个剪切变形高度集中的窄带形区域，在绝热剪切带内可以产生 $10^1 \sim 10^2$ 量级的剪切应变，剪切应变率可达 10^7s^{-1}，温升可达 10^3K 且周围存在大量相对温度较低的基体，因此绝热剪切带内的材料还要经受极快的冷却（冷却速率 $>10^5 \text{K/s}$）。周期性断裂理论则认为材料在加工过程中形成锯齿形切屑是由于在剪切区外侧自由表面产生裂纹。

2）脆性材料

以陶瓷材料磨削过程为例说明脆性材料的去除机理。陶瓷材料磨削过程中的去除主要有晶粒去除、材料剥落、脆性断裂和晶界微破碎等几种方式。在晶粒去除过程中，材料中的整个晶粒从工件表面上脱落，同时伴有材料的剥落，它是磨削过程中所产生的横向和径向裂纹的扩展而形成的局部剥落。而磨粒前下方的材料破碎则是表面圆周应力和剪切应力分布引起的各种脆性断裂破坏的结果。对陶瓷材料加工表面的观察表明，在陶瓷磨削过程中也存在着晶界微破碎和材料晶粒位错。在磨削过程中，单个金刚石颗粒与陶瓷工件接触时产生一个晶界微裂纹的损伤区，材料去除则是通过这些晶界微破碎处的位错来完成的。湖南科技大学邓朝晖教授将微破碎去除解释为粉末化去除，磨削过程中磨粒引起的剪切应力场使晶界和晶间产生微破碎，陶瓷材料晶粒因粉末化去除被碎裂成更细的晶粒，并形成粉末域。通过磨削实验和显微观测，当磨粒切削深度在亚微米级时，磨削后陶瓷工件表面微粉碎产生粉末堆积而不是塑性变形，且无宏观断裂，工件表面上粉碎层材料间的结合比主体材料松散，磨削过程接触弧区内的磨粒与工件间的静态压应力将磨削产生的粉末重新压实在工件表面。

2．切屑的类型及其控制

由于工件材料不同，切削过程中的变形程度也不同，因而产生的切屑种类多种多样，图2.20（a）、（b）、（c）所示为切削塑性材料的切屑，图2.20（d）所示为切削脆性材料的切屑。

1）带状切屑

带状切屑是最常见的一种切屑。它的内表面是光滑的，外表面是毛茸茸的。若用显微镜观察，在外表面上也可看到剪切面的条纹，但每个单元很薄，肉眼看来大体上是平整的。加工塑性金属材料，当切削厚度较小、切削速度较高、刀具前角较大时，常得到这类切屑。

得到这类切屑的切削过程平稳，切削力波动较小，已加工表面的表面粗糙度较小。

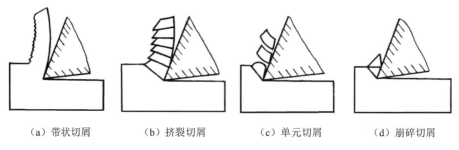

（a）带状切屑　　　　　（b）挤裂切屑　　　　　（c）单元切屑　　　　　（d）崩碎切屑

图 2.20　切屑类型

2）挤裂切屑

这类切屑与带状切屑的不同之处在于表面呈锯齿形，内表面有时有裂纹。这类切屑之所以呈锯齿形，是由于它的第一变形区较宽，在剪切滑移过程中滑移量较大。由滑移变形所产生的加工硬化使剪切力增加，在局部地方达到材料的破裂强度。这类切屑大多在切削速度较低、切削厚度较大、刀具前角较小时产生。

3）单元切屑

如果在挤裂切屑的剪切面上，裂纹扩展到整个面，则整个单元被切离，成为梯形的单元切屑。

以上三种切屑只有在加工塑性材料时才可能得到。其中，带状切屑的切削过程最平稳，切削力波动最小，单元切屑的切削力波动最大。在生产中常见的是带状切屑，有时得到挤裂切屑，单元切屑则很少见。假如改变挤裂切屑的条件，如进一步减小刀具前角，降低切削速度，或加大切削厚度，就可以得到单元切屑；反之，则可以得到带状切屑。这说明切屑的形态是可以随切削条件而变化的。掌握了它的变化规律，就可以控制切屑的变形、形态和尺寸，以达到卷屑和断屑的目的。

4）崩碎切屑

崩碎切屑是加工脆性材料的切屑。这种切屑的形状是不规则的，加工表面是凸凹不平的。从切削过程来看，切屑在破裂前变形很小，和塑性材料的切屑形成机理不同，它的脆断主要是由于材料所受应力超过了它的抗拉强度。加工脆硬材料，如高硅铸铁、白口铸铁等，特别是当切削厚度较大时常得到这种切屑。由于得到崩碎切屑的切削过程很不平稳，容易破坏刀具，也有损于机床，已加工表面又粗糙，因此在生产中应力求避免。方法是减小切削厚度，使切屑成针状或片状；同时适当提高切削速度，以增加工件材料的塑性。

以上是四种典型的切屑，但加工现场获得的切屑，其形状是多种多样的。在现代切削加工中，切削速度与金属切除率很高，切削条件很恶劣，常常产生大量不可接受的切屑。这类切屑或拉伤工件的已加工表面，使表面更粗糙；或划伤机床，卡在机床运动副之间；或造成刀具的早期破损；有时甚至影响操作者的安全。特别对于数控机床、自动线及柔性制造系统，若不能进行有效的切屑控制，轻则限制机床能力的发挥，重则使生产无法正常进行。所谓切屑控制（又称断屑处理），是指在切削加工中采取适当的措施来控制切屑的卷曲、流出与折断，以形成可接受的良好屑形。从切屑控制的角度出发，国际标准化组织（ISO）

制定了切屑分类标准，其中的切屑分类如图 2.21 所示。

衡量切屑可控性的主要标准是：不妨碍正常的加工，即不缠绕在工件、刀具上，不飞溅到机床运动部件中；不影响操作者的安全；易于清理、存放和搬运。图 2.21 中的 3-1、2-2、3-2、4-2、5-2、6-2 类切屑单位质量所占空间小，易于处理，属于良好的屑形。对于不同的加工场合，例如不同的机床、刀具或者不同的被加工材料，有相应的可接受屑形。因而，在进行切屑控制时，要针对不同情况采取合适的措施，以得到相应的可接受的良好屑形。

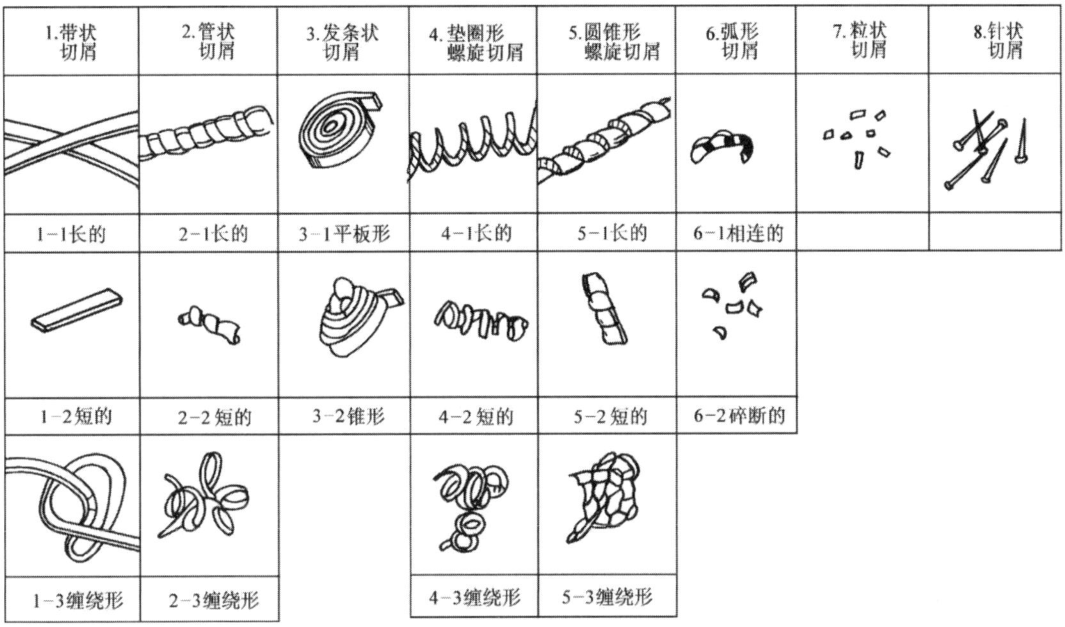

1.带状切屑	2.管状切屑	3.发条状切屑	4.垫圈形螺旋切屑	5.圆锥形螺旋切屑	6.弧形切屑	7.粒状切屑	8.针状切屑
1-1长的	2-1长的	3-1平板形	4-1长的	5-1长的	6-1相连的		
1-2短的	2-2短的	3-2锥形	4-2短的	5-2短的	6-2碎断的		
1-3缠绕形	2-3缠绕形		4-3缠绕形	5-3缠绕形			

图 2.21　切屑分类

2.3.3　切削过程中前刀面上的摩擦和积屑瘤现象

1．前刀面上的摩擦

切削塑性金属材料时，切屑与前刀面之间的压力为 2～3GPa，温度为 400～1000℃，切屑底部与前刀面发生黏结现象，也称冷焊现象。此处不是一般金属之间的外摩擦，而是切屑的黏结层金属与上层金属之间产生相对剪切滑移，属于内摩擦。内摩擦力的大小与材料的剪切屈服应力特性及黏结面积大小有关。如图 2.22 所示，刀-屑接触面可分为两个区域，即黏结区（又称内摩擦区）和滑动区（又称外摩擦区）。黏结区为内摩擦，单位切应力 τ_γ 等于材料的剪切屈服极限 τ_s；滑动区为外摩擦，其单位切应力由 τ_s 逐渐减小到零。刀-屑接触面上的正应力 σ_γ，在刀尖处最大，离刀尖越远，正应力越小，并逐渐减小到零。若以 $\tau_\gamma/\sigma_\gamma$ 表示摩擦系数 μ，显然，前刀面上各点摩擦系数是变化的。令 μ 为前刀面上的平均摩擦系数，根据内摩擦规律得：

$$\mu = \frac{\tau_s A_{f1}}{\sigma_{av} A_{f1}} = \frac{\tau_s}{\sigma_{av}}$$

式中，A_{fl} 为内摩擦部分的接触面积；σ_{av} 为内摩擦部分的平均正应力；τ_s 为工件材料的剪切屈服强度。

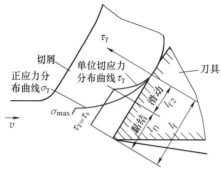

图 2.22　切屑与前刀面发生黏结时的摩擦情况

2．积屑瘤现象

在切削速度不高而又能形成连续切屑的情况下，加工一般钢料或其他塑性材料时，常常在前刀面处粘一块截面有时呈三角状的硬块。它的硬度很高，通常是工件材料的 2～3 倍，在处于比较稳定的状态时，能够代替刀刃进行切削。这块冷焊在前刀面上的金属称为积屑瘤或刀瘤，如图 2.23 所示。

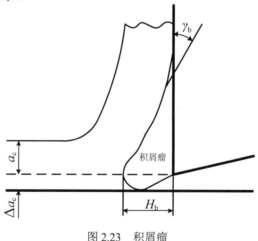

图 2.23　积屑瘤

1）积屑瘤的形成

切削加工时，切屑与前刀面发生强烈摩擦而形成新鲜表面接触。当接触面具有适当的温度和较高的压力时就会产生黏结（冷焊）。于是，切屑底层金属与前刀面冷焊而滞留在前刀面上。连续流动的切屑从粘在刀面的底层上流过时，在温度、压力适当的情况下，也会被阻滞在底层上，使黏结层逐层在前一层上积聚，最后长成积屑瘤。

积屑瘤的产生以及它的积聚高度与金属材料的硬化性质有关，也与刃前区的温度和压力分布有关。一般来说，塑性材料的加工硬化倾向越强，越易产生积屑瘤；温度与压力太低，不会产生积屑瘤；反之，温度太高，产生弱化作用，也不会产生积屑瘤。走刀量保持一定时，积屑瘤高度与切削速度有密切关系。

形成积屑瘤有一最佳切削温度（对于碳素钢，最佳温度为 300～500℃），此时积屑瘤高度 H_b 最大；当温度高于或低于此温度时，积屑瘤高度皆变小。

2）积屑瘤在切削过程中的作用

（1）增大实际前角。

积屑瘤加大了刀具的实际前角，可使切削力变小，对切削过程起积极的作用。积屑瘤越高，实际前角越大。

（2）增大切削厚度。

由于积屑瘤的产生、成长、脱落是一个周期性的动态过程，切削厚度的变化容易引起切削过程出现振动。

（3）使加工表面粗糙度增大。

积屑瘤的底部相对稳定一些，其顶部很不稳定，容易破裂，一部分连附于切屑底部而排出，一部分残留在加工表面上，积屑瘤凸出刀刃部分使加工表面切得非常粗糙，因此在精加工时必须设法避免或减小积屑瘤。

（4）对刀具寿命的影响。

积屑瘤粘在前刀面上，在相对稳定时，可代替刀刃切削，有减少刀具磨损、提高寿命的作用。积屑瘤不稳定时，积屑瘤碎片挤压前刀面和后刀面，加剧刀具磨损，积屑瘤破碎时还可能引起硬质合金刀具刀面的剥落，从而降低刀具的寿命。

3）影响积屑瘤的因素

（1）工件材料。

材料的塑性越好，刀与屑之间的接触长度越大，摩擦系数越大，切削温度越高，就越易产生黏结，更容易产生积屑瘤。故应适当提高工件材料的硬度，减小加工硬化倾向。

（2）切削速度。

降低切削速度，使温度变低，则黏结现象不易发生；采用高速切削，使切削温度高于积屑瘤消失的相应温度，则黏结现象更易发生，故应使用合理的切削速度。

（3）切削液。

采用润滑性能好的切削液，可减小摩擦力和温度。

（4）刀具前角。

增大刀具前角，可以减小切屑与前刀面接触区的压力。

（5）进给量。

进给量小，切屑与前刀面接触长度小，摩擦系数小，切削温度低，则不易产生积屑瘤。

显然，积屑瘤有利有弊。粗加工时，对精度和表面粗糙度要求不高，如果积屑瘤能稳定生长，则可以代替刀具进行切削，保护刀具，同时可减小切削变形。精加工时，积屑瘤会影响加工精度，因而不允许积屑瘤出现。

精加工时避免或减小积屑瘤的主要措施如下：

（1）降低切削速度，使切削温度下降到不易产生黏结现象的程度；

（2）采用高速切削，使切削速度高于积屑瘤消失的极限速度；

（3）增大刀具前角，减小刀具前刀面与切屑的接触压力；

（4）使用润滑性好的切削液，精研刀具表面，降低刀具前刀面与切屑接触面的摩擦系数；

（5）适当提高工件材料的硬度，减小材料硬化指数。

2.4　切削力

切削力是金属切削过程中的一个重要的物理现象，是计算切削功率，设计刀具、机床和机床夹具以及制定切削用量的重要依据，也是自动化生产中的监控参数之一。

2.4.1　切削力的来源与分解

1. 切削力的来源

金属切削时，刀具切除工件上的多余金属所需要的力称为切削力。如图 2.24 所示，切削力主要来源于：

（1）克服被加工材料弹性变形的抗力。

（2）克服被加工材料塑性变形的抗力。

（3）克服切屑与刀具前刀面的摩擦力和刀具后刀面（后面）与过渡表面和已加工表面之间的摩擦力。

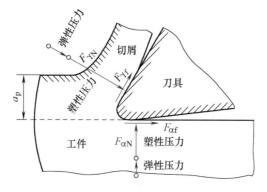

图 2.24　切削力的来源

2. 切削合力及其分解

以外圆车削为例，作用在刀具上的切削合力 F_r 可分解为相互垂直的三个分力，如图 2.25 所示。

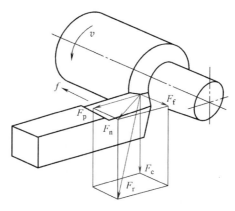

图 2.25　切削合力与分力

F_c——主切削力（或称切向力），是切削合力在主运动方向上的投影，其方向垂直于基面。主切削力作用在工件上，并通过卡盘（夹具）传递到机床主轴箱，它是设计机床主轴、齿轮和计算主运动功率的主要依据，也是设计夹具和选择切削用量的重要依据。主切削力作用于刀具上，使刀杆弯曲、刀片受压，故根据它来确定刀杆、刀片的尺寸。

F_p——背向力（或称径向力），它在基面内并与进给方向垂直。背向力作用于工件上，如果加工系统刚性不足，它可使工件产生弯曲变形，是影响加工精度、引起切削振动的主要原因。背向力不消耗切削功率。

F_f——进给抗力或轴向力，它在基面内并与进给方向平行。进给抗力是设计进给机构和计算进给功率的依据。进给抗力作用在机床进给机构上，是计算进给机构薄弱环节零件的强度和检验进给机构强度的主要依据。它消耗总切削功率的 1%～5%。

F_c、F_p、F_f 之间的比例关系随着刀具材料、几何参数、工件材料及刀具磨损状态的不同存在较大的变化。显然：

$$F_r = \sqrt{F_c^2 + F_n^2} = \sqrt{F_c^2 + F_p^2 + F_f^2}$$

2.4.2　切削力的测量与计算方法

1．功率反求法

利用功率表测量机床的功率，然后求得切削力的大小。该方法误差较大。

2．切削测力仪

通常使用的切削测力仪有两种：电阻应变片式测力仪和压电晶体式测力仪（如 Kistler 测力仪）。这两种测力仪都可以测出 F_c、F_p、F_f 三个分力，后者精度较高。

3．经验公式法

通过大量实验，将测力仪测得的切削力数据，用数学方法进行处理，得到切削力的经验公式。通常采用切削力的指数公式，如下式：

$$\begin{cases} F_c = C_{Fc} a_p^{x_{Fc}} f^{y_{Fc}} v^{n_{Fc}} K_{Fc} \\ F_p = C_{Fp} a_p^{x_{Fp}} f^{y_{Fp}} v^{n_{Fp}} K_{Fp} \\ F_f = C_{Ff} a_p^{x_{Ff}} f^{y_{Ff}} v^{n_{Ff}} K_{Ff} \end{cases}$$

式中，C_{Fc}、C_{Fp}、C_{Ff} 是工件材料和切削条件对三个分力的影响系数；x_{Fc}、y_{Fc}、n_{Fc}、x_{Fp}、y_{Fp}、n_{Fp}、x_{Ff}、y_{Ff}、n_{Ff} 是切削用量对三个切削分力的影响指数；K_{Fc}、K_{Fp}、K_{Ff} 是实际切削条件与经验公式不符时的修正系数。

4．单位切削力法

单位切削力是指单位切削面积上的切削力，用 p 表示。若已知单位切削力 F_c 和切削面积 A_c，即可求得切削力。

$$p = \frac{F_c}{A_c} = \frac{F_c}{a_p f} = \frac{F_c}{a_w a_c}$$

5．解析计算法

瞬时刚性力模型可以较准确地对铣削过程中任意时刻铣削力的大小和方向进行预测，其计算公式为：

$$\begin{cases} \mathrm{d}F_\mathrm{t} = K_{\mathrm{tc}}h\mathrm{d}z + K_{\mathrm{te}}\mathrm{d}s \\ \mathrm{d}F_\mathrm{r} = K_{\mathrm{rc}}h\mathrm{d}z + K_{\mathrm{re}}\mathrm{d}s \\ \mathrm{d}F_\mathrm{a} = K_{\mathrm{ac}}h\mathrm{d}z + K_{\mathrm{ae}}\mathrm{d}s \end{cases}$$

式中，$\mathrm{d}F_\mathrm{t}$、$\mathrm{d}F_\mathrm{r}$、$\mathrm{d}F_\mathrm{a}$ 为切向、径向和轴向切削力微元；$\mathrm{d}s$、$\mathrm{d}z$、h 为切削刃长度微元、轴向切深微元及切削厚度；K_{tc}、K_{rc}、K_{ac} 为切向、径向和轴向剪切力系数；K_{te}、K_{re}、K_{ae} 为切向、径向和轴向犁切力系数。

6．有限元法

由于计算机软、硬件技术的发展，有限元技术以其特有的优势在金属切削领域得到了广泛的应用，越来越多的商用有限元软件被开发应用于切削加工模拟，包括 Abaqus、DEFORM、Third Wave AdvantEdge 等。有限元法除了可以计算切削力，还可对切削温度、残余应力、刀具磨损等进行分析，优化切削参数，是模拟切削过程的有效工具。

2.4.3 影响切削力的主要因素

凡影响切削过程变形和摩擦的因素均影响切削力，主要包括切削用量、工件材料和刀具几何参数等。

1．工件材料的影响

工件材料不同，则材料的剪切强度、塑性变形程度及刀与屑间的摩擦条件不同，从而影响切削力。

（1）工件材料的强度、硬度越高，虽然切屑变形略有减小，但总的切削力还是增大的。

（2）工件材料的化学成分不同（如含碳量多少，是否含有合金元素等），则切削力不同。

（3）工件材料的热处理状态不同，则切削力不同。

（4）材料硬化指数不同，则切削力不同。如不锈钢硬化指数大，则切削力大；铜、铝、铸铁及脆性材料硬化指数小，则切削力小。

2．切削用量的影响

1）背吃刀量和进给量的影响

当背吃刀量和进给量增加时，切削面积增加，切削力增大。但背吃刀量增加时变形系数不变，切削力按正比关系增加；而进给量增加时变形系数减小，因此，切削力不按正比关系增加。进给量对切削力的影响比背吃刀量的影响小。

2）切削速度的影响

如图 2.26 所示，切削塑性金属（45 钢）时，在积屑瘤区，积屑瘤现象使刀具实际前角增大，切屑变形减小，切削力减小。在无积屑瘤时，随切削速度的增大，切削力减小。切削脆性金属时，切削速度增大，切削力略有减小。因此，在刀具材料和机床性能允许的条件下，采用高速切削，既能提高生产效率，又能使切削力减小。

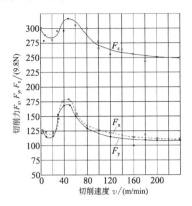

图 2.26　切削速度对切削力的影响曲线

3. 刀具几何参数的影响

1）前角的影响

前角对切削力的影响较大。当切削塑性金属时，切削力随前角增大而减小。因为前角增大，剪切角 φ 增大，变形系数 ξ 减小，切屑流出阻力减小。前角对切削力的影响程度随 v 增大而减小。加工脆性金属时前角对切削力的影响不明显。

2）负倒棱的影响

如图 2.27 所示，在锋利的切削刃上磨出负倒棱，可以提高刃口强度，从而提高刀具使用寿命。但负倒棱导致切削变形增大，切削力增大。若负倒棱宽度为 b_{r1}，切屑与刀具前刀面的接触长度为 l_f，则 $b_{r1}<l_f$ 时切屑沿前刀面流出，正前角仍起作用，但切削力比无倒棱时要大些；而当 $b_{r1}>l_f$ 时切屑沿负倒棱而不是前刀面流出，切削力相当于用负前角为 γ_{o1} 的车刀车削时的切削力。当有负倒棱时，切削力经验公式应加修正系数。

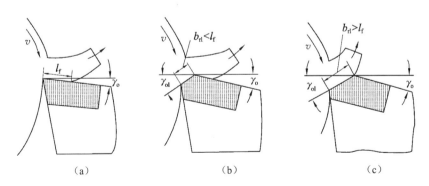

图 2.27　车刀负倒棱对切屑流出的影响

3）主偏角的影响

主偏角主要是通过影响切削厚度和刀尖圆弧曲线长度来影响变形，从而影响切削力的。主偏角对切削力的影响如图 2.28 所示。当 $\kappa_r<60°$ 时，随 κ_r 增加，切削厚度 a_c 增大，变形减小，故切削力减小；当 $\kappa_r>75°$ 时，虽然 a_c 增大，但刀尖圆弧刃工作长度增大引起变形增大，且占主导作用，故主切削力 F_c 增大。当 $\kappa_r > 60°$ 时，背向力 F_p 减小，进给抗力 F_f 增加。

由于主偏角 $\kappa_r = 60° \sim 75°$ 能减小切削力 F_c 和 F_p，因此，生产中 $\kappa_r = 75°$ 的车刀得到广泛应用。

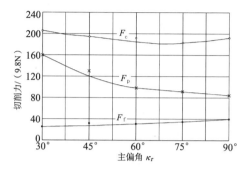

图 2.28　主偏角对切削力的影响

4）刀尖圆弧半径的影响

在一般的切削加工中，刀尖圆弧半径对切削力的影响较小，但刀尖圆弧半径增大时切削厚度 a_c 减小，则圆弧刃工作部分平均主偏角减小，在基面内分力 F_p 增大，而 F_f 减小。

5）刃倾角的影响

实验证明，刃倾角 λ_s 在 $-40° \sim 40°$ 内变化时 F_c 没有什么变化。但 λ_s 的变化会引起切削合力 F_r 方向的变化，使 F_p 减小，F_f 随 λ_s 的增大而增大。

以上所述是影响切削力的主要因素，在实际生产中还有许多因素，如刀具材料摩擦系数、刀具磨损状态、切削时是否使用切削液以及切削液的润滑性能等都会不同程度地影响切削力。

2.5　切削热与切削温度

在金属切削过程中会产生切削热。切削热会引起切削温度的升高，使工件、机床和刀具发生热变形，从而降低零件的加工精度和表面质量，加剧刀具磨损，缩短刀具寿命，降低生产效率，增加加工成本。

2.5.1　切削热的来源与传出

1. 切削热的来源

被切削的金属在刀具的作用下，发生弹性和塑性变形而产生功耗，这是切削热的一个重要来源。此外，切屑与前刀面、工件与后刀面之间的摩擦也要产生功耗，也会产生大量的热量。如图 2.29 所示，切削时共有三个发热区域，即剪切面、切屑与前刀面接触区、后刀面与过渡表面接触区。三个发热区与三个变形区相对应，所以切削热的来源就是切屑变形功和前刀面、后刀面的摩擦功。

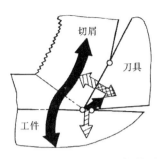

图 2.29　切削热的产生与传导

切削塑性材料时，变形和摩擦都比较大，所以发热较多。切削速度提高时，因切屑的变形减小，所以塑性变形产生的热量百分比降低，而摩擦产生热量的百分比升高。切削脆性材料时，后刀面上摩擦产生的热量在切削热中所占的百分比升高。

对磨损量较小的刀具，后刀面与工件的摩擦较小，所以在计算切削热时，如果将后刀面的摩擦功所转化的热量忽略不计，则切削时所消耗的功率可按下式计算：

$$P_m = F_c v$$

式中，P_m 为切削功率（J/s），即每秒钟所产生的切削热。在用硬质合金车刀车削 $\sigma_b=0.637$GPa 的结构钢时，将切削力 F_c 的经验公式代入得：

$$P_m = F_c v = C_{F_c} a_p f^{0.75} v^{0.85} K_{F_c}$$

由上式可知，a_p 增大 1 倍时，P_m 相应地增大 1 倍，因而切削热也增大 1 倍；切削速度 v 的影响次之，进给量 f 的影响最小；其他因素对切削热的影响和它们对切削力的影响完全相同。

2．切削热的传出

切削区域的热量被切屑、工件、刀具和周围介质传出。向周围介质直接传出的热量，在干切削（不用切削液）时，所占比例在 1%以下，故在分析和计算时可忽略不计。

工件材料的导热性能是影响热传导的重要因素。工件材料的热导率越低，通过工件和切屑传导出去的切削热越少，这就必然使通过刀具传导出去的热量增加。例如切削航空工业中常用的钛合金时，因为它的热导率只有碳素钢的 1/4～1/3，切削产生的热量不易传出，则切削温度升高，刀具就容易磨损。

刀具材料的热导率较高时，切削热易从刀具导出，使切削区域温度降低，有利于刀具寿命的延长。切屑与刀具的接触时间也影响刀具的切削温度。外圆车削时，切屑形成后迅速脱离车刀而落入车床的容屑盘中，故切屑的热量传给刀具的不多。钻削或其他半封闭式容屑的切削加工，切屑形成后仍与刀具及工件相接触，切屑将所带的切削热再次传给工件和刀具，使切削温度升高。

关于切削热由切屑、刀具、工件及周围介质传出的比例，可举例如下：

（1）车削加工时，切屑带走的切削热为 50%～86%，车刀传出的切削热为 10%～40%，工件传出的切削热为 3%～9%，周围介质（如空气）传出的切削热为 1%。切削速度越高或切削厚度越大，则切屑带走的热量越多。

（2）钻削加工时，切屑带走的切削热为 28%，刀具传出的切削热为 14.5%，工件传出的切削热为 52.5%，周围介质传出的切削热为 5%。

2.5.2 切削温度的测量与计算方法

尽管切削热是切削温度升高的根源，但直接影响切削过程的却是切削温度。切削温度一般指前刀面与切屑接触区域的平均温度。切削温度的测量方法很多，大致可分为热电偶法、辐射温度计法及其他测量方法。目前应用较广的是自然热电偶法和人工热电偶法。

1．热电偶法

1）自然热电偶法

图 2.30 为自然热电偶法测量切削温度的示意图。在切削时，不同材料的刀具和工件，在切削高温作用下形成一热端，与刀具、工件保持室温的一端（冷端）必然有热电势产生（称塞贝克效应），用仪表测出这一热电势，再与这两种材料的标定曲线进行对照，就可得出切削温度的平均值。

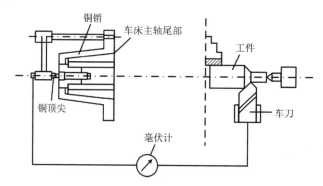

图 2.30　自然热电偶法测量切削温度的示意图

2）人工热电偶法

将两种预先标定的金属丝组成热电偶（或标准的热电偶），热端焊接在被测点上，两冷端用仪器连接起来，仪器可测得切削时的热电势数值，参照该标准热电偶的标定曲线，便可得出被测点的温度值。人工热电偶法可以测量切削区内任一点的温度，因此，用人工热电偶法可以测量切屑、刀具、工件上不同点的温度。

2．光/热辐射法

采用光/热辐射法测量切削温度的原理是：刀具、切屑和工件受热时都会产生一定强度的光/热辐射，且辐射强度随温度升高而增大，因此可通过测量光、热辐射的能量间接测定切削温度，如红外热像仪法。

3．金相结构法

金相结构法是基于金属材料在高温下会发生相应的金相结构变化这一原理来测温的。该方法通过观察刀具或工件切削前后金相组织的变化来判定切削温度的变化。除此以外，还有一种用扫描电镜观测刀具预定剖面显微组织的变化，并与标准试样对照，从而确定刀具切削过程中所达到的温度的方法。

2.5.3　切削区的温度及其分布

利用人工热电偶法测得刀具和工件上各点温度数据，再通过传热学理论计算得出刀具、工件和切屑的温度分布以及切削不同材料工件时的温度分布，如图 2.31 和图 2.32 所示。

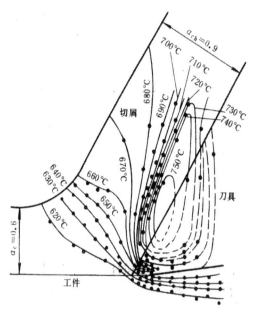

工件材料：低碳易切钢；

刀具：$\gamma_o=30°$，$\alpha_o=7°$；

切削用量：$a_p=0.6$mm，

$v=22.86$m/min；

切削条件：干切削，预热 611℃

图 2.31　二维直角切削中的温度分布

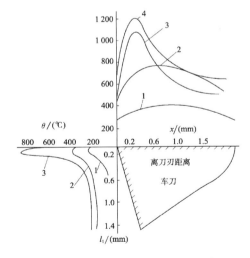

1—45 钢-YT15；

2—GCr15-YT14；

3—钛合金-BT2-YG8；

4—BT2-YT15

图 2.32　切削不同材料的温度分布（切削速度：$v=30$m/min；进给量：$f=0.2$mm/r）

从图 2.31 和图 2.32 中可以看出：

（1）在剪切区内，沿剪切面方向上各点温度几乎相同，而在垂直于剪切面方向上的温度梯度很大。这说明在剪切面上各点的应力应变规律基本相同，剪切区内的剪切滑移变形很强烈，瞬间产生大量热量且十分集中，使剪切区温度急剧升高。

（2）前刀面上温度最高点不在切削刃上，而是在离切削刃有一定距离的地方，这是内摩擦区的摩擦热沿前刀面不断增大的缘故。

（3）切屑带走的热量最多，它的平均温度高于刀具、工件的平均温度。

（4）刀–屑接触面温度最高且梯度大，主要是因为切削速度高，摩擦大，热量不易扩散。

（5）刀具材料和工件材料的热导率越小，前、后刀面上的温度越高。如高温合金和钛合金的热导率低，切削温度高，因此切削时宜采用较低的切削速度，以降低刀具上的温度。

2.5.4　影响切削温度的主要因素

切削温度的高低取决于两个方面：产生的热量和散热速度。产生的热量少，散热速度快，则切削温度低；或者上述之一起主导作用，也会降低切削温度。因而，凡是能影响产生的热量和散热速度的因素均会影响切削温度。根据理论分析和大量的实验研究可知，切削温度主要受切削用量、刀具几何参数、工件材料、刀具磨损和切削液的影响。

1．切削用量的影响

切削温度的经验公式为

$$\theta = C_\theta v^{z_\theta} f^{y_\theta} a_p^{x_\theta}$$

式中，θ 为测得的切削区平均温度，℃；C_θ 为与工件、刀具材料和其他切削参数有关的切削温度系数；z_θ、y_θ、x_θ 分别为 v、f、a_p 影响切削温度的指数。

由上式可知：

（1）切削速度对切削温度影响最大。这是因为随着 v 的增大，摩擦热增大，又来不及传出，产生热积聚现象；但切削速度提高使剪切滑移变形减小，因此 θ 不随 v 成正比增大。

（2）进给量 f 对切削温度的影响次之。这是由于一方面 f 增大时，单位时间切削体积增大，切削温度升高；另一方面 f 增大时 a_c 增大，变形减小，而且切屑热容量增大，由切屑带走的热量增加，所以切削区切削温度的上升不显著。

（3）背吃刀量对切削温度的影响最小。这是因为虽然 a_p 增大使产生的热量成正比增大，但散热面积按相同比例增大，故 a_p 对切削温度影响很小。

2．刀具几何参数的影响

1）前角的影响

前角影响切削过程中的变形和摩擦程度。前角 γ_o 增大，使切屑变形程度减小，产生的切削热减少，因而切削温度下降。但当前角 γ_o 大于 20°时，对切削温度的影响减小，这是楔角变小使散热体积减小的缘故。

2）主偏角的影响

主偏角主要通过对切削刃工作长度和刀尖角变化的影响来影响切削温度。若减小主偏角 κ_r，则刀尖角和切削刃工作长度加大，切削面积增大，散热条件较好，故切削温度较低；随主偏角 κ_r 的增大，切削刃工作长度缩短，同时刀尖角减小，散热面积减小，切削温度逐渐升高。

3．工件材料的影响

工件材料对切削温度的影响取决于其强度、硬度、导热性等。由理论分析可知，单位切削力是影响切削温度的重要因素，而工件材料的强度（包括硬度）直接决定了单位切削力，所以工件材料强度（包括硬度）增大时，产生的切削热增加，切削温度升高。工件材料的热导率则直接影响切削热的导出。在同等条件下，切削合金钢比切削碳钢的温度要高。切削脆性材料时，由于形成崩碎切屑，变形和摩擦都较小，故切削温度低。

4．刀具磨损的影响

刀具磨损严重时，刀具刃口变钝，切屑变形增大，同时后刀面与工件之间的摩擦增大，两者均使切削热增加，故切削温度升高。在后刀面的磨损达到一定程度后，对切削温度的影响增大；切削速度越高，影响就越显著。合金钢的强度大，热导率小，所以切削合金钢时刀具磨损对切削温度的影响就比切削碳素钢时大。

5．切削液的影响

浇注切削液对降低切削温度、减小刀具磨损和提高已加工表面的质量有显著的效果。切削液对切削温度的影响，与切削液的导热性能、比热、流量、浇注方式以及本身的温度有很大的关系。从导热性能来看，油类切削液不如乳化液，乳化液不如水基切削液。

2.6　切削加工表面完整性

2.6.1　加工表面完整性的概念及影响因素

为适应航空恶劣服役环境，国内外学者一直致力于切削加工表面和亚表面性能研究。表面完整性概念在1964年美国金属切削研究协会召开的一次技术座谈会上首次提出。1989年，Tagazawa指出表面完整性是描述、鉴定和控制零件切削过程在其加工表面层内可能发生的变化及影响该表面工作性能的技术指标。切削零件的加工表面完整性既要求零件经过切削加工后表面层完整无损，表面层金相组织和机械物理性能等均能满足使用要求，又要确保零件具有一定的服役寿命。随着现代制造技术的发展，切削加工产品的表面质量要求越来越高，国内外学者对加工零件表面完整性的研究更加深入，提出了客观、科学、系统的表面完整性评价体系。

切削加工属于复杂的动态过程，涉及非线性和多样性耦合现象，例如热力耦合载荷、大弹塑性变形、摩擦学条件和切屑分离等。如图2.33所示，加工表面完整性受到加工表面变形区作用，即刀具刃口和后刀面对加工表面和亚表层产生挤压。首先，切削刃有一定的钝圆半径，被切材料的切屑分离点并不在刃口圆弧最低点，导致材料受到刃口的挤压，使得金属材料产生塑性变形。其中部分金属材料由于剪切作用形成切屑,部分亚表面材料组织发生塑性流动。其次,刀具磨损状态改变了切削刃的有效几何形状,有效刀具前角增大,刀口后角消失,在后刀面形成无后角的磨损平面,接触区域扩大,增大了对加工表面的挤压与摩擦作用。摩擦学条件的变化改变了主剪切区/刀屑摩擦区/刀工摩擦区切削热和机械状态的梯度性分布,导致加工区域产生不同程度的材料变形。

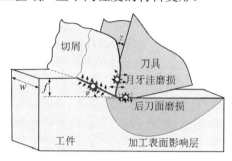

图 2.33　刀具磨损状态下加工表面完整性

在刀具磨损状态下,切削加工过程的复杂性源于极端的摩擦条件和相互的界面耦合作用,其特征主要是温度升高和机械负荷增大,导致一系列理化过程。刀具磨损产生的梯度性热机械载荷成为影响加工表面完整性的重要因素。如图 2.34 所示,在变形区产生与基体材料不一样的材料梯度性变形现象,引起加工表面形貌、微观组织和力学性能的变化。

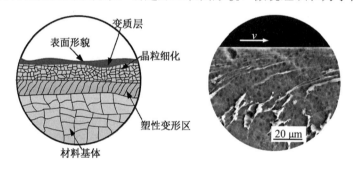

图 2.34　加工表面层变化示意图及实际表面微观组织形态

2.6.2　加工表面完整性的表征

机械加工表面完整性主要包括表面形貌特征、微观组织和物理力学性能。一般根据零部件服役过程中特定性能以及常用的测试方法,可以选择有限的表面完整性参数进行测试与表征。

加工表面形貌测量方法可以分为接触式和非接触式两种。其中,接触式测量方法包括机械探针式和光学探针式两种。非接触式测量方法包括白光干涉测量、共聚焦激光扫描、扫描电镜(SEM)、原子力显微镜及其他机器视觉测量方法等。目前的表面粗糙度参数包含 2D 和 3D 的表征。一般可将这些表征参数按其定义大致分为高度参数、功能参数、斜率参数、间距参数等类型,各表征参数的描述及测量手段如表 2.1 所示。

表 2.1 表面粗糙度特征的定量表征参数

特 征 名 称	具体表征参数及其描述		测量手段
	2D 表征参数	3D 表征参数	
表面粗糙度	(a) 高度参数 ① 轮廓算术平均偏差 ② 轮廓均方根偏差 ③ 轮廓平均高度 ④ 最大波峰值 ⑤ 最大波谷值 ⑥ 轮廓峰谷总高度 (b) 功能参数 ① 偏态系数 ② 峰态系数 (c) 斜率参数 均方根斜率 (d) 间距参数 ① 中线截距平均值 ② 高峰点数	(a) 高度参数 ① 3D 均方根高度 ② 3D 平均高度 ③ 最大波峰值 ④ 最大波谷值 (b) 功能参数 ① 3D 偏态系数 ② 3D 峰态系数 (c) 空间参数 ① 表面纹理纵横比 ② 表面纹理方向 ③ 最速衰减自相关长度 (d) 混合型参数 ① 3D 均方根斜率 ② 展开界面面积率	采用探针式表面轮廓仪、光学表面轮廓仪或扫描电镜进行测量。例如，采用美国 Veeco 公司的三维光学表面轮廓仪（NT1100），可一次性测量出多项 2D 和 3D 表面粗糙度表征参数

切削加工后微观组织分析主要是分析微观结构信息和冶金特性。通常采用光学金相显微镜、扫描电镜、电子背散射衍射（EBSD）技术以及高分辨透射电子显微镜分析加工表面材料的塑性变形、晶粒尺寸、晶体微区取向和位错孪晶等微观结构信息。利用 X 射线衍射技术获得物相种类、组成及物相含量等信息。考虑到实际测量条件以及在航空零件加工中关注的一些影响零件性能的金相特征，表 2.2 给出了满足表面完整性要求时微观组织特征可能会涉及的定量表征参数。

表 2.2 微观组织特征涉及的定量表征参数

特 征 名 称	具体表征参数及其描述		测量手段
微观组织	(a) 微观裂纹 ① 微观裂纹深度 h_{MC} ② 开口宽度 d_C (b) 塑性变形 ① 晶粒组织扭曲厚度 d_{Tor} ② 晶粒扭曲后的纵宽比 k ③ 金属流线方向 f (c) 相变 相的体积分数 φ (d) 晶间腐蚀 ① 腐蚀晶界的总长度 l_{CI} ② 腐蚀的深度 h_C (e) 凹陷、撕裂、搭接、凸起 ① 凹陷的深度 h_{Pi}	② 凹陷的表面积 s_{Pi} ③ 撕裂带的长度 l_T ④ 撕裂带与表层的夹角 θ_T ⑤ 搭接的长度 l_L ⑥ 凸起的高度 h_{Pr} (f) 切屑瘤 ① 切屑瘤的角度 θ_E ② 切屑瘤的高度 h_E ③ 切屑瘤的面积 s_E (g) 熔化再沉积 ① 熔化颗粒的直径 l_{Xd} ② 再沉积面积 s_{Rd} ③ 沉积高度 h_{De} (h) 变质层 ① 变质层的厚度 B ② 变质层晶粒扭曲程度 M	采用低倍（100～1000 倍）金相照片观察表面微观裂纹及金属塑性变形、晶间腐蚀、凹陷、切屑瘤、熔化再沉积等；制备 TEM 试样观察位错并计算其面密度；利用 TEM 衍射斑点判断材料物相的组成及相的比例等

零件加工中，表面的湿度变化、机械变形和化学变化均会造成表面层硬度随表面下深度而变化。加工表面层硬度梯度分布测试方法主要包括显微硬度及纳米压痕测试等。典型的显微硬度随表面下深度变化曲线如图 2.35 所示，曲线上各特征点的含义如表 2.3 所示。

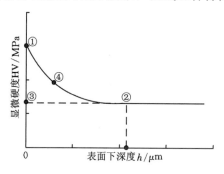

图 2.35　显微硬度随表面下深度变化曲线

表 2.3　显微硬度特征的定量表征参数

特 征 名 称	具体表征参数及其描述	测 量 手 段
显微硬度	① 表层的显微硬度 HV_1 ② 表面硬化层厚度 h_{HV} ③ 基体的显微硬度 HV_0 ④ 显微硬度随深度变化的曲线 HV-h	采用带有努氏或维氏压头的显微硬度测试仪在金相切片上进行测量

残余应力是在消除了一切外力影响（诸如力、温度变化或外部能量等）后在零件材料中残存的那些应力。目前常用的残余应力检测方法是 X 射线衍射无损检测方法，即利用电化学抛光方法将加工表面材料进行逐层去除，获取加工表面深层残余应力梯度分布特征及影响深度。表面残余应力随表面下深度变化的分布曲线如图 2.36 所示，曲线上各特征点的含义如表 2.4 所示。

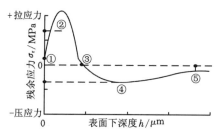

图 2.36　残余应力随表面下深度变化的分布曲线

表 2.4　表面残余应力特征的定量表征参数

特 征 名 称	具体表征参数及其描述	测 量 手 段
残余应力	① 表面残余应力值（深度为 0 时的值）$\sigma_{r,Sur}$ ② 峰值拉应力（一定深度时的值）$\sigma_{T,Max}$ ③ 反向过渡深度值（通常深度为几十微米）h_{r0} ④ 峰值压应力（一定深度时的值）$\sigma_{C,Max}$ ⑤ 残余应力的影响深度 h_{ry}（这时应力应减小到低于 13.8MPa 或者其值变得微不足道或者低于抗拉强度的 10%）	采用 X 射线衍射仪或者钻孔法进行测量

为实现加工表面完整性的评价与预测，需要采取相关的技术手段和计算方法将输入的切削参数与输出的表面完整性参数进行关联，并进行定性和定量影响效应分析。表面完整性特征参数的研究方法主要包括实验测试、经验模型、解析模型、数值仿真模型和混合模型等。

2.6.3　表面完整性对零件使用性能的影响

1．表面粗糙度对零件使用性能的影响

当两个互相摩擦的零件配合时，由于零件表面凹凸不平，只有零件表面一些凸峰相互接触，而不是全部表面配合接触。由于实际接触面积小，因此单位面积上压力很大。当零件相互摩擦时，表面凸峰很快被压扁压平，产生剧烈磨损，从而影响零件的配合性质。

粗糙表面的耐腐蚀性比光滑表面差，因为腐蚀性物质容易聚集在粗糙表面的凹谷里和裂缝处，并逐渐扩大其腐蚀范围。

在外力作用下，粗糙表面极易产生应力集中，使零件表面产生显微裂纹，降低零件的疲劳强度。试验表明，在没有冷作硬化层和残余应力的情况下，表面粗糙度越小，零件的疲劳强度就越接近基体材料。

2．冷作硬化对零件使用性能的影响

表面冷作硬化通常对常温下工作的零件较为有利，有时能提高其疲劳强度，但对高温下工作的零件则不利。由于零件表面层硬度在高温作用下发生改变，零件表面层会发生残余应力松弛，塑性变形层内的原子扩散迁移率就会增大，导致合金元素加速氧化和晶界层软化。此时，冷作硬化层越深、冷作硬化程度越大、温度越高、时间越长，塑性变形层内上述变化过程就越剧烈，导致零件沿冷作硬化层晶界形成表面起始裂纹。起始裂纹进一步扩展就会形成疲劳裂纹，从而使零件疲劳强度下降。

3．残余应力对零件使用性能的影响

残余应力是指在没有外力作用下零件内部为保持平衡而存留的应力。残余应力产生的原因，一是在切削过程中由于塑性变形而产生的机械应力；二是由于切削加工过程中切削温度的变化而产生的热应力；三是由于相变引起体积变化而产生的应力。

残余应力对零件的使用性能有很大影响。一般来说，如果残余压应力在表面层内足够大且分布合理，会提高零件的疲劳强度；而残余拉应力则会引起裂纹，使零件产生疲劳断裂和应力腐蚀。

2.6.4　表面完整性的改善途径

改善零件加工表面的完整性对于改善零件的使用性能、延长零件的使用寿命十分重要。控制加工表面完整性的方法较多。在普通切削、磨削加工中，可针对不同的加工工艺，合理选择刀具材料、刀具几何参数、切削用量和切削液，对零件进行表面处理和表面强化，从而得到要求的加工表面粗糙度和表面质量，改善零件加工表面完整性；此外，利用一些新的切削加工技术，如振动切削、低温切削、激光切削、水力切削等，也可达到提高加工

表面质量、改善加工表面完整性的目的。

在改善零件加工表面完整性的众多方法中，振动切削技术较易实现且应用效果很好。

振动切削的实质是在切削过程中使刀具或工件产生某种有规律的、可控的振动，使切削速度（或进给量、切削深度）按某种规律变化，从而改善切削状态，提高工件表面质量。振动切削原理如图 2.37 所示。

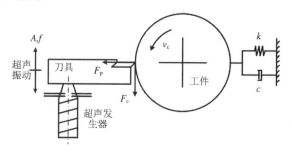

图 2.37　振动切削原理

振动切削通过改变刀具与工件之间的空间-时间存在条件，来改变切削加工机理，从而达到降低切削力和切削热、提高加工质量和加工效率的目的。振动切削是一种脉冲切削，切削时间短，瞬时切入切出，切削时工件还来不及振动，刀具就已离开工件。根据动态切削理论和冲量平衡理论，采用振动切削时切削温度低，工件表面质量好。在振动切削过程中，由于刀具周期性地接触和脱离工件，其运动速度的大小和方向不断改变。振动切削引起刀具速度的变化和加速度的产生，使加工精度和表面质量明显提高。振动切削的特点使其在改善零件加工表面完整性方面独具优势。

振动切削改善零件加工表面完整性的优势如下。

1. 降低切削力和切削温度

振动切削时，刀具与工件间相对运动速度的大小和方向均产生周期性变化，被加工材料的弹塑性变形和刀具各接触表面的摩擦系数都较小，且切削力和切削热均以脉冲形式出现，使切削力和切削温度的平均值大幅度下降（切削力仅为普通切削时的 1/10～1/2，切屑的平均温度仅 40℃左右），从而改善了切削条件，提高了工件的加工质量和刀具的使用寿命，减小了切削力引起的变形和切削温度引起的表面热损伤、表面热应力及工件热变形，尤其为需要热处理的零件减小热处理变形及裂纹创造了十分有利的条件，容易实现高精密加工。

2. 表面粗糙度小、加工精度高

振动切削破坏了积屑瘤的产生条件，同时由于切削力小、切削温度低及工件的刚性，使加工表面粗糙度减小、几何精度提高。在振动切削中，虽然刀刃振动，但在刀刃与工件接触并产生切屑的各个瞬间，刀刃所处位置是保持不变的。由于工件与刀具在切削过程中的位置不随时间变化，从而提高了加工精度。

3. 刀具使用寿命长

振动切削时，由于切削力小、切削温度低、冷却充分，切屑的折断和排出都比较容易，可明显提高刀具的使用寿命。若振动参数选择适当，一般可使刀具的使用寿命延长几倍至几十倍，对难加工材料和难加工工序应用效果更好。用硬质合金刀具对不锈钢进行超声振动切削试验证明，刀具的使用寿命比普通切削方式提高了 20 倍。刀具使用寿命的延长不仅可节约刀具材料，减少辅助时间，降低加工成本，提高生产效率，而且有利于保证加工质量。

4．切削液使用效果好

采用普通切削时，切屑总是压在刀具前刀面上形成一个高温高压区，切削液难以进入切削区，只能在刀具外围起间接冷却作用；采用振动切削时，由于切削为断续形式，当刀具与工件分离时，切削液从周围切削区对刀尖进行充分冷却和润滑。特别在超声振动切削时，由于超声振动形成的空化作用，一方面可使切削液均匀乳化，形成均匀一致的乳化液微粒；另一方面，切削液更容易渗入材料的裂纹内，可进一步提高切削液的使用效果，改善排屑条件。

5．已加工表面的耐磨性、耐腐蚀性提高

振动切削时，刀具按正弦规律振动，在已加工表面形成细小刀痕，类似二次加工时形成的网状花纹。大量花纹均匀密布在零件工作表面上，使零件工作时易形成较厚的油膜，可提高工件表面的耐磨性。振动切削的残余应力很小，加工变质层较浅，只在刃口附近有很小加工变形，工作表面金相组织变化很小，与材料内部金相组织几乎相当，因此提高了工件表面的耐腐蚀性。切削试验证明，振动切削工件表面的耐磨性及耐腐蚀性接近磨削加工表面。

习　　题

1．分析用麻花钻在钻床上钻孔时的主运动、进给运动、工件上的加工表面和麻花钻切削部分的基本组成。

2．试分析钻孔时的切削厚度、切削宽度及其与进给量、背吃刀量的关系。

3．试述刀具的标注角度和工作角度的区别。为什么横向切削时，进给量不能太大？

4．切削过程的三个变形区各有何特点？

5．切屑与前刀面的摩擦对第一变形区的剪切变形有何影响？

6．金属切削过程的研究方法有哪些？试分析金属切削模型的适用情况。

7．分析积屑瘤产生的原因及其对切削过程的影响。

8．分析各个因素影响切削力的原因，特别是背吃刀量和进给量对切削力的影响。

9．车削时切削力为什么常分解为三个相互垂直的分力？说明这三个分力的作用。

10．为什么要研究切削热的产生与传出？仅从切削热的产生多少能否推断切削区的温度？

11．背吃刀量和进给量对切削力和切削温度的影响是否一样？为什么？如何运用这一规律指导生产实践？

12．增大前角可以使切削温度降低的原因是什么？是不是前角越大，切削温度越低？

13．什么是切削加工表面完整性？试分析影响车削加工表面完整性的因素。

参考文献

[1]　卢秉恒. 机械制造技术基础[M]. 4 版. 北京：机械工业出版社，2017.

[2]　李凯岭. 机械制造技术基础（3D 版）[M]. 北京：机械工业出版社，2017.

[3]　叶贵根，薛世峰，仝兴华，等. 金属正交切削模型研究进展[J]. 机械强度，2012，34（4）：531-544.

[4]　杨奇彪. 高速切削锯齿形切屑的形成机理及表征[D]. 济南：山东大学，2012.

[5]　梁晓亮. 刀具磨损状态对钛合金 Ti-6Al-4V 加工表面完整性的影响规律研究[D]. 济南：山东大学，2021.

[6]　张培荣. Cr/Ni 合金激光熔覆层车-滚复合加工表面完整性及耐腐蚀性研究[D]. 济南：山东大学，2018.

[7]　曾泉人，刘更，刘岚. 机械加工零件表面完整性表征模型研究[J]. 中国机械工程，2010，21（24）：2995-2999，3008.

[8]　杜劲. 粉末高温合金 FGH95 高速切削加工表面完整性研究[D]. 济南：山东大学，2012.

第**3**章　金属切削刀具

金属切削过程中，刀具切削部分在高温下承受着很大的切削力与剧烈摩擦，刀-屑接触区的温度往往超过 700℃，刀具必须同时承受较大的机械负荷和高温。此外，刀、屑之间的摩擦，刀具与新加工表面的摩擦都非常严重。考虑到这一点，刀具设计和制造时考虑的主要因素包括：

（1）刀具材料的化学和物理特性必须在高温下非常稳定；

（2）刀具材料具有良好的高温硬度；

（3）刀具材料具有高的耐磨性；

（4）刀具材料必须具有足够的韧性，以避免断裂，特别是断续切削时。

一般刀具材料在室温下都应具有 60HRC 以上的硬度。材料硬度越高，耐磨性越好，但冲击韧度相对降低。所以要求刀具材料在保持足够的强度与韧性条件下，尽可能有高的硬度与耐磨性。高耐热性是指在高温下仍能维持刀具切削性能的一种特性，通常用高温硬度来衡量，也可用刀具切削时允许的耐热温度来衡量。它是影响刀具材料切削性能的重要指标。耐热性越好的材料允许的切削速度越高。

刀具材料还需有较好的工艺性与经济性。工具钢应有较好的热处理工艺性：淬火变形小、渗透层深、脱碳层浅。高硬度材料需有可磨削加工性。需焊接的材料宜有较好的导热性与焊接工艺性。此外，在满足以上性能要求的前提下，宜尽可能满足资源丰富、价格低廉的要求。

选择刀具材料时，很难找到各方面的性能都最佳的材料，因为材料性能之间有的是相互制约的。只能根据工艺需要保证主要需求的性能。如粗加工锻件毛坯，需保持较高的强度与韧性，而加工硬质材料需有较高的硬度等。在断续切削时，还伴随着冲击与振动，从而引起切削温度的波动。

3.1　刀具材料

刀具材料是指刀具切削部分的材料。刀具材料决定刀具的切削性能，刀具切削性能的优劣直接影响生产效率、加工质量和生产成本。

3.1.1　刀具材料的基本要求

在切削过程中，刀具切削部分不仅要承受很大的切削力，而且要承受切削变形和摩擦产生的高温。要保持刀具的切削能力，刀具材料应具备以下性能：

1）高的硬度和耐磨性

刀具材料的硬度必须高于工件材料的硬度，且必须具有高的耐磨粒磨损的性能。常温下，刀具硬度应在 60HRC 以上。一般来说，刀具材料的硬度越高，耐磨性就越好。

2）足够的强度和韧性

刀具切削部分要承受很大的切削力和冲击力，为了防止刀具产生脆性破坏和塑性变形，刀具材料必须有足够的强度和韧性。

3）良好的耐热性和导热性

刀具材料的耐热性是指刀具材料在高温下仍能保持其硬度和强度的能力。耐热性越好，刀具材料在高温下抗塑性变形能力、抗磨损能力越强。刀具材料的导热性越好，切削时产生的热量越容易传导出去，有利于降低切削部分的温度，减轻刀具磨损。

4）良好的工艺性与经济性

为便于制造，要求刀具材料具有良好的锻造、焊接、热处理和磨削加工等性能，同时应尽可能满足资源丰富和价格低廉的要求。

3.1.2　常用的刀具材料

常用刀具材料的种类很多，包括碳素工具钢、合金工具钢、高速钢、硬质合金、陶瓷、金刚石和立方氮化硼等。其中，碳素工具钢和合金工具钢，因耐热性很差，主要用于低速手动切削刀具领域；陶瓷、金刚石和立方氮化硼，由于质脆、工艺性差及价格昂贵等原因，仅在较小的范围内使用。目前常用的刀具材料是高速钢和硬质合金。

1）高速钢

高速钢是指在合金工具钢中加入钨（W）、钼（Mo）、铬（Cr）、钒（V）等合金元素的高合金工具钢。它具有较高的强度、韧性、耐热性、耐磨性及工艺性，是目前应用广泛的刀具材料。高速钢因刃磨时易获得锋利的刃口，所以又称为"锋钢"。高速钢刀具如图 3.1 所示。

图 3.1　高速钢刀具

高速钢按用途不同，可分为普通高速钢和高性能高速钢；按制造工艺不同，可分为熔炼高速钢和粉末冶金高速钢。

（1）普通高速钢。

常用普通高速钢的牌号有 W18Cr4V、W6Mo5Cr4V2 和 W9Mo3Cr4V。普通高速钢具有一定的硬度（62～67HRC）和耐磨性、较高的强度和韧性，特别适合于制造结构复杂的成形刀具、孔加工刀具等。由于高速钢的硬度、耐磨性、耐热性不及硬质合金，因此只适于制造中、低速切削的各种刀具。

（2）高性能高速钢。

高性能高速钢主要是指在普通高速钢中增加钒（V）、钴（Co）、铝（Al）等金属元素而得到耐热性、耐磨性更高的新型高速钢。高性能高速钢主要用于制造高温合金、钛合金、不锈钢等难加工材料的切削加工刀具。目前常用的高性能高速钢主要有高钒高速钢（如 W6MoSCr4V3）、钴高速钢（如 W2Mo9Cr4VCo8）、铝高速钢（如 W6Mo5Cr4VAl）等。

（3）粉末冶金高速钢。

粉末冶金高速钢是指采用高压惰性气体（如氩气或纯氮气等）将高频感应炉熔融的高速钢钢液雾化，得到细小的高速钢粉末，再经高温高压压制成形并锻轧成坯而成的一种高速钢。它克服了一般铸造方法组织粗大和共晶偏析的缺点，具有韧性与强度较高、热处理变形小、耐磨性好等优点，适合于制造切削难加工材料的刀具及大尺寸复杂刀具（如滚刀、插齿刀等），也适合于制造精密刀具、形状复杂的刀具和断续切削的刀具等。

2）硬质合金

硬质合金是由硬度和熔点都很高的金属碳化物粉末（如 WC、TiC 等）和黏结剂（如 Co、Mo、Ni 等）烧结而成的粉末冶金制品。其常温硬度为 71～82HRC，能耐 850～1000℃ 的高温，切削速度比高速钢高 4～10 倍。但其韧性与抗弯强度差，抗冲击性和抗振性差，制造工艺性差。

我国目前生产的硬质合金主要分为以下三类。

（1）K 类（YG）。

K 类（YG）即钨钴类硬质合金，由碳化钨（WC）和钴（Co）组成。这类硬质合金韧性较好，但硬度和耐磨性较差，适用于加工铸铁、青铜等脆性材料。常用的牌号有 YG8、YG6 和 YG3 等，牌号中的数字表示 Co 的质量分数，如 YG6 表示 Co 的质量分数为 6%。Co 的质量分数越高，合金的韧性越好。

（2）P 类（YT）。

P 类（YT）即钨钴钛类硬质合金，由碳化钨、碳化钛（TiC）和钴组成。这类硬质合金耐热性和耐磨性较好，但抗冲击韧度较差，适用于加工钢料等韧性材料。常用的牌号有 YT5、YT15 和 YT30 等，牌号中的数字表示碳化钛的质量分数。碳化钛的含量越高，合金的耐磨性越好、韧性越差。YT15 硬质合金刀具如图 3.2 所示。

（3）M 类（YW）。

M 类（YW）即钨钴钛钽铌类硬质合金，是在钨钴钛类硬质合金中加入少量的稀有金属碳化物（TaC 或 NbC）而制成的。它具有前两类硬质合金的优点，用其制造的刀具既能加工脆性材料，又能加工韧性材料，同时还能加工高温合金、耐热合金及合金铸铁等难加工材料。常用的牌号有 YW1、YW2 等。

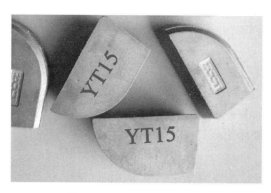

图 3.2　YT15 硬质合金刀具

3）陶瓷刀具

陶瓷刀具是主要以氧化铝（Al_2O_3）或氮化硅（Si_3N_4）为基体，再添加少量金属，在高温（大约 1700℃）和高压（超过 25 MPa）下烧结而成的一种刀具材料。它具有很高的硬度和耐磨性，能耐 1200℃ 的高温，故能承受较高的切削速度，主要用于钢、铸铁、高硬度材料及高精度零件的精加工，适合高速切削和干切削加工。但是，陶瓷刀具脆性较大，一般只适合连续切削。一些新型复合陶瓷刀具也可用于断续切削及半精加工或粗加工难加工的材料。陶瓷材料被认为是提高生产效率的最有希望的刀具材料之一。

在铣削时，机械加工部分的每个刀齿面临的持续切入切出冲击使陶瓷刀具的损坏加剧。

氧化铝陶瓷刀具（见图 3.3）主要添加钛、镁、铬或氧化锆，使它们均匀分布到氧化铝基质中，以提高韧性。氮化硅陶瓷刀具（见图 3.4）具有较高的抗热冲击性能，并具有较高的韧性。氮化硅陶瓷刀具最典型的应用是铸铁的粗加工。

当前，由碳化硅（SiC）晶须增强的氧化铝陶瓷刀具得到了高度关注，晶须的加入大大提高了陶瓷刀具的韧性，适合于铣削操作。晶须增强陶瓷刀具成功地应用于淬火钢和难以加工的超级合金，特别是镍基高温合金。

应用陶瓷刀具加工，在编程时必须特别小心，在整个操作过程中必须保持高温（最好干切削），并且必须避免对陶瓷刀具的边缘产生冲击。

图 3.3　氧化铝陶瓷刀具　　　　　　　　图 3.4　氮化硅陶瓷刀具

4）聚晶立方氮化硼

聚晶立方氮化硼（PCBN）是由六方氮化硼（白石墨，hBN）在高温（1500℃）高压（8GPa）下转化而成的，其硬度仅次于金刚石，耐热温度可达 1400℃，有很高的化学稳定性，耐磨性好，与铁族材料亲和力小，但其强度低，焊接性差。目前 PCBN 主要用于加工淬火钢、冷硬铸铁、高温合金和一些难加工材料。

PCBN 中氮化硼含量在 40%～95% 之间，而黏合剂可以是 Co、W 或陶瓷。整体 PCBN 烧结块是不带合金基体直接烧结成为整体 PCBN 刀坯，经过刃磨后制成整体 PCBN 刀片，如图 3.5 所示。PCBN 复合片是直接在高温高压下把立方氮化硼（CBN）层与硬质合金衬底复合在一起，经过切割、焊接工艺做成各种切削刀具或刀片，如图 3.6 所示。

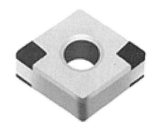

图 3.5　整体 PCBN 刀片　　　　　　　　　　图 3.6　PCBN 复合片

PCBN 刀片适于车削、铣削铸铁工件，包括灰铸铁工件和球墨铸铁工件，但不包括铁素体铸铁工件。铁素体具有较高的反应性，且硼在铁素体中会扩散，如果要对铸铁件进行铣削，一般采用 CBN 含量高的刀片。

5）金刚石

金刚石分为天然和人造两种，是碳的同素异形体，是目前最硬的刀具材料。金刚石的耐磨性是硬质合金的 80～120 倍，有很好的导热性，较低的热膨胀系数，但韧性差，与铁有很强的化学亲和力，因此一般不宜加工钢材，主要用于有色金属及非金属的精加工、超精加工以及用于制造磨具。

人造金刚石刀具（见图 3.7）是当前应用较多的刀具，由高温高压过程获得。由于合成工艺不同，人造金刚石内部晶粒尺寸差异较大，粗晶粒尺寸的人造金刚石用于制造具有高耐磨性的刀具，但如果机加工部分需要进行表面精加工，则首选超细晶粒人造金刚石刀具。中等晶粒尺寸的人造金刚石用于制造通用刀具。

天然金刚石是一种单晶金刚石，可以生产具有几何定义的绝对无缺陷的切削刃。天然金刚石通常含有氮，氮含量不同，则硬度和热导率不同。这种非常昂贵的材料适用于要求非常高的表面抛光、有色金属材料的加工、微加工、修整磨轮和超级合金的加工。

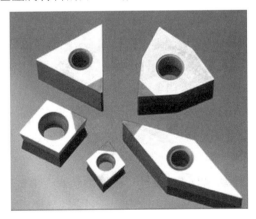

图 3.7　人造金刚石刀具

3.1.3 涂层刀具

刀具涂层是涂覆于刀具表面的厚度为 $2\sim15\mu m$ 的覆盖层（见图 3.8）。涂层材料牢固地沉积在刀具基底上，以提高刀具性能。涂层材料比高速钢和硬质合金等要硬得多，且为刀具提供了一个化学稳定的表面和热保护层，提高了刀具在切削过程中的性能。自从涂层技术应用于刀具，切削速度和生产力都有了很大的提高。

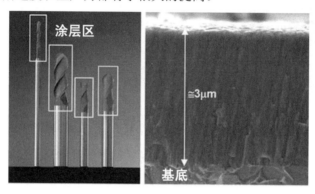

图 3.8　PVD 涂层刀具及涂层剖面照片

1）涂层的分类

刀具涂层分为化学气相沉积（CVD）涂层和物理气相沉积（PVD）涂层两大类。CVD可实现单成分单层及多成分多层复合涂层的沉积，涂层与基底结合强度较高，薄膜较厚，为 $7\sim9\mu m$，具有很好的耐磨性。

但 CVD 工艺温度高，易造成刀具材料抗弯强度下降；涂层内部呈拉应力状态，易导致刀具使用时产生微裂纹。CVD 技术主要用于硬质合金可转位刀片的表面涂层处理。

与 CVD 工艺相比，PVD 工艺温度低（最低可低至 80℃），在 600℃以下时对刀具材料的抗弯强度基本无影响；涂层内部应力为压应力，更适于对硬质合金精密复杂刀具的涂层处理；PVD 工艺对环境无不利影响。

PVD 技术主要用于整体硬质合金刀具和高速钢刀具的表面处理，且已普遍应用于硬质合金钻头、铣刀、铰刀、丝锥、异形刀具、焊接刀具等的涂层处理。PVD 涂层刀具及涂层剖面照片如图 3.8 所示。

用 CVD 法涂层时，切削刃需预先进行钝化处理（钝圆半径一般为 0.02～0.08 mm，切削刃强度随钝圆半径增大而提高），故刃口没有无涂层刀片锋利。所以，对要求精加工产生薄切屑、要求切削刃锋利的刀具应采用 PVD 法制作涂层。

涂层除可涂覆在普通切削刀片上外，还可涂覆到整体刀具上，包括涂覆在焊接式的硬质合金刀具上。

2）涂层的特性

第一个商业涂层是氮化钛（TiN）涂层，从那时起，大多数工业涂层都使用氮化物。表 3.1 总结了常见涂层的特性。

表 3.1　常见涂层的特性

涂　层	颜　色	硬度（GPa）	厚度（μm）	摩 擦 系 数	最大使用温度（℃）
TiN	金色	24	1～7	0.55	600
TiCN	蓝灰色	37	1～4	0.20	400
CrN	银色	18	1～7	0.30	700
AlTiN	黑色	38	1～4	0.70	900
TiAlCN	紫色	33	1～4	0.30	500
ZrN	铂金色	20	1～4	0.40	550
AlCrN	蓝灰色	32	1～4	0.60	900

3）涂层的结构

涂层正在向多层化方向发展，包括良好的黏附层、高强度的内层和硬而耐温的外层。

单层涂层：在无冲击或切削力较低时使用。

双层涂层：层与层之间结合力较大，底层和上层性能良好。例如，需要硬涂层和润滑剂涂层，以更好地排屑。

多层涂层：可提高涂层的抗剪强度，避免裂纹在不同的层之间传播。

黏附层：加入 0.05～0.2 μm 的薄黏附层，可以提高结合强度。

3.2　刀具的种类

由于机械零件的材质、形状、技术要求和加工工艺的多样性，客观上要求用于加工的刀具具有不同的结构和切削性能。因此，生产中所使用的刀具的种类很多，按加工方式和具体用途，可分为车刀、孔加工刀具、铣刀、拉刀、螺纹刀具、齿轮刀具、自动线及数控机床刀具和磨具等。

3.2.1　车刀

车刀是金属切削加工中应用最广泛的一种刀具，它可以加工外圆、端面、螺纹、内孔，也可用于切槽和切断等。

车刀按结构可分为整体式车刀、焊接式车刀、机夹式车刀和可转位式车刀，如图 3.9 所示。整体式车刀常用高速钢制造，焊接式车刀、机夹式车刀和可转位式车刀常用硬质合金制造。机夹式车刀和可转位式车刀的切削性能稳定，工人不必磨刀，所以在现代生产中应用越来越多。

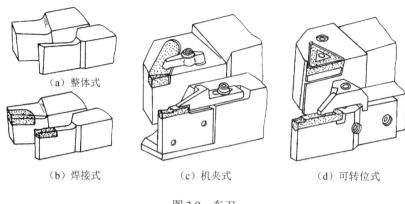

（a）整体式

（b）焊接式　　　　（c）机夹式　　　　（d）可转位式

图 3.9　车刀

3.2.2　孔加工刀具

孔加工刀具一般可分为两类：一类是在实体材料上加工出孔的刀具，常用的有麻花钻、中心钻和深孔钻等；另一类是对工件上已有孔进行再加工的刀具，常用的有扩孔钻、铰刀及镗刀等。

1）麻花钻

麻花钻是应用最广泛的孔加工刀具，特别适合于直径小于 30mm 的孔的粗加工，有时也可用于扩孔。麻花钻根据其制造材料分为高速钢麻花钻和硬质合金麻花钻。

图 3.10 所示是标准高速钢麻花钻实物及麻花钻的结构。工作部分（刀体）的前端为切削部分，承担主要的切削工作；后端为装夹部分，起引导和导向钻头的作用。

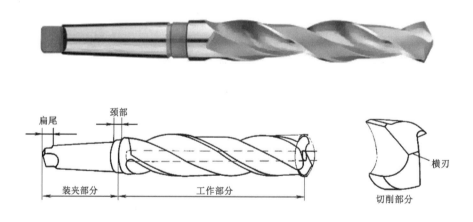

图 3.10　标准高速钢麻花钻实物及麻花钻的结构

工作部分有两个对称的刃瓣（通过中间的钻芯连接在一起，中间形成横刃）、两条对称的螺旋槽（用于容屑和排屑）；导向部分磨有两条棱边（刃带），为了减少与加工孔壁的摩擦，棱边直径磨有 0.03～0.12/100 的倒锥量，从而形成了副偏角。

麻花钻的两个刃瓣可以看作两把对称的车刀：螺旋槽的螺旋面为前刀面，与工件过渡表面（孔底）相对的端部两曲面为主后刀面，与工件的已加工表面（孔壁）相对的两条棱边为副后刀面，螺旋槽与主后刀面的两条交线为主切削刃，副后刀面与螺旋槽的两条交线为副切削刃。麻花钻的横刃为两后刀面在钻芯处的交线。

生产中，为了提高钻孔的精度和效率，常将标准麻花钻按特定方式刃磨成群钻（见图3.11）使用。群钻的基本特征：三尖七刃锐当先，月牙弧槽分两边，一侧外刃开屑槽，横刃磨得低窄尖。

2）中心钻

中心钻（见图 3.12）用于加工轴类工件的中心孔。钻孔时，先打中心孔，这样有利于钻头的导向，可防止钻偏。

图 3.11　群钻的切削部分　　　　　　　　图 3.12　中心钻

3）深孔钻

深孔钻是专门用于钻削深孔（长径比>5）的钻头。为解决深孔加工中的断屑、排屑、冷却润滑和导向等问题，人们先后开发了外排屑深孔钻、内排屑深孔钻、喷吸钻和套料钻等多种深孔钻。图 3.13 为内排屑深孔钻的工作原理图。

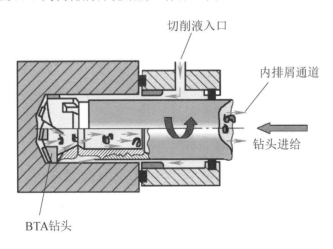

图 3.13　内排屑深孔钻的工作原理图

4）扩孔钻

扩孔钻常用于铰或磨前的预加工以及毛坯孔的扩大，扩孔效率和精度均比麻花钻高。扩孔钻实物及扩孔钻的结构如图 3.14 所示。

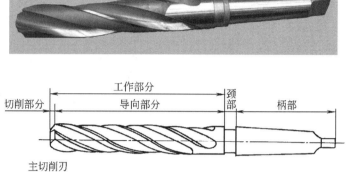

图 3.14　扩孔钻实物及扩孔钻的结构

5）铰刀

铰刀是精加工刀具，加工精度为 IT6～IT7，加工表面粗糙度 Ra 为 0.4～1.6μm。图 3.15 所示是几种常用的铰刀。

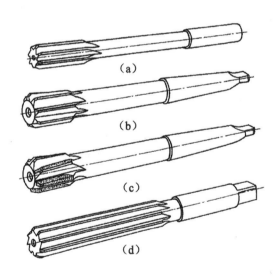

图 3.15　常用的铰刀

6）镗刀

镗刀多用于箱体孔的粗、精加工，一般分为单刃镗刀和多刃镗刀两大类。结构简单的双刃镗刀如图 3.16 所示。

图 3.16 双刃镗刀

3.2.3 铣刀

铣刀是一种应用广泛的多刃回转刀具，其种类很多，可以用来加工平面、各种沟槽、螺旋表面、轮齿表面和成形表面等。铣刀按用途分为以下几类。

（1）加工平面用的，如面铣刀（见图 3.17）；

（2）加工沟槽用的，如立铣刀（见图 3.18）；

（3）加工成形表面用的，如球头铣刀（见图 3.19）。

图 3.17 面铣刀 图 3.18 立铣刀 图 3.19 球头铣刀

铣削的生产效率一般较高，加工表面粗糙度较大。

3.2.4 拉刀类刀具

拉刀类刀具是在工件上拉削出各种内、外几何表面的刀具，其加工精度和切削效率都比较高，广泛用于大批生产中。拉刀按所加工工件表面的不同，可分为内拉刀和外拉刀两类。拉刀实物及拉刀的结构如图 3.20 所示。

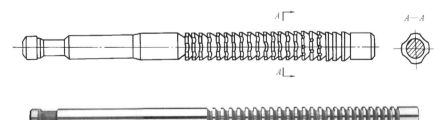

图 3.20 拉刀实物及拉刀的结构

3.2.5　螺纹刀具

螺纹刀具是用于加工内、外螺纹表面的刀具，常用的有螺纹车刀、丝锥、板牙和螺纹切刀等。螺纹可用切削法和滚压法进行加工。螺纹可在车床上车削完成（外螺纹），也可手动或在钻床上用丝锥进行加工（内螺纹）。

1）螺纹车刀

螺纹车刀是用来在车床上进行螺纹的切削加工的一种刀具，包括内螺纹车刀和外螺纹车刀两类。

2）丝锥

丝锥是一种加工内螺纹的工具，按照形状可以分为螺旋槽丝锥（见图 3.21）、刃倾角丝锥、直槽丝锥（见图 3.21）和管用螺纹丝锥等；按照使用环境可以分为手用丝锥和机用丝锥。丝锥是攻螺纹采用最多的加工工具。

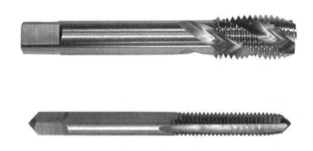

图 3.21　螺旋槽丝锥和直槽丝锥

3）板牙

板牙（见图 3.22）相当于一个具有很高硬度的螺母，螺孔周围制有几个排屑孔，一般在螺孔的两端磨有切削锥。板牙按外形和用途分为圆板牙、方板牙、六角板牙和管形板牙，其中圆板牙应用最广。

图 3.22　板牙

3.2.6　齿轮刀具

齿轮刀具是用于加工齿轮齿形的刀具。按刀具的工作原理，齿轮刀具分为成形齿轮刀具和展成齿轮刀具。常用的齿轮刀具有插齿刀（见图3.23）、滚齿刀（见图3.24）和剃齿刀（见图3.25）等。

图 3.23　插齿刀　　　　图 3.24　滚齿刀　　　　图 3.25　剃齿刀

3.2.7　数控刀具

数控刀具包括自动线专用刀具和数控机床专用刀具。

3.2.8　磨具

磨具是用于磨削、研磨和抛光等表面精加工和超精加工的工具。磨具也是刀具，包括砂轮（见图3.26）、砂带和油石等。

图 3.26　典型砂轮

3.3　工件材料的切削加工性与刀具选择

3.3.1　工件材料的切削加工性

工件材料的切削加工性是指在一定切削条件下，对工件材料进行切削加工的难易程度。

由于切削加工的具体情况和要求不同，所谓的难易程度就有不同的含义。比如粗加工时，要求刀具的磨损慢和加工生产效率高；而在精加工时，则要求工件有较高的加工精度和较小的表面粗糙度。显然，这两种情况下所指的切削加工的难易程度是不相同的。此外，普通机床与自动化机床，单件小批生产与成批大量生产，单刀切削与多刀切削等，都使衡量切削加工性的指标不相同，因此切削加工性是一个相对的概念。

1．切削加工性的衡量指标

既然切削加工性是相对的，衡量切削加工性的指标就不是唯一的。切削加工性的衡量指标归纳为以下几个。

1）以加工质量衡量切削加工性

一般零件的精加工，以表面粗糙度衡量切削加工性，易获得很小的表面粗糙度的工件材料，其切削加工性高。

对一些特殊的精密零件以及有特殊要求的零件，则以已加工表面变质层的深度、残余应力和硬化程度来衡量其切削加工性。因为变质层的深度、残余应力和硬化程度对零件尺寸和形状的稳定性以及导磁、导电和抗蠕变等性能有很大的影响。

2）以刀具耐用度衡量切削加工性

以刀具耐用度来衡量切削加工性，是比较普遍的。

（1）在保证刀具耐用度相同的前提下，考察切削这种工件材料所允许的切削速度的高低。

（2）在相同的切削条件下，看切削这种工件材料时刀具耐用度的大小。

（3）在相同的切削条件下，看保证切削这种工件材料时达到刀具磨钝标准时所切除的金属体积的多少。

最常用的衡量切削加工性的指标是：在保证刀具耐用度相同的前提下，切削这种工件材料所允许的切削速度，以 v_T 表示。它的含义是：当刀具耐用度为 T（min 或 s）时，切削该种工件材料所允许的切削速度值。v_T 越高，则工件材料的切削加工性越好。一般情况下可取 $T=60$min；对于一些难切削材料，可取 $T=30$min 或 $T=15$min。对于机夹可转位刀具，T 可以取得更小一些。如果取 $T=60$min，则 v_T 可写作 v_{60}。

3）以单位切削力衡量切削加工性

在机床动力不足或机床-夹具-刀具-工件系统刚性不足时，常用单位切削力衡量切削加工性。

4）以断屑性能衡量切削加工性

在对工件材料断屑性能要求很高的机床，如自动机床、组合机床及自动线上进行切削加工时，或者对断屑性能要求很高的工序，如深孔钻削、盲孔镗削等工序，应采用断屑性能衡量切削加工性。

综上所述，同一种工件材料很难在各种衡量指标中同时获得良好的评价。因此，在生产实践中，常采用某一种衡量指标来评价工件材料的切削加工性。

生产中通常使用相对加工性来衡量工件材料的切削加工性。以强度 $\sigma_b=0.637$GPa 的45 钢的 v_{60} 作为基准，写作 $(v_{60})^j$，将其他被切削的工件材料的 v_{60} 与之相比的数值，记作 k_r，即相对加工性：

$$k_r=v_{60}/(v_{60})^j$$

各种工件材料的相对加工性 k_r 乘以在 $T=60$min 时的 45 钢的切削速度 $(v_{60})^j$，则可得出切削各种工件材料的可用切削速度（v_{60}）。

目前常用的工件材料的切削加工性，按相对加工性可分为 8 级，如表 3.2 所示。由表 3.2 可知：k_r 越大，切削加工性越好；k_r 越小，切削加工性越差。

表 3.2 工件材料切削加工性等级

加工性等级	名称及种类		相对加工性 k_r	代表性工件材料
1	很容易切削材料	一般有色金属	>3.0	铜铅合金，铝青铜，铝镁合金
2	容易切削材料	易削钢	2.5～3.0	退火 15Cr σ_b=0.373～0.441GPa 自动机钢 σ_b=0.392～0.490GPa
3		较易削钢	1.6～2.5	正火 30 钢 σ_b=0.441～0.549GPa
4	普通材料	一般钢及铸铁	1.0～1.6	45 钢，灰铸铁，结构钢
5		稍难切削材料	0.65～1.0	2Cr13 调质 σ_b=0.8288GPa 85 钢轧制 σ_b=0.8829GPa
6	难切削材料	较难切削材料	0.5～0.65	45Cr 调质 σ_b=1.03GPa 60Mn 调质 σ_b=0.9319～0.981GPa
7		难切削材料	0.15～0.5	50CrV 调质，1Cr18Ni9Ti 未淬火，α 相钛合金
8		很难切削材料	<0.15	β 相钛合金，镍基高温合金

2．影响工件材料切削加工性的因素

影响工件材料切削加工性的因素很多，下面就工件材料的物理力学性能、化学成分、金相组织及加工条件对切削加工性的影响加以说明。

1）工件材料的硬度对切削加工性的影响

（1）工件材料常温硬度对切削加工性的影响。

一般情况下，同类材料中硬度高的加工性低。材料硬度高时，切屑与前刀面的接触长度减小，因此前刀面上法向应力增大，摩擦热量集中在较小的刀-屑接触面上，促使切削温度升高和磨损加剧。工件材料硬度过高时，甚至引起刀尖的烧损及崩刃。

（2）工件材料高温硬度对切削加工性的影响。

工件材料的高温硬度越高，切削加工性越低，故高温合金、耐热钢的切削加工性低。刀具材料在切削温度的作用下，硬度下降。工件材料的高温硬度高时，刀具材料硬度与工件材料硬度之比下降，这对刀具的磨损有很大的影响。

（3）工件材料中硬质点对切削加工性的影响。

工件材料中硬质点越多，形状越尖锐，分布越广，则工件材料的切削加工性越低。硬质点对刀具的磨损作用有两个：其一是硬质点的硬度都很高，对刀具有擦伤作用；其二是工件材料晶界处微细硬质点能使材料强度和硬度提高，这使切削时对剪切变形的抗力增大，使材料的切削加工性降低。

（4）工件材料的加工硬化性能对切削加工性的影响。

工件材料的加工硬化性能越高，则切削加工性越低。某些高锰钢及奥氏体不锈钢切削后的表面硬度，比原始基体高 1.4～2.2 倍。工件材料的加工硬化性能高，①使切削力增大，切削温度增高；②刀具被硬化的切屑擦伤，副后刀面产生边界磨损；③当刀具切削已硬化表面时，磨损加剧。

2）工件材料的强度对切削加工性的影响

工件材料的强度包括常温强度和高温强度。工件材料的强度越高，切削力就越大，切削功率随之增大，切削温度增高，刀具磨损增大。所以在一般情况下，切削加工性随工件材料强度的提高而降低。

合金钢与不锈钢的常温强度和碳素钢相差不大，但高温强度却比较大，所以合金钢及不锈钢的切削加工性低于碳素钢。

3）工件材料的塑性与韧性对切削加工性的影响

工件材料的塑性以伸长率 δ 表示，伸长率 δ 越大，则塑性越大。强度相同时，伸长率越大，则塑性变形的区域随之扩大，因而塑性变形所消耗的功率也越大。

衡量工件材料韧性的指标是冲击韧度 a_k。a_k 大的材料，在破断之前所吸收的能量较多。这两项指标经常容易混淆。从前面的分析可以清楚地知道，塑性大的材料在塑性变形时因塑性变形区域增大而使塑性变形功大；韧性大的材料在塑性变形时，塑性区域可能不增大，但吸收的塑性变形功却增大。塑性和韧性增大，都导致同一后果，即塑性变形功增大。

同类材料，强度相同时，塑性大的材料切削力较大，切削温度也较高，而易与刀具发生黏结，因而刀具的磨损大，已加工表面也粗糙。所以工件材料的塑性越大，它的切削加工性越低。有时为了改善高塑性材料的切削加工性，可通过硬化或热处理来减小塑性（如进行冷拔等塑性加工使之硬化）。

但塑性太小时，切屑与前刀面的接触长度缩短太多，使切屑负荷（切削力和切削热）都集中在刀刃附近，将使刀具磨损加剧。由此可知，塑性过大或过小都使切削加工性下降。

材料的韧性对切削加工性的影响与塑性相似。韧性对断屑的影响比较明显，在其他条件相同时，材料的韧性越高，断屑越困难。

4）工件材料的热导率对切削加工性的影响

在一般情况下，热导率高的材料，其切削加工性都比较高；而热导率低的材料，其切削加工性也低。但热导率高的工件材料，在加工过程中温升较高，这对控制加工尺寸造成一定困难，所以应加以注意。

5）化学成分对切削加工性的影响

（1）钢的化学成分的影响。

为了改善钢的性能，钢中可加入一些合金元素如铬（Cr）、镍（Ni）、钒（V）、钼（Mo）、钨（W）、锰（Mn）、硅（Si）和铝（Al）等。

Cr、Ni、V、Mo、W、Mn 等元素大都能提高钢的强度和硬度；Si 和 Al 等元素容易形成氧化硅和氧化铝等硬质点使刀具磨损加剧。这些元素含量较低时（一般以 0.3%为限），对钢的切削加工性影响不大；元素含量超过 0.3%，对钢的切削加工性是不利的。

钢中加入少量的硫、硒、铅、铋、磷等元素后，能略降低钢的强度，同时能降低钢的塑性，故对钢的切削加工性有利。例如，硫能引起钢的红脆现象，但若适当提高锰的含量，可以避免红脆现象。硫与锰形成的 MnS 以及硫与铁形成的 FeS 等，质地很软，可以成为切削时塑性变形区中的应力集中源，能降低切削力，使切屑易于折断，减小积屑瘤的形成，从而使已加工表面粗糙度减小，减少刀具的磨损。硒、铅、铋等元素也有类似的作用。磷能降低铁素体的塑性，使切屑易于折断。

根据以上的事实，研制出含硫、硒、铅、铋或钙等的易削钢，其中以含硫的易削钢用得较多。

（2）铸铁的化学成分的影响。

铸铁的化学成分对切削加工性的影响，主要取决于这些元素对碳的石墨化作用。铸铁中碳元素以两种形式存在：与铁结合成碳化铁，或作为游离石墨。石墨硬度很低，润滑性能很好，所以碳以石墨形式存在时，铸铁的切削加工性就高；而碳化铁的硬度高，加剧刀具的磨损，所以碳化铁含量越高，铸铁的切削加工性越低。因此应该以结合碳（碳化铁）的含量来衡量铸铁的加工性。铸铁的化学成分中，凡能促进石墨化的元素，如硅、铝、镍、铜、钛等都能提高铸铁的切削加工性；反之，凡是阻碍石墨化的元素，如铬、钒、锰、钼、钴、磷、硫等都会降低切削加工性。

6）金属组织对切削加工性的影响

金属的成分相同，但组织不同时，其物理力学性能也不同，自然切削加工性也不同。

（1）钢的不同组织对切削加工性的影响。

一般情况下，铁素体的塑性较高，珠光体的塑性较低。钢中含有大部分铁素体和少部分珠光体时，切削速度及刀具耐用度都较高。纯铁（含碳量极低）是完全的铁素体，由于塑性太高，其切削加工性十分低，切屑不易折断，切屑易黏结在前刀面上，使已加工表面的粗糙度极大。

珠光体呈片状分布时，刀具在切削时，要不断与珠光体中硬度为 800HBW 的 Fe_3C 接触，因而刀具磨损较大。片状珠光体经球状化处理后，组织为"连续分布的铁素体+分散的碳化物颗粒"，刀具的磨损较小，而耐用度较高。因此在加工高碳钢时，希望它有球状珠光体组织。切削马氏体、回火马氏体和索氏体等硬度较高的组织时，刀具磨损大，耐用度很低，宜选用很低的切削速度。

如果条件允许，可用热处理的方法改变金属组织，从而改善金属的切削加工性。

（2）铸铁的金属组织对切削加工性的影响。

铸铁按金属组织来分，有白口铸铁、珠光体灰铸铁、灰铸铁、铁素体灰铸铁和各种球墨铸铁（包括可锻铸铁）等。

白口铸铁是铁水急剧冷却后得到的组织，它的组织中有少量碳化物，其余为细粒状珠光体。珠光体灰铸铁的组织是珠光体及石墨。灰铸铁的组织为较粗的珠光体、铁素体及石墨。铁素体灰铸铁的组织为铁素体及石墨。球墨铸铁中碳元素大部分以球状石墨的形态存在，这种铸铁的塑性较大，切削加工性也大有改善。

铸铁的组织比较疏松，内含游离石墨，塑性和强度也都较低。铸铁表面往往有一层带型砂的硬皮和氧化层，硬度很高，对粗加工刀具是很不利的。切削灰铸铁时常得到崩碎切屑，切削力和切削热都集中作用在刀刃附近，这些对刀具都是不利的，所以加工铸铁的切削速度都低于加工钢的切削速度。

7）切削条件对切削加工性的影响

切削条件特别是切削速度对切削加工性有一定的影响。例如，在用硬质合金刀具切削铝硅压模铸造合金（铝硅铜、铝硅、铝硅铜铁镁等）时，在低的切削速度范围内，不同工件材料对刀具磨损的影响没有明显差异。但在切削速度提高时，硅含量高会加剧磨损。对于超共晶合金来说，有一个切削速度提高的限度，该限度决定于伪切屑的出现。伪切屑是工件材料的热力超负荷所致，常在刀具后刀面与工件间出现，这将使已加工表面更粗糙。

3. 改善工件材料切削加工性的途径

工件材料的切削加工性往往不符合使用部门的要求，为改善工件材料的切削加工性以满足使用部门的需要，在保证产品和零件使用性能的前提下，应通过各种途径，改善切削加工性。常用的措施如下。

（1）调整工件材料的化学成分，以改善切削加工性。

在大批生产中，应通过调整工件材料的化学成分来改善切削加工性。如上所述，工件材料的化学成分能影响切削加工性，若在钢中适当添加一些化学元素，如 S、Pb 等，能使钢的切削加工性得到改善，这样的钢就称为易切钢。易切钢的良好切削加工性主要表现在：切削力小、容易断屑，且刀具耐用度高，加工表面质量好。

易切钢中添加的元素几乎都不能与钢基体固溶，而是以金属或非金属夹杂物的状态分布，在基体中，就是这些夹杂物使切削加工性得以改善。

（2）通过热处理改变工件材料的金相组织和物理力学性能，以改善切削加工性。

如上所述，金相组织能影响工件材料的切削加工性，通过热处理可以改变工件材料的金相组织和物理力学性能，因此能改善其切削加工性。下面举例说明。

高碳钢和工具钢的硬度偏高，且有较多的网状和片状渗碳体组织，较难切削。通过球化退火，可以降低它的硬度，并能得到球状渗碳体组织，因而改善了切削加工性。

低碳钢的塑性过高，也不好切削。通过冷拔或正火处理，可以适当降低其塑性，提高硬度，使其切削加工性得到改善。

马氏体不锈钢通常要通过调质处理，以降低塑性，使其切削加工性变好。

热轧状态的中碳钢，组织不均匀，有时表面还有硬皮，也不容易切削。通过正火处理可以使其组织和硬度均匀，改善了切削加工性。有时中碳钢也可退火后加工。

铸铁件一般在切削前都要进行退火，目的是降低表层硬度，消除内应力，以改善其切削加工性。

3.3.2 刀具的选择

1. 刀具材料的选择

1）高速钢刀具材料的选用

高速钢具有较高的热稳定性，在切削温度为 500～650℃时，尚能进行切削。与碳素工具钢和合金工具钢相比，高速钢能使切削速度提高 1～3 倍，使刀具耐用度提高 10～40 倍，甚至更多。它可以加工有色金属和高温合金材料。

　　高速钢具有高的强度（抗弯强度为一般硬质合金的 2～3 倍，为陶瓷的 5～6 倍）和切削性，具有一定的硬度（63～70HRC）和耐磨性，适合于制造各类切削刀具，高速钢刀具可在刚性较差的机床上对工件进行加工。

　　高速钢刀具制造工艺简单，容易磨成锋利的切削刃，能锻造，这一点对形状复杂的大型成形刀具非常重要，故在复杂刀具（如钻头、丝锥、成形刀具、拉刀、齿轮刀具等）的制造中，高速钢仍占主要地位。

　　高速钢刀具的主要缺点在于常温硬度和高温硬度不足，导致刀具热磨损严重，限制了其在难加工材料中的应用。

2）硬质合金刀具材料的选用

　　YG 类硬质合金刀具主要用于加工铸铁、有色金属及非金属材料。加工这类材料时，切屑对刀具冲击很大，切削力和切削热都集中在刀尖附近。YG 类合金有较高的抗弯强度和冲击韧度，可减少切削时的崩刃。同时，YG 类硬质合金的导热性较好，有利于从刀尖传出切削热，降低刀尖温度。在低速到中速范围内切削时，YG 类硬质合金刀具的耐用度比 YT 类硬质合金高。然而，由于 YG 类硬质合金的耐热性较 YT 类硬质合金差，切铸铁时如果切削速度太高，反而不如 YT 类硬质合金。此外，由于 YG 类硬质合金的磨削加工性较好，可以磨出较锐的切削刃，故适于加工有色金属和纤维层压材料。

　　YT 类硬质合金适于加工钢料。加工钢料时，金属塑性变形很大，摩擦很剧烈，切削温度很高。YT 类硬质合金具有较高的硬度和耐磨性，特别是耐热性，抗黏结扩散能力和抗氧化能力也很强。在加工钢时，YT 类硬质合金刀具磨损较小，刀具耐用度较高。然而在低速切削钢料时，由于切削过程不太平稳，YT 类硬质合金的韧性较差，容易产生崩刃，这时反而不如 YG 类硬质合金。因此，在不允许高速切削钢料的情况下，例如在多轴自动机床上加工小直径棒料时，宁可选用 YG 类硬质合金。

　　硬质合金中含钴量增加（WC、TiC 含量减少）时，其抗弯强度和冲击韧度升高（硬度及耐热性降低），适用于粗加工；含钴量减少（WC、TiC 含量增加）时，其硬度、耐磨性及耐热性提高（强度及韧性降低），适用于精加工。

　　在加工含钛的不锈钢（如 1Cr18Ni9T）和钛合金时，不宜采用 YT 类硬质合金。

　　因为这类硬质合金中的钛元素和加工材料中的钛元素之间的亲和力会产生严重的粘刀现象。这时切削温度高、摩擦系数也不小，因而会加剧刀具磨损。如选用 YG 类硬质合金刀具加工，则切削温度较低，刀具磨损较小，已加工表面粗糙度较小。

　　在加工淬硬钢、高强度钢、奥氏体钢和高温合金时，由于切削力很大，切屑与前刀面接触长度很短，切削力集中在切削刃附近，易造成崩刃，因而不宜采用强度较低、脆性较大的 YT 类硬质合金，而宜采用韧性较好的 YG 类硬质合金。同时，这类加工材料的导热性差，热量易集中在刀尖处，YG 类硬质合金的导热性较好，有利于热量的传出和降低切削温度。

　　YW 类硬质合金主要用于加工耐热钢、高锰钢、不锈钢等难加工材料。

　　硬质合金牌号及选用可参照标准 GB/T 18376.1—2008《硬质合金牌号　第 1 部分：切削工具用硬质合金牌号》。

3）陶瓷刀具材料的选用

　　常用的陶瓷刀具材料有两种：Al_2O_3 基陶瓷工具和 Si_3N_4 基陶瓷刀具。

Al_2O_3 基陶瓷刀具具有下列特点。

① 有很高的硬度和耐磨性。陶瓷的硬度为 91～95HRA，高于硬质合金，有很高的刀具耐用度。

② 有很高的耐热性。在 1200℃以上仍能进行切削。在 760℃时的硬度为 87HRA，在 1200℃时还能维持在 80HRA。切削速度比硬质合金提高 2～5 倍。

③ 有很高的化学稳定性。陶瓷与金属的亲和力小，抗黏结和抗扩散的能力较好。

④ 有较低的摩擦系数，切屑与刀具不易黏结，已加工表面粗糙度较小。

Al_2O_3 基陶瓷的最大缺点是抗弯强度很低，冲击韧度很低。近年来，由于制造方法的改进（改冷压为热压或热等静压），虽然采用细晶粒及在 Al_2O_3 中加入 TiC、其他金属碳化物和其他金属（如 Ni、Mo 等）等方法，使陶瓷的强度提高到 1.0GPa，但仍不能满足要求。因此，目前 Al_2O_3 陶瓷主要用于高速精车和半精车铸件及调质结构钢工件，而 Al_2O_3-TiC 复合陶瓷由于强度和硬度较高、耐磨性好，可用于粗、精加工冷硬铸铁轧辊、淬硬合金轧辊及精铣大平面。在 Al_2O_3 中加入 ZrO_2 或 SiC 晶须的陶瓷刀具的强度及韧性均有明显提高，切削性能也得到显著改善。

Si_3N_4 基陶瓷具有高的强度和韧性，其抗弯强度可达 1GPa，有的牌号达 1.5GPa，因而 Si_3N_4 基陶瓷刀具能承受较大的冲击负荷。Si_3N_4 陶瓷有较高的热稳定性，在 1300～1400℃的温度下能进行切削。由于 Si_3N_4 陶瓷具有较高的热导率、较低的热膨胀系数及较小的弹性模量，其耐热冲击性能大大优于 Al_2O_3 基陶瓷，故切削时可以使用切削液。Si_3N_4 基陶瓷刀具在加工铸铁和镍基合金时均取得良好效果。

陶瓷刀具可用于加工钢，也可用于加工铸铁，对于高硬度材料（硬铸铁和淬硬钢）、大件及高精度零件加工特别有效，不仅可用于车削加工，还可用于铣削加工。

4）超硬刀具材料的选用

超硬刀具是指立方氮化硼刀具和金刚石刀具。

立方氮化硼刀具可以用于淬硬钢、冷硬铸铁、高温合金等的半精加工和精加工，加工精度可达 IT5（孔为 IT6），表面粗糙度 Ra 为 0.2～0.8μm，可代替磨削加工。立方氮化硼刀具还可用于加工某些热喷涂件及其他特殊材料。

金刚石刀具多用在高速下对有色金属及非金属材料进行车削及镗孔，金刚石可用于制造磨具及用作磨料。金刚石刀具不适于加工钢铁材料，因为金刚石（C）和铁有很强的化学亲和力，在高温下铁原子容易与碳原子作用而使其转化为石墨结构，使刀具极易损坏。金刚石的热稳定性较低，切削温度超过 700℃时，其硬度会逐渐变小。

5）涂层刀具材料的选用

涂层刀具有比基体高得多的硬度，在硬质合金基体上，TiC 层厚度为 4～5μm 时，其表层硬度为 2500～4200HV；在高速钢钻头、丝锥、滚刀等刀具上涂覆 2μm 厚的 TiN 涂层后硬度可达 80HRC。涂层刀具有较高的抗氧化性能和抗黏结性能，因而耐磨性好，抗月牙洼磨损能力强。涂层具有较低的摩擦系数，可降低切削时的切削力及切削温度，大大提高刀具耐用度。涂层硬质合金刀片的耐用度比无涂层硬质合金刀片高 1～3 倍；涂层高速钢刀具的耐用度比无涂层高速钢刀具高 2～10 倍；加工材料的硬度越高，则涂层刀具的加工效果越好。此外，涂层硬质合金刀片的通用性广，一种涂层刀片可代替几种无涂层刀片使用，因而可大大简化刀具的管理。随着机夹可转位刀具的广泛使用,涂层硬质合金也得到越来越多的应用,在可转位刀片中的使用率超过90%。

2.刀具几何参数的选择

刀具的合理几何参数,是指在保证加工质量的前提下,能够获得最高刀具耐用度,从而能够达到提高切削效率或降低生产成本目的的几何参数。

刀具几何参数的选择主要考虑工件材料、刀具材料、刀具类型及其他具体工艺条件,如切削用量、工艺系统刚性及机床功率等。

1)前角的选择

前角是刀具上重要的几何参数之一,前角的大小决定着切削刃的锋利程度和强固程度。它对切削过程有一系列的重要影响。

增大刀具的前角可以减小切屑变形,从而使切削力和切削功率减小,切削时产生的热量减少,使刀具耐用度得以提高。

但是,增大前角会使楔角减小,这样一方面使刀刃强度降低,容易造成崩刃;另一方面会使刀头散热体积减小,刀头能容纳热量的体积减小,致使切削温度增高。因此,刀具的前角太大时,刀具耐用度也会下降,如图3.27所示。

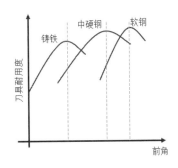

图3.27 前角对刀具耐用度的影响

实践证明,刀具合理前角主要取决于刀具材料和工件材料的种类与性质。

(1)刀具材料的强度及韧性较高时可选择较大的前角。

例如,高速钢的强度高、韧性好,硬质合金脆性大、怕冲击、易崩刃,因此高速钢刀具的前角可比硬质合金刀具选得大一些,可大5°~10°。陶瓷刀具的脆性更大,故前角应选得比硬质合金刀具还要小一些。

(2)刀具的前角还取决于工件材料的种类和性质。

加工塑性材料(如钢)时应选较大的前角;加工脆性材料(如铸铁)时,应选较小的前角。

(3)工件材料的强度或硬度较小时,切削力不大,刀具不易崩刃,对刀具强固的要求较低,为了使切削刃锋利,宜选较大的前角。当材料的强度或硬度较高时,切削力较大,切削温度也较高,为了增大切削刃的强度和散热体积,宜取较小的前角,例如,加工铝合金时,$\gamma_o = 30° \sim 35°$;加工中硬钢时,$\gamma_o = 10° \sim 20°$;加工软钢时,$\gamma_o = 20° \sim 30°$。

(4)用硬质合金车刀加工强度很大的钢料(σ_b 为 0.8~1.2GPa)或淬硬钢,特别是断续切削时，应从刀具破损的角度出发选择前角，这时常需采用负前角（-20°～-5°）。这是因为工件材料的强度或硬度很高时，切削力很大，采用正前角的刀具，切削刃部分和刀尖部分主要承受弯曲和剪切作用，硬质合金的抗弯强度较低，在重载下容易破损。采用负前角的刀具，切削刃部分和刀尖部分承受压应力，由于硬质合金的抗压强度比抗弯强度高 3～4 倍，故切削刃不易受压而损坏。抗弯强度更差的陶瓷刀具和立方氮化硼刀具，也常采用负前角。

选择前角时还要考虑一些具体的加工条件。例如，粗加工时，特别是断续切削时，切削力和冲击一般都比较大，工件表面硬度也可能很高，为使切削刃有足够强度，宜取较小的前角；精加工时，对切削刃强度要求较低，为使刀刃锋利，降低切削力，以减小工件变形和减小表面粗糙度，宜取较大的前角。

在工艺系统刚性较差或机床电动机功率不足时，宜取较大的前角；但在自动机床上加工时，为使刀具切削性能稳定，宜取小一些的前角。

此外，增大刀具前角，有利于切屑形成和减小切削力，但会使切削刃强度减弱。在前刀面上磨出倒棱则可二者兼顾。倒棱的主要作用是增强切削刃，减小刀具破损。在使用脆性较大的材料，如硬质合金和陶瓷制造的刀具进行粗加工或断续切削时，在前刀面上磨出倒棱对减少崩刃和提高刀具耐用度的效果是很显著的（刀具耐用度可提高 1～5 倍）；用陶瓷刀具铣削淬硬钢时，没有倒棱的切削刃是不能进行切削的。

2）后角的选择

后角的主要作用是减小切削过程中刀具后刀面与加工表面之间的摩擦。后角的大小还影响作用在后刀面上的力、后刀面与工件的接触长度以及后刀面的磨损程度，因而对刀具耐用度和加工表面质量有很大的影响。如图 3.28 所示，当后刀面磨损量 VB 一定时，后角越大，即 $\alpha_2 > \alpha_1$ 时，$NB_2 > NB_1$，刀具实际磨损量也越大，刀具耐用度下降。

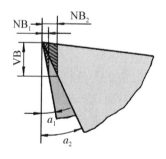

图 3.28 后角对刀具耐用度的影响

刀具后角的选择原则如下。

（1）合理后角的大小主要取决于切削厚度（或进给量）的大小。当切削厚度很小时，磨损主要发生在后刀面上，为了减小后刀面的磨损和增大切削刃的锋利程度，宜取较大的后角。当切削厚度很大时，前刀面上的磨损量加大，这时后角取小些可以增强切削刃及改善散热条件；同时，由于这时楔角较大，可以使月牙洼磨损深度达到较大值而不致使切削刃碎裂，因而可提高刀具耐用度。

（2）工件材料的强度或硬度较高时，为了加强切削刃，宜取较小的后角，例如取 $\alpha_o = 5°～7°$。工件材料较软，塑性较大，已加工表面易产生加工硬化时，后刀面摩擦对刀具磨损和加工表面质量影响较大，这时应取较大的后角。例如，加工高温合金时，宜取 $\alpha_o=10°\sim15°$。加工软合金时，由于其弹性极限较大，加工后的表面弹性恢复量较大，为了减小后刀面与弹性恢复层的接触面积，宜取较大的后角，例如可取 $\alpha_o=10°\sim12°$。

（3）工艺系统刚性较差，容易出现振动时，应适当减小后角。为了减小或消除切削时的振动，还可以在后刀面上磨出 $0.1\sim0.2\text{mm}$ 宽，$\alpha_o=0°$ 的刃带，或磨出 $0.1\sim0.3\text{mm}$ 宽，$\alpha_o=-10°\sim-5°$ 的消振棱。这样的刃带可以增大后刀面与加工表面的接触面积，可以产生同振动位移方向相反的摩擦阻力；当使用恰当时，不仅可以减小振动，而且可以对工件表面起一定的磨削作用，提高加工表面的质量。

（4）对于尺寸精度要求较高的刀具，宜取较小的后角。因为当径向磨损量选为定值时，后角较小则所磨损掉的金属体积较多，刀具可连续使用较长时间，故刀具耐用度较高。

生产现场中，车削普通钢和铸铁时，车刀的后角通常为 $4°\sim6°$。

3）偏角的选择

主偏角对刀具耐用度影响很大，并且可以在很大范围内变化。随着主偏角的减小，刀具耐用度得以提高。减小主偏角还可使工件表面残留物高度减小，从而使已加工表面粗糙度减小。然而，减小主偏角会降低加工精度，引起振动并使刀具（特别是刀具材料脆性大时）耐用度显著下降和已加工表面粗糙度显著增大。不同切削速度条件下偏角对刀具寿命的影响如图 3.29 所示。

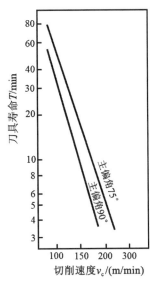

图 3.29　不同切削速度条件下主偏角对刀具寿命的影响

车刀副切削刃的主要作用是最终形成已加工表面。副偏角过小会增大副切削刃参加切削工作的长度，增大副后刀面与已加工表面的摩擦和磨损，因此刀具耐用度较低。此外，副偏角太小，也易引起振动。但是，副偏角太大会使刀尖强度降低和散热条件恶化，因此刀具耐用度较低。由此可知，副偏角也存在一个合理值。

4）刀尖形状的选择

主切削刃和副切削刃连接的地方称为刀尖。该处的强度较小，散热条件不好。因此，在切削时，刀尖处切削温度较高，很易磨损。当主偏角和副偏角都很大时，这一情况尤为严重。所以，强化刀尖可显著提高刀具的耐崩刃性和耐磨性，从而可以提高刀具耐用度。

（1）圆弧形过渡刃。

圆弧形过渡刃不仅可提高刀具耐用度，还可大大减小已加工表面粗糙度。精加工车刀常采用圆弧形过渡刃。

对硬质合金车刀和陶瓷车刀，一般圆弧形过渡刃的半径可取 $r=0.5\sim1.5mm$；对高速钢车刀，可取 $r=1\sim3mm$。适当增大 r 时，刀具的磨损和破损均减小，断续切削时不产生崩刃的冲击次数可显著增加。但 r 增大时，径向分力 F_y 也增大。因此，在工艺系统刚性不强时，r 太大容易引起振动；脆性较大的刀具材料对振动较敏感，因此硬质合金刀具及陶瓷刀具的圆弧形过渡刃的半径（刀尖圆弧半径）取得较小；此外，精加工时的 r 比粗加工时取得小一些。

（2）直线形过渡刃。

粗加工时，背吃刀量比较大，为了减小径向分力 F_y 和振动，并使硬质合金刀片得到充分利用，通常采用较大的主偏角，但这时刀尖强度较小，散热条件恶化。为了改善这种情况，提高刀具耐用度，常常磨出直线形过渡刃。

由于圆弧形过渡刃的圆弧半径难以磨得一致，同时圆弧处的后角也难以磨出，因此多刃刀具（如端铣刀）的过渡刃多做成直线形过渡刃。

5）刃倾角的选择

刀具的刃倾角可以控制切屑流出方向，影响刀头强度及断续切削时切削刃上受冲击的位置，影响切削刃的锋利程度和切削分力的大小。在加工一般钢料和铸铁时，无冲击负荷的粗车取 $\lambda_s=-5°\sim0°$，精车取 $\lambda_s=0°\sim5°$。有冲击负荷时，取 $\lambda_s=-15°\sim-5°$；当冲击特别大时，可取 $\lambda_s=-45°\sim-30°$。刨刀的刃倾角一般可取 $-20°\sim-10°$。加工高强度钢、高锰钢、淬硬钢时，可取 $\lambda_s=-30°\sim-20°$。用 $\gamma_o=-10°\sim-5°$，$\kappa_r=60°\sim70°$，$\lambda_s=-15°\sim-10°$ 的车刀切削钢料时，切屑可断成碎片，易于清除。

最后应该指出，刀具各角度之间是互相联系互相影响的。孤立地选择某一角度并不能得到所期望的合理值。例如，改变前角将使刀具的合理后角发生变化。在加工硬度较高的工件材料时，为了提高切削刃的强度，一般取较小的后角。但在加工特别硬的材料，如淬硬钢时，通常采用负前角，这时楔角较大，若适当增大后角，不仅使切削刃易于切入工件，还可提高刀具耐用度。在用陶瓷车刀车削淬硬钢时，后角由 5° 增至 15°，刀具磨损一直是减小的，但若继续增大至 20°，则切削刃就会发生破损。

由此可见，任何一个刀具的合理几何参数，都应该在多因素的相互联系中确定。

3.4　切削用量的选择和提高

切削用量的选择，对生产效率、加工成本和加工质量均有重要影响。应能根据具体条件和要求，考虑影响因素，正确选择切削用量。

1）选择切削用量的原则

选择切削用量就是要确定具体切削工序的背吃刀量 a_p、进给量 f、切削速度 v 及刀具耐用度 T。选择切削用量时，要综合考虑生产效率、加工质量和加工成本。

所谓合理的切削用量是指充分利用刀具的切削性能和机床性能（功率、转矩），在保证质量的前提下，获得高的生产率和低的加工成本的切削用量。

切削用量三要素 v、f、a_p 对刀具耐用度和加工质量有很大的影响。

2）对刀具耐用度的影响

切削三要素 v、f、a_p 中任何一项增大，都会使刀具耐用度下降。对刀具耐用度影响最大的是切削速度 v，其次是进给量 f，影响最小的是背吃刀量 a_p。由此可以得出结论，从刀具耐用度出发，在选择切削用量时，应首先选用尽可能大的背吃刀量，再选用大的进给量，最后根据确定的刀具耐用度选择切削速度。

3）对加工质量的影响

切削用量三要素中，a_p 增大，切削力成比例增大，使工艺系统弹性变形增大，并可能引起振动，因而会降低加工精度和增大表面粗糙度。进给量 f 增大，切削力也将增大，表面粗糙度会显著增大。切削速度增大时，切屑变形和切削力有所减小，表面粗糙度也有所减小。因此，在精加工和半精加工时，常常采用较小的背吃刀量和进给量。为了避免或减小积屑瘤和鳞刺，提高表面质量，硬质合金车刀常采用较高的切削速度（一般 $v = 80 \sim 100\text{m/min}$），高速钢车刀则采用较低的切削速度（如宽刃精车刀 $v = 3 \sim 8\text{ m/min}$）。

3.4.1 切削用量的选择

1. 背吃刀量的选择

背吃刀量根据加工余量确定。

切削加工一般分为粗加工、半精加工和精加工。粗加工（表面粗糙度 Ra 为 12.5μm 以上）时，一次走刀应尽可能切除全部余量；在中等功率机床上，背吃刀量为 8～10mm。半精加工时，背吃刀量取 0.5～2mm。精加工时，背吃刀量取 0.1～0.4mm。

在下列情况下，粗车可能要分几次走刀：

（1）加工余量太大时，一次走刀会使切削力太大，会造成机床功率不足或刀具强度不够。

（2）加工细长轴和薄壁工件时，工艺系统刚性不足或加工余量极不均匀，以致引起很大振动。

（3）断续切削时，刀具会受到很大冲击而造成打刀。

在上述情况下，若需分两次走刀，也应将第一次走刀的背吃刀量尽量取大些，第二次走刀的背吃刀量尽量取小些，以保证精加工刀具有高的刀具耐用度、高的加工精度及较小的加工表面粗糙度。第二次走刀（精走刀）的背吃刀量可取加工余量的 1/4～1/3。

在用硬质合金刀具、陶瓷刀具、金刚石刀具和立方氮化硼刀具精车削和镗孔时，切削用量可取为 a_p=0.05～0.2mm，f = 0.01～0.1mm/r，v =240～900m/min；这时表面粗糙度 Ra 为 0.32～0.1μm，精度达到或高于 IT5（孔的精度为 IT6），可代替磨削加工。

2．进给量的选择

粗加工时，对工件表面质量没有太高要求，这时切削力往往很大，合理的进给量应是工艺系统所能承受的最大进给量。这一进给量受到下列一些因素的限制：机床进给机构的强度、车刀刀杆的强度和刚度、硬质合金刀片或陶瓷刀片的强度以及工件的装夹刚度等。

精加工时，最大进给量主要受加工精度和表面粗糙度的限制。

工厂中，进给量常常根据经验选取。粗加工时，根据加工材料、车刀刀杆尺寸、工件直径及已确定的背吃刀量来选择进给量。例如，当刀杆尺寸增大、工件直径增大时，可以选择较大的进给量。当背吃刀量增大时，由于切削力增大，故应选择较小的进给量。加工铸铁时的切削力较加工钢时小，故加工铸铁可选择较大的进给量。

在半精加工和精加工时，则按粗糙度要求，根据工件材料、刀尖圆弧半径、切削速度来选择进给量。例如，当刀尖圆弧半径增大，切削速度提高时，可以选择较大的进给量。

3．切削速度的确定

粗车时，背吃刀量和进给量均较大，故选择较低的切削速度；精车时背吃刀量和进给量均较小，故选择较高的切削速度。

工件材料的强度及硬度较高时，应选较低的切削速度；反之则选较高的切削速度。工件材料的加工性越差，例如加工奥氏体不锈钢、铁合金和高温合金时，则切削速度应选得越低。易切碳钢的切削速度较同硬度的普通碳钢为高。加工灰铸铁的切削速度较中碳钢为低。而加工铝合金和铜合金的切削速度则较加工钢的切削速度高得多。

刀具材料的切削性能越好，切削速度也选得越高。硬质合金刀具的切削速度比高速钢刀具高好几倍，而涂层硬质合金刀片的切削速度又比无涂层的刀片有明显提高。很明显，陶瓷刀具、金刚石刀具和立方氮化硼刀具的切削速度比硬质合金刀具高得多。

此外，在选择切削速度时还应考虑以下几点：

（1）精加工时，应尽量避免积屑瘤和鳞刺产生；

（2）断续切削时，为减小冲击和热应力，宜适当降低切削速度；

（3）在易发生振动的情况下，切削速度应避开自激振动的临界速度；

（4）加工大件、细长件和薄壁工件时，应选用较低的切削速度；

（5）加工带外皮的工件时，应适当降低切削速度。

3.4.2 提高切削用量的途径

从提高加工生产效率角度来考虑，应尽量提高切削用量。提高切削用量的途径，从切削原理这个角度来看，主要包括以下几方面。

1）采用切削性能更好的新型刀具材料

采用切削性能更好的新型刀具材料，如采用超硬高速钢、含有添加剂的新型硬质合金、涂层硬质合金和涂层高速钢、新型陶瓷及超硬材料等。采用耐热性和耐磨性高的刀具材料是提高切削用量的主要途径。例如，车削 350-400HBS 的高强度钢，在 $a_p=1\text{mm}$，$f=0.18\text{mm/r}$ 条件下，用高速钢 W12Cr4V5Co5 及 W2Mo9Cr4VCo8 加工时，适宜的切削速度 $v=15\text{m/min}$；用焊接硬质合金车刀加工时 $v=76\text{m/min}$；用涂层硬质合金车刀加工时 $v=130\text{ m/min}$；而用陶瓷刀具加工时，v 可达 335m/min（f = 0.102mm/r）。TiN 涂层高速钢滚刀和插齿刀的耐用度可比无涂层刀具提高 3～5 倍，有的甚至 10 倍。

2）改善工件材料的加工性

改善工件材料的加工性，如采用添加硫、铅的易切钢；对钢材进行不同热处理以改善其金相显微组织等。如在车削中碳钢 175-225HBS 时，在 a_p=4mm，f=0.4mm/r 条件下，用高速钢和硬质合金车刀车削时，适宜的切削速度分别为 30m/min 和 100m/min，而加工同样硬度的易切钢时，相应的切削速度则为 40m/min 和 125m/min。

3）改进刀具结构和选用合理的刀具几何参数

采用可转位刀片的车刀的切削速度可比焊接式硬质合金车刀提高 15%～30%。采用良好的断屑装置也是提高切削效率的有效手段。

4）提高刀具的刃磨及制造质量

采用金刚石砂轮代替碳化硅砂轮刃磨硬质合金刀具，刃磨后不会出现裂纹和烧伤，刀具耐用度可提高 50%～100%。用立方氮化硼砂轮刃磨高钒高速钢刀具的磨削质量，比用刚玉砂轮要高得多。

5）采用新型的性能优良的切削液和高效率的冷却方法

采用含有极压添加剂的切削液和喷雾冷却方法，在加工一些难加工材料时，常常可使刀具耐用度提高好几倍。

习 题

1．刀具在什么条件下工作？刀具必须具备哪些性能？为什么？

2．陶瓷刀具的主要优点是什么？

3．涂层刀具中，涂层在切削过程中的作用是什么？

4．硬质合金的种类有哪些？

5．试分析加工高铬铸铁、奥氏体不锈钢、淬火钢、高锰钢、钛合金时刀具材料的选择方法。

6．按下列条件选择刀具种类和确定切削用量的选择原则：（1）高速精车调制钢长轴；（2）精密镗削缸套内圆；（3）精密铣削汽车覆盖件模具；（4）低速精车合金钢蜗杆。

7．在当前条件下，根据涂层刀具的特点，其使用应该避免哪些加工环境？

参考文献

[1] 陆剑中，孙家宁. 金属切削原理与刀具[M]. 北京：机械工业出版社，2017.

[2] 陈日曜. 金属切削原理[M]. 北京：机械工业出版社，2011.

[3] 武文革. 金属切削原理及刀具[M]. 北京：电子工业出版社，2017.

第4章　金属切削机床

金属切削机床（简称机床）是指用切削的方法加工金属毛坯或工件，使之获得所要求的几何形状、尺寸精度和表面质量的机器。机床是制造机器的机器，故又称为工作母机。机床是加工机器零件的主要设备，它所担负的工作量占机器制造总工作量的 40%～60%。机床工业为社会各行业提供先进的制造技术和优质高效的设备，机床工业的技术水平决定着其他行业的发展水平，在很大程度上标志着一个国家的制造业和科技发展水平。

4.1　金属切削机床基本知识

4.1.1　机床的分类

机床的品种和规格繁多，为便于区分和管理，国家制定了机床型号的编制标准。机床的传统分类方法主要是按加工性质和所用刀具进行分类的，据此，将机床分为 11 类：车床、铣床、钻床、镗床、磨床、齿轮加工机床、螺纹加工机床、刨插床、拉床、锯床和其他机床。在每一类机床中，又按工艺范围、布局形式和结构性能分为若干组，每一组又分为若干系（系列）。

除上述基本分类方法外，还有其他几种分类方法。

1. 按照用途分类

（1）通用机床。工艺范围很宽，可完成多种类型零件不同工序的加工，如卧式车床、万能外圆磨床及摇臂钻床等。

（2）专门化机床。工艺范围较窄，它是为加工某种零件或某种工序而专门设计和制造的，如铲齿车床、丝杠铣床等。

（3）专用机床。工艺范围最窄，它一般是为某特定零件的特定工序而设计制造的，如大量生产的汽车零件所用的各种钻、镗组合机床。

2. 按照机床的工作精度分类

按照机床的工作精度分类，机床可分为普通精度机床、精密机床和高精度机床。

3. 按照质量和尺寸分类

按照质量和尺寸分类，机床可分为仪表机床、中型机床（一般机床）、大型机床（质量大于 10t)、重型机床（质量在 30t 以上）和超重型机床（质量在 100t 以上）。

4．按照机床主要工作部件的数目分类

按照机床主要工作部件的数目分类，机床可分为单轴机床、多轴机床、单刀机床、多刀机床等。

5．按照自动化程度不同分类

按照自动化程度不同分类，机床可分为普通机床、半自动机床和自动机床。自动机床具有完整的自动工作循环，能够自动装卸工件，能够连续地自动加工出工件。半自动机床也有完整的自动工作循环，但装卸工件还需人工完成，因此不能连续地加工。

6．按照控制方式分类

按照控制方式分类，机床可分为普通机床和数控机床。

4.1.2 机床的型号编制

机床型号是机床产品的代号，用以简明地表示机床的类型、性能和结构特点、主要技术参数等。现在我国的机床型号，是按标准 GB/T 15375—2008《金属切削机床 型号编制方法》编制的。此标准规定，机床型号由一组汉语拼音字母和阿拉伯数字按一定规律组合而成。

1．型号表示方法

型号由基本部分和辅助部分组成，中间用"/"隔开，读作"之"。前者需统一管理，后者纳入型号与否由企业自定。通用机床型号的构成如图 4.1 所示。

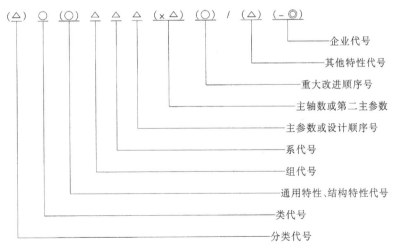

注：有"（ ）"的代号或数字，当无内容时，则不表示；若有内容则不带括号；
　　有"○"符号者，为大写的汉语拼音字母；
　　有"△"符号者，为阿拉伯数字；
　　有"◎"符号者，为大写的汉语拼音字母或阿拉伯数字，或两者兼有之。

图 4.1 通用机床型号的构成

2．机床的分类及代号

需要时，类以下还可分为若干分类，分类代号用阿拉伯数字表示，放在类代号之前，作为型号的首位，但第一分类不予表示。如磨床就有 M、2M、3M 三个分类。

机床的组代号用一位阿拉伯数字表示，位于类代号或通用特性、结构特性代号之后。机床的系代号用一位阿拉伯数字表示，位于组代号之后。每类机床按其结构性能及使用范围划分为 10 个组，用数字 0～9 表示。每组机床又分若干个系（系列）。系的划分原则是：主参数相同，并按一定公比排列，工件和刀具本身及其特点基本相同，且基本结构及布局形式也相同的机床，即为同一系。机床的分类和代号如表 4.1 所示，常用机床的组别和系代号可参考 CB/T 15375—2008《金属切削机床 型号编制方法》。

表 4.1 机床的分类和代号

类别	车床	钻床	镗床	磨床			齿轮加工机床	螺纹加工机床	铣床	刨插床	拉床	锯床	其他机床
代号	C	Z	T	M	2M	3M	Y	S	X	B	L	G	Q
读音	车	钻	镗	磨	二磨	三磨	牙	丝	铣	刨	拉	割	其

3．机床的通用特性代号

当某类型机床除有普通型外，还具有某种通用特性时，则在类代号之后加上通用特性代号，如表 4.2 所示。若某类型机床仅有某种通用特性，则通用特性不必表示。对主参数相同而结构特性不同的机床，在型号中加上结构特性代号予以区分。结构特性代号为汉语拼音字母，位于类代号之后，当型号中有通用特性代号时，排在通用特性代号之后。

表 4.2 通用特性代号

通用特性	高精度	精密	自动	半自动	数控	加工中心（自动换刀）	仿形	轻型	加重型	柔性加工单元	数显	高速
代号	G	M	Z	B	K	H	F	Q	G	R	X	S
读音	高	密	自	半	控	换	仿	轻	重	柔	显	速

4．机床主参数、第二主参数和设计顺序号

机床主参数代表机床规格的大小，用折算值（主参数乘以折算系数如 1/10 等）表示。某些通用机床，当无法用一个主参数表示时，在型号中用设计顺序号表示。第二主参数一般是指主轴数、最大跨距、最大工件长度、工作台工作面长度等，第二主参数也用折算值表示。

5．机床的重大改进顺序号

当机床的性能及结构布局有重大改进，并按新产品重新设计、试制和鉴定时，在原机床型号基本部分的尾部，加上重大改进顺序号，以区别于原机床型号。序号按 A、B、C 等字母的顺序选用（但"I""O"两个字母不得选用）。

6. 同一型号机床的变型代号

某些机床，根据不同的加工需要，在基本型号机床的基础上，仅改变机床的部分结构时，则在原机床型号之后加 1、2、3 等变型代号，并用"/"分开（读作"之"），以示区别。

例 4-1 CA6140 型卧式车床。

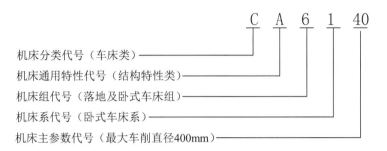

例 4-2 MG1432A 型高精度万能外圆磨床。

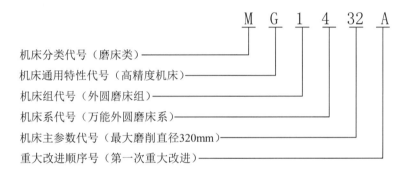

4.1.3 机床加工零件表面的成形方法与所需运动

机床的运动分析，就是研究金属切削机床上的各种运动及其相互关系。机床运动分析的一般过程是：根据在机床上加工的各种表面和使用的刀具类型，分析得到形成这些表面的方法和所需的运动；再分析为实现这些运动，机床必须具备的实现这些运动的传动联系、实现这些传动联系的机构以及机床运动的调整方法，可以总结为"表面—运动—传动—机构—调整"。

尽管机床品种繁多、结构各异，但都是几种基本运动类型的组合与转化。机床运动分析的目的在于利用非常简便的方法迅速认识一台陌生的机床，掌握机床的运动规律，分析或比较各种机床的传动系统，从而能够合理地设计机床和使用机床的传动系统。

1. 零件表面的成形方法

机械零件的形状很多，但主要由平面、圆柱面、圆锥面及各种成形面组成。这些基本形状的表面都属于线性表面，均可在机床上加工，并能保证达到所需的精度要求。

从几何学的观点看，任何一种线性表面，都是一条母线沿着另一条导线运动而形成的。如图 4.2 所示，平面可看作由一根直线（母线）沿着另一根直线（导线）运动而形成

[见图 4.2（a）]；圆柱面和圆锥面可看作由一根直线沿着一个圆（导线）运动而形成 [见图 4.2（b）、（c）]；普通螺纹的螺旋面是由"Λ"形线沿螺旋线（导线）运动而形成的 [见图 4.2（d）]；直齿圆柱齿轮的渐开线齿廓表面是由渐开线沿直线（导线）运动而形成的 [见图 4.2（e）]。形成表面的母线和导线统称为发生线。

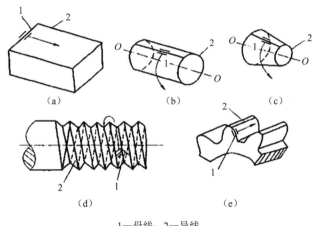

1—母线；2—导线

图 4.2　表面成形运动

由图 4.2 可以看出，有些表面，其母线和导线可以互换，如平面、圆柱面和直齿圆柱齿轮的渐开线齿廓表面等，称为可逆表面；而另一些表面，其母线和导线不可互换，如圆锥面和螺旋面等，称为不可逆表面。切削加工中发生线是由刀具的切削刃和工件的相对运动得到的，由于使用的刀具切削刃的形状和采取的加工方法不同，形成发生线的方法与所需运动也不同，归纳为以下四种。

1）轨迹法

轨迹法是利用尖头车刀、刨刀等刀具做一定规律的轨迹运动，从而对工件进行加工的方法。切削刃与被加工表面为点接触，发生线为接触点的轨迹线。图 4.3（a）中，母线（直线运动 A_1）和导线（曲线运动 A_2）均由刨刀的运动轨迹形成。采用轨迹法形成发生线，需要一个独立的运动。

2）成形法

成形法是利用成形刀具对工件进行加工的方法。切削刃的形状和长度与所需形成的发生线（母线）完全重合。图 4.3（b）中，曲线形母线由成形刨刀的切削刃直接形成，直线形导线则由轨迹法形成。

3）相切法

相切法是利用刀具边旋转边做轨迹运动对工件进行加工的方法。如图 4.3（c）所示，采用铣刀或砂轮等旋转刀具加工时，在垂直于刀具旋转轴线的截面内，切削刃可看作点，当切削点绕着刀具轴线做旋转运动 B_1，同时刀具轴线沿着发生线的等距线做轨迹运动 A_2 时，切削点运动轨迹的包络线便是所需的发生线。为了用相切法得到发生线，需要两个成形运动，即刀具的旋转运动和刀具中心按一定规律的运动。

4）展成法

展成法是利用工件和刀具做展成切削运动进行加工的方法。切削加工时，刀具与工件按确定的运动关系做相对运动，切削刃与被加工表面相切（点接触），切削刃各瞬时位置的包络线便是所需的发生线。如图 4.3（d）所示，用齿条形插齿刀加工圆柱齿轮，刀具沿箭头 A_1 方向所做的直线运动，形成直线形母线（轨迹法），而工件的旋转运动 B_{21} 和直线运动 A_{22}，使刀具能不断地对工件进行切削，其切削刃的一系列瞬时位置的包络线便是所需要的渐开线形导线，如图 4.3（e）所示。用展成法形成发生线需一个成形运动（展成运动）。

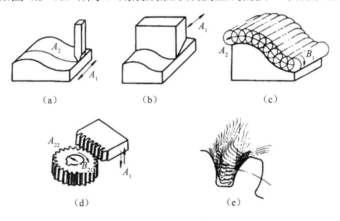

图 4.3　形成发生线的方法

在机床上，为了获得所需的工件表面形状，必须形成一定形状的发生线（母线和导线）。除成形法外，发生线的形成都是靠刀具和工件做相对运动实现的。这种运动称为表面成形运动。此外，还有多种辅助运动。

2．机床运动的表面成形运动

表面成形运动按其组成情况进行分类，可分为简单成形运动和复合成形运动两种。如果一个独立的成形运动是由单独的旋转运动或直线运动构成的，则此成形运动称为简单成形运动。如用尖头车刀车削外圆柱面［见图 4.4（a）］时，工件的旋转运动 B_1 和刀具直线运动 A_2，就是两个简单成形运动；用砂轮磨削外圆柱面［见图 4.4（b）］时，砂轮和工件的旋转运动 B_1、B_2 以及工件的直线移动 A_3，都是简单成形运动。如果一个独立的成形运动，是由两个或两个以上的旋转运动或（和）直线运动，按照某种确定的运动关系组合而成的，则称此成形运动为复合成形运动，如车削螺纹［见图 4.4（c）］时，形成螺旋形发生线所需的刀具和工件之间的相对螺旋轨迹运动。为简化机床结构和保证精度，通常将其分解为工件的等速旋转运动 B_{11} 和刀具的等速直线移动 A_{12}。B_{11} 和 A_{12} 不能彼此独立，它们之间必须保持严格的运动关系，即工件每转一转时，刀具直线移动的距离应等于螺纹的导程，从而 B_{11} 和 A_{12} 这两个单元运动组成一个复合成形运动。用轨迹法车回转体成形面［见图 4.4（d）］时，尖头车刀的曲线轨迹运动通常由相互垂直的、有严格速比关系的两个直线运动 A_{21} 和 A_{22} 来实现，A_{21} 和 A_{22} 也组成一个复合成形运动。上述复合成形运动组成部分符号中的下标，第一位数字表示成形运动的序号，第二位数字表示同一个复合运动中单元运动的序号。如图 4.4（d）中，B_1 为第一个成形运动，即简单成形运动；A_{21} 和 A_{22} 分别为第二个成形运动（复合成形运动）的第一和第二个运动单元。

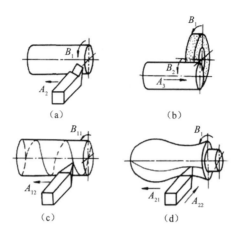

图 4.4　成形运动的组成

此外，根据在切削过程中所起作用的不同，成形运动又可分为主运动和进给运动。

（1）主运动。直接切除毛坯上的多余金属使之变成切屑的运动，称为主运动。主运动速度高，要消耗机床大部分的动力。如车床工件的旋转、铣床刀具的旋转、镗床刀具的旋转、龙门刨床工件随工作台的直线运动等都是主运动。

（2）进给运动。不断地将被切金属投入切削，以逐渐切出整个工件表面的运动称为进给运动。进给运动的速度低，消耗动力很少。车床刀具相对于工件做纵向直线移动，卧式铣床工作台带动工件相对于铣刀做纵向直线移动，外圆磨床工件相对于砂轮做旋转运动（圆周进给运动）和做纵向直线往复移动等都是进给运动。

任何一台机床，必定有且通常只有一个主运动，但进给运动可能有一个或多个，也可能没有，如拉床没有进给运动。

3．机床运动的辅助运动

机床在加工过程中除完成成形运动外，还有一些实现机床切削过程的辅助动作而必须进行的辅助运动，该运动不直接参与切削，但为表面成形创造了条件，是不可缺少的。它的种类很多，一般包括：

（1）切入运动：刀具相对工件切入一定深度，以保证工件达到要求的尺寸。

（2）分度运动：多工位工作台和刀架等的周期转位或移位以及多线螺纹的车削等。

（3）调位运动：加工前机床有关部件的移位，以调整刀具和工件之间的正确相对位置。

（4）各种空行程运动：切削前后刀具或工件的快速趋近和退回运动，开车、停车、变速或变向等控制运动，装卸、夹紧或松开工件的运动等。

4．机床传动

机床的传动机构指的是传递运动和动力的机构，简称机床的传动。

机床加工过程中所需的各种运动，是通过动力源、传动装置和执行件以一定的规律所组成的传动链来实现的。其中：

（1）动力源是给执行件提供动力和运动的装置，常采用电动机。

（2）执行件是执行机床工作的部件，如主轴、刀架、工作台等。执行件用于安装刀具或装夹工件，并直接带动其完成一定的运动形式和保证准确的运动轨迹。

（3）传动装置是传递动力和运动的装置，它把动力源的动力和运动最后传给执行件。同时，传动装置还需完成变速、变向和改变运动形式等任务，以使执行件获得所需的运动速度、运动方向和运动形式。

传动方式一般包括机械、液压、气压、电气传动及以上几种传动方式的联合传动等。

（1）机械传动是利用齿轮、传动带、离合器和丝杠螺母等机械元件传递运动和动力的。这种传动方式工作可靠、维修方便，目前机床上应用最广。

（2）液压传动是以油液为介质，通过泵、阀和液压缸等液压元件传递运动和动力的。这种传动方式结构简单，运动较平稳，易于在较大范围内实现无级变速，便于实现频繁的换向和自动防止过载，容易实现自动化，其多用于直线运动，在磨床、组合机床及液压刨床等机床上应用较多。但是，由于油液有一定的可压缩性，并有泄漏现象，所以液压传动不适于作为定比传动。

（3）电气传动是利用电能通过电气装置传递运动和动力的。这种传动方式的电气系统比较复杂，成本较高。在大中型机床上多应用直流电动机、发电机组；在数控机床上，常用机械传动与步进电动机或电液脉冲电动机、伺服电动机等联合传动，用以实现机床的无级变速。电气传动容易实现自动控制。

（4）气压传动是以压缩空气作为介质，通过气动元件传递运动和动力的。这种传动方式的主要特点是动作迅速，易于获得高转速，易于实现自动化，但其运动平稳性较差，驱动力较小，主要用于机床的某些辅助运动（如夹紧工件等）及小型机床的进给运动的传动。

5．常用机械传动装置

机械传动装置分为无级变速传动装置和分级变速传动装置，由于无级变速机械传动装置的变速范围小，零件制造精度要求很高，经济性较差，一般不常采用，而多以液压传动和电气传动的无级变速装置来代替。在通用机床中用得较多的是分级变速机械传动装置，下面着重介绍几种常用的机械传动装置。

1）定比传动机构

定比传动机构包括齿轮机构、带轮机构、齿轮齿条机构、蜗杆机构和丝杠螺母机构等。它们的共同特点是传动比固定不变，而齿轮齿条机构和丝杠螺母机构还可以将旋转运动转变为直线运动。

2）变速传动装置

变速传动装置是实现机床分级变速的基本机构，常用的有三种。

（1）滑移齿轮变速机构，如图 4.5（a）所示，轴 I 上装有三个固定齿轮（齿数分别为 z_1、z_2、z_3），三联滑移齿轮块（齿数分别为 z_1'、z_2'、z_3'）制成一体，并以花键与轴 II 相连，当它分别处于左、中、右三个不同的啮合工作位置时，使传动比不同的三个齿轮（传动比分别为 z_1/z_1'、z_2/z_2'、z_3/z_3'）依次啮合工作。此时，如果轴 I 只有一种转速，则轴 II 可得三种不同的转速。除此之外，机床上常用的还有双联、多联滑移齿轮变速机构。滑移齿轮变速机构结构紧凑，传动效率高，变速方便，能传递很大的动力，但不能在运转过程中变速，多用于机床的主运动。

（2）离合器变速机构，如图4.5（b）所示，轴Ⅰ上装有两个固定齿轮（齿数分别为z_1和z_2），它们分别与空套在轴Ⅱ上的两个齿轮（齿数分别为z_1'和z_2'）相啮合。端面齿离合器M通过花键与轴Ⅱ相连。当离合器M向左或向右移动时，可分别与齿数为z_1'的齿轮和齿数为z_2'的齿轮的端面齿相啮合，从而将轴Ⅰ的运动由z_1/z_1'或z_2/z_2'的不同传动比传给轴Ⅱ。由于传动比z_1/z_1'和z_2/z_2'不同，轴Ⅰ的转速不变时，轴Ⅱ可得到两种不同转速。离合器变速机构变速方便，变速时齿轮不需移动，故常用于斜齿圆柱齿轮传动，可使传动平稳。另外，若将端面齿离合器换成摩擦片式离合器，则可使变速机构在运转过程中变速。但这种变速使各对齿轮经常处于啮合状态，磨损较大，传动效率低。端面齿离合器主要用于重型机床以及采用斜齿圆柱齿轮传动的变速机构，摩擦片式离合器常用于自动机床、半自动机床。

（3）交换齿轮变速机构。交换齿轮变速机构有一对交换齿轮［见图4.5（c）］和两对交换齿轮［见图4.5（d）］两种形式。一对交换齿轮的变速机构比较简单，只要在固定中心距的轴Ⅰ和轴Ⅱ上装上传动比不同，但齿数相同的齿轮副A和B，则可由轴Ⅰ的一种转速，在轴Ⅱ上得到不同的转速。两对交换齿轮的变速机构需要有一个可以绕轴Ⅱ摆动的交换齿轮架，中间轴在交换齿轮架上可做径向调整移动，并用螺栓紧固在径向任何位置上。交换齿轮A用键与主动轴Ⅰ相连，交换齿轮D用键与从动轴Ⅱ相连，而交换齿轮B、C通过一个套筒空套在中间轴上。当调整中间轴的径向位置使交换齿轮C、D正确啮合之后，可摆动交换齿轮架使B轮与A轮也处于正确的啮合位置。因此，改用不同齿数的交换齿轮，就能实现变速。交换齿轮变速机构可使变速机构更简单、紧凑，但变速调整费时。一对交换齿轮的变速机构刚性好，多用于主运动；两对交换齿轮的变速机构由于装在交换齿轮架上的中间轴上，刚性较差，一般只用于进给运动以及要求保持准确运动关系的齿轮加工机床、自动和半自动车床的传动。

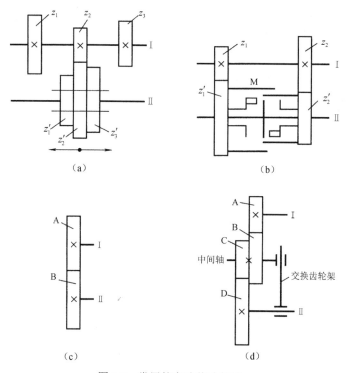

图4.5　常用的变速传动装置

3）变向机构

变向机构用来改变机床执行件的运动方向。

（1）滑移齿轮变向机构如图 4.6（a）所示，轴 I 上装有一齿数相同的（$z_1 = z_1'$）双联齿轮，轴 II 上装有一个花键联接的单联滑移齿轮 z_2，中间轴上装有一个空套齿轮 z_0。当滑移齿轮 z_2 处于图示位置时，轴 I 的运动经 z_0 传给齿轮 z_2，使轴 II 的转动方向与轴 I 相同；当滑移齿轮 z_2 向左移动与轴 I 上的 z_1' 齿轮啮合时，轴 I 的运动经 z_2 传给轴 II，使轴 II 的转动方向与轴 I 相反。这种变向机构刚性好，多用于主运动。

（2）锥齿轮和端面齿离合器组成的变向机构如图 4.6（b）所示，主动轴 I 上的固定锥齿轮 z_1 直接传动空套在轴 II 上的两个锥齿轮 z_2 和 z_3 朝相反的方向旋转，如将花键联接的离合器 M 依次与锥齿轮 z_2、z_3 的端面齿相啮合，则轴 II 可得到两个不同方向的运动。这种变向机构的刚性比圆柱齿轮变向机构差，多用于进给运动或其他辅助运动。

变速传动机构与变向机构也称为换置机构。

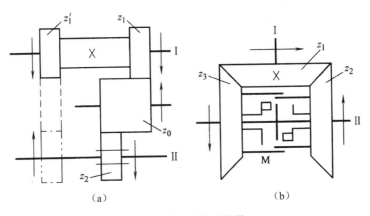

图 4.6　常用的变向机构

6．机床传动链

机床在进行加工时，为了获得所需要的运动，需要由一系列的运动元件使动力源和执行件，或两个执行件之间保持一定的传动联系。执行件与动力源或两个有关的执行件之间保持确定传动联系的一系列按一定规律排列的传动元件就构成了传动链。一条传动链由该链的两端件及两端件之间的一系列传动机构构成。例如，车床主运动传动链将主电动机的运动和动力，经过带轮及一系列齿轮变速机构传至主轴，而使主轴得到主运动。该传动链的两端件为主电动机和主轴。传动链中的传动机构可采用前面所讲述的各种定比传动机构、变速机构和变向机构。

根据传动联系的性质不同，传动链可分为内联系传动链和外联系传动链。内联系传动链用来连接有严格运动关系的两个执行件，以获得准确的加工表面形状和较高的加工精度。外联系传动链只是把运动和动力传递到执行件上去，其传动比只影响加工速度或工件表面粗糙度，而不影响工件表面的成形，所以不要求有严格的传动比。

4.1.4　机床的组成与性能

1．机床的基本组成

由于机床要完成各种工件的切削任务，因而机床的品种和规格繁多，功能和结构各异，但各类机床通常由下列基本部分组成。

（1）动力源。动力源是为机床提供动力（功率）和运动的驱动部分，如各种电动机和液压传动系统的液压缸、液压马达等。

（2）运动执行机构。运动执行机构是执行机床所需运动的部件，包括：①与最终实现切削加工的主运动和进给运动有关的执行部件，如主轴及主轴箱、工作台及其溜板箱或滑座、刀架及其溜板和滑枕等；②与工件装夹和刀具安装及调整有关的部件和装置，如自动上下料装置、自动换刀装置和砂轮修整器等；③与上述部件或装置有关的分度机构、转位机构、定位机构和操作机构。

（3）传动系统。实现一台机床加工过程中全部成形运动和辅助运动的所有传动链，就组成了一台机床的传动系统。机床上有多少个运动，就有多少条传动链。根据每一执行件所完成运动的作用不同，各传动链相应被称为主运动传动链和进给运动传动链等。形成传动链的部件主要有主轴箱、变速箱、进给箱、溜板箱、交换齿轮箱等。组成传动链的传动机构主要有四类：定比传动机构、变速机构、运动形式转换机构和变向机构等。

① 定比传动机构。组成定比传动机构的定比传动副主要有齿轮副、带轮副、齿轮齿条副、蜗杆副和丝杠副等。这些传动副的共同特点是传动比不变。

② 变速机构。变速是机床传动系统的主要功能。在数控机床上以采用调速电动机变速为主，通用机床则多采用机械的变速机构来实现分级变速。常用的机械分级变速机构有滑移齿轮变速组、离合器变速组和交换齿轮变速组等。

③ 运动形式转换机构。运动形式转换机构能够改变传动链中传动件的运动形式，即将回转运动转变成直线运动，或将直线运动转变成回转运动。组成运动形式转换机构的常用传动副有齿轮齿条副和丝杠副。

④ 变向机构。变向机构是用来改变机床执行件运动方向的机构。常用的机械式变向机构有两种：滑移齿轮变向机构和端面齿离合器变向机构。

（4）支承系统。支承系统是机床的基础构件，用于安装和支承其他固定或运动的部件，如床身、底座和立柱等，承受其重力和切削力。

（5）控制系统。控制系统用于控制各工作部件的正常工作，主要指电气控制系统，有些机床局部采用液压或气动控制系统，数控机床中则指数控系统。

（6）冷却系统和润滑系统。冷却系统用于对工件、刀具及机床的某些发热部件进行冷却；润滑系统用于对机床的运动副（如轴承和导轨等）进行润滑，以减少摩擦、磨损和发热。

2．机床的技术性能

了解机床的技术性能对于合理选择和使用机床是很重要的，一般机床的技术性能包括下列内容：

（1）机床的工艺范围。机床的工艺范围是指在机床上能够加工的工序种类、被加工工件的类型和尺寸、使用刀具的种类及材料等。根据工艺范围的大小，机床可分为通用机床、专门化机床和专用机床。

（2）机床的技术参数。机床的技术参数主要包括尺寸参数、运动参数和动力参数。在机床使用说明书中给出了该机床的主要技术参数（也称技术规格），据此可进行机床的合理选用。

① 尺寸参数。尺寸参数是具体反映机床的加工范围和工作能力的参数，包括主参数、第二主参数和与加工零件有关的其他参数。

② 运动参数。运动参数指机床执行件的运动速度和变速级数等，如机床主轴的最高、最低转速及变速级数等。

③ 动力参数。动力参数指机床电动机的功率，有些机床还给出主轴允许承受的最大转矩和工作台允许承受的最大载荷等。

（3）加工精度和表面粗糙度。工件的精度和表面粗糙度是由机床、刀具、切削条件和操作者的技术水平等因素决定的。机床的加工精度和表面粗糙度是指在正常工艺条件下所能达到的经济精度，主要由机床本身的精度保证。机床本身的精度包括几何精度、传动精度和动态精度。

① 几何精度。几何精度指机床在低速空载时部件间的位置精度和部件的运动精度，如机床主轴的径向圆跳动和轴向圆跳动、工作台面的平面度等。

② 传动精度。传动精度指机床执行件和传动元件运动的均匀性和协调性。例如，普通机床的车螺纹传动链所存在的传动误差将直接影响加工螺纹的精度。

③ 动态精度。动态精度指机床工作时在切削力、夹紧力、振动和温升的作用下部件间位置精度和部件的运动精度。影响动态精度的主要因素有机床的刚度、抗振性和热变形等。

④ 生产率和自动化程度。机床的生产率是指机床单位时间内所加工的工件数量。机床的自动化程度影响机床的生产率，自动化程度高的机床还可以减少工人的技术水平对加工质量的影响，从而有利于产品质量的稳定。

⑤ 人机关系。人机关系主要指机床应操作方便、省力、安全可靠，易于维护和修理等，还应具有美观的外表（艺术造型和色彩），在工作时不产生或少产生噪声。

⑥ 成本。选用机床时应根据加工零件的类型、形状、尺寸、技术要求和生产批量等，选择技术性能与零件加工要求相适应的机床，以充分发挥机床的性能，取得较好的经济效果。

4.2　常见的金属切削机床

4.2.1　车床

在一般机器制造厂中，车床台数占金属切削机床总台数的 20%～35%，主要用于加工内外圆柱面、圆锥面、端面、成形回转表面及内外螺纹面等。

车床的运动特征是：主运动为主轴的回转运动，进给运动通常由刀具来完成。车床加工所使用的刀具主要是车刀，还可用钻头、扩孔钻、铰刀等孔加工刀具。车床的种类很多，按用途和结构的不同，有卧式车床、立式车床、转塔车床、自动和半自动车床以及各种专门化车床等。其中卧式车床是应用最广泛的一种。卧式车床的经济加工精度一般可达 IT8，精车的表面粗糙度 Ra 为 1.25～2.5μm。

1．CA6140 型卧式车床

CA6140 型卧式车床，其结构具有典型的卧式车床布局，它的通用性程度较高，加工范围较广，适合于中、小型各种轴类和盘套类零件的加工；能车削内外圆柱面、圆锥面、各种环槽、成形面及端面；能车削常用的米制、英制、模数及径节四种标准螺纹，也可以车削加大螺距螺纹、非标准螺距螺纹及较精密的螺纹；还可以进行钻孔、扩孔、铰孔、滚花和压光等工作。卧式车床的加工工艺范围如图 4.7 所示。

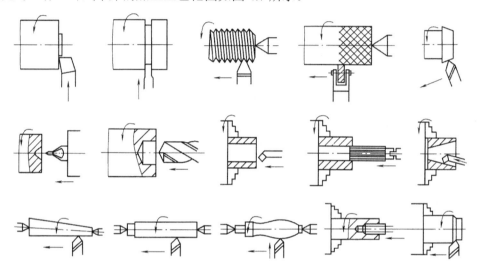

图 4.7　卧式车床的加工工艺范围

CA6140 型卧式车床外形如图 4.8 所示。

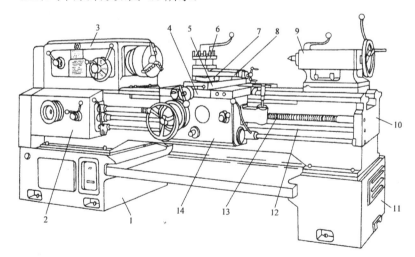

1、11—床腿；2—进给箱；3—主轴箱；4—床鞍；5—中滑板；6—刀架；7—回转盘；8—小滑板；
9—尾座；10—床身；12—光杠；13—丝杠；14—溜板箱

图 4.8　CA6140 型卧式车床外形

2．立式车床

立式车床适于加工直径大而高度小于直径的大型工件，按其结构形式可分为单柱式和双柱式两种。立式车床的主参数用最大车削直径的 1/100 表示。例如，C5112A 型单柱立式车床的最大车削直径为 1200mm。

由于立式车床的工作台处于水平位置，因此对笨重工件的装卸和找正都比较方便，工件和工作台的质量比较均匀地分布在导轨面和推力轴承上，有利于保持机床的工作精度和提高生产率。

3．转塔车床

与卧式车床相比，转塔车床在结构上明显的特点是没有尾座和丝杠，尾座由转塔刀架代替。

在转塔车床上，根据工件的加工工艺情况，预先将所用的全部刀具安装在机床上，并调整好；每组刀具的行程终点位置由可调整的挡块控制。加工时用这些刀具轮流进行切削。机床调整好后，加工每个工件时不必反复地装卸刀具及测量工件尺寸。因此，在成批加工复杂工件时，转塔车床的生产率比卧式车床高。

4.2.2 铣床

铣床是用铣刀进行铣削加工的机床。通常铣削的主运动是铣刀的旋转，工件或铣刀的移动为进给运动，这有利于采用高速切削，其生产率比刨床高。铣床的工艺范围较广，可加工各种平面、台阶、沟槽、螺旋面等。

铣床的主要类型有升降台铣床、床身式铣床、龙门铣床、工具铣床、仿形铣床以及近年来发展起来的数控铣床等。

1．升降台铣床

升降台铣床按主轴在铣床上布置方式的不同，分为卧式和立式两种类型。

卧式升降台铣床又称卧铣，是一种主轴水平布置的升降台铣床，如图 4.9 所示。在卧式升降台铣床上还可安装由主轴驱动的立铣头附件。图 4.10 所示为万能升降台铣床。它与卧式升降台铣床的区别在于它在工作台与床鞍之间增装了一层转盘，转盘相对于床鞍可在水平面内扳转一定的角度（−45°～+45°），以便加工螺旋槽等表面。立式升降台铣床又称立铣，是一种主轴垂直布置的升降台铣床，如图 4.11 所示。

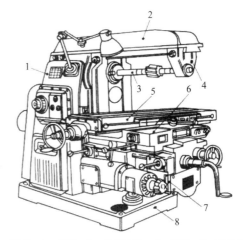

1—床身；2—悬臂；3—铣刀心轴；4—挂架；5—工作台；
6—床鞍；7—升降台；8—底座

图 4.9 卧式升降台铣床

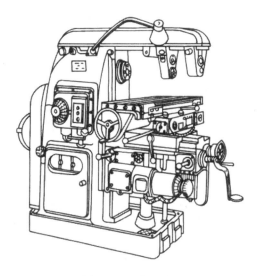

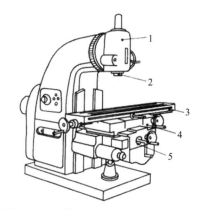

1—立铣头；2—主轴；3—工作台；4—床鞍；5—升降台

图 4.10　万能升降台铣床　　　　　　　图 4.11　立式升降台铣床

2．床身式铣床

　　床身式铣床的工作台不做升降运动，也就是说它是一种工作台不升降的铣床。机床的垂直运动由安装在立柱上的主轴箱来实现，这样可以提高机床的刚度，便于采用较大的切削用量。此类机床常用于加工中等尺寸的零件。床身式铣床的工作台有圆形和矩形两类。图 4.12 所示为双轴圆形工作台铣床，它属于床身式铣床，主要用于粗铣和半精铣顶平面。这种机床的生产效率较高，但需专用夹具装夹工件。它适用于成批或大量生产中铣削中、小型工件的顶平面。

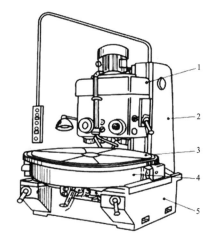

1—主轴；2—立柱；3—圆形工作台；4—滑座；5—底座

图 4.12　双轴圆形工作台铣床

3．龙门铣床

　　龙门铣床主要用来加工大型工件上的平面和沟槽，是一种大型高效通用铣床。机床主体结构呈龙门式框架，如图4.13所示。龙门铣床刚度高，可多刀同时加工多个工件或多个表面，生产效率高，适用于成批大量生产。

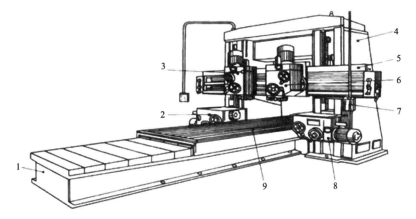

1—床身；2、8—卧铣头；3、6—立铣头；4—立柱；5—横梁；7—控制器；9—工作台

图4.13　龙门铣床

4.2.3　磨床

磨床是用磨料磨具（如砂轮、砂带、磨石、研磨料）为工具进行切削加工的机床。它们是为了满足精加工和硬表面加工的需要而发展起来的，目前也有少数应用于粗加工的高效磨床。

为了适应磨削各种加工表面、工件形状及生产批量的要求，磨床的种类很多，主要有外圆磨床、内圆磨床、平面磨床、工具磨床、刀具刃磨磨床、各种专门化磨床（如曲轴磨床、凸轮轴磨床、花键轴磨床、活塞环磨床、齿轮磨床、螺纹磨床等）、研磨床和其他磨床（如珩磨机、抛光机、超精加工机床、砂轮机等）。

1．M1432A 型万能外圆磨床

M1432A 型万能外圆磨床主要用于磨削内外圆柱表面、内外圆锥表面、阶梯轴轴肩和端面、简单的成形回转体表面等。它属于工作台移动式普通精度级磨床，其工作精度为：

（1）不用中心架，工件支承在头架、尾座顶尖上，工件尺寸为：直径 60mm、长度 500mm。精磨后的精度和表面粗糙度为：

圆度公差：0.003mm。

圆柱度公差：0.005mm。

表面粗糙度 Ra：0.4μm。

（2）不用中心架，工件装夹在卡盘上，工件尺寸为：直径 50mm、悬伸长度 150mm。精磨后的精度和表面粗糙度为：

圆度公差：0.005mm。

表面粗糙度 Ra：0.4μm。

（3）不用中心架，工件装夹在卡盘上，工件孔径 60mm、长度 125mm。精磨内孔的精度和表面粗糙度为：

圆度公差：0.005mm。

表面粗糙度 Ra：0.8μm。

由于 M1432A 型万能外圆磨床的自动化程度较低，磨削效率不高，所以该机床适用于工具车间、机修车间和单件小批生产车间。M1432A 型万能外圆磨床的外形如图 4.14 所示，它由下列主要部件组成。

（1）床身。床身 1 是磨床的基础支承件。床身前部的导轨上安装有工作台 8，工作台台面上装有工件头架 2 和尾座 5。床身后部的横向导轨上装有砂轮架 4。

（2）工件头架。工件头架 2 是装有工件主轴并驱动工件旋转的箱体部件，由头架电动机驱动，经变速机构使工件产生不同速度的旋转运动，以实现工件的圆周进给运动。头架体座可绕其垂直轴线在水平面内回转，按加工需要可在逆时针方向 90° 范围内做任意角度的调整，以磨削锥度大的短锥体零件。

（3）工作台。工作台 8 通过液压传动做纵向直线往复运动，使工件纵向进给。工作台分上、下两层，上工作台可相对于下工作台在水平面内沿顺时针方向最大偏转 3″，最大磨削长度为 750mm 的磨床沿逆时针方向最大偏转 8″，最大磨削长度为 1000mm 的磨床沿逆时针方向最大偏转 7″，最大磨削长度为 1500mm 的磨床沿逆时针方向最大偏转 6″，以便磨削锥度小的长锥体零件。

（4）砂轮架。砂轮架 4 由主轴部件和传动装置组成，安装在床身后部的横导轨上，可沿横导轨做快速横向移动。砂轮的旋转运动是磨削外圆的主运动。砂轮架可绕垂直轴线转动 -30°～+30°，以便磨削锥度大的短锥体零件。

（5）内圆磨具。内圆磨具 3 用于磨削内孔，其上的内圆磨砂轮由单独的电动机驱动，以极高的转速做旋转运动。磨削内孔时，将内圆磨具翻下对准工件，即可进行内圆磨削工作。

（6）尾座。尾座 5 的顶尖与工件头架 2 的前顶尖一起支撑工件。

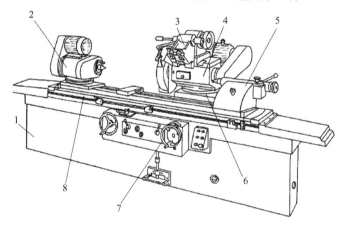

1—床身；2—头架；3—内圆磨具；4—砂轮架；5—尾座；6—滑鞍；7—手轮；8—工作台

图 4.14　M1432A 型万能外圆磨床外形图

2．普通外圆磨床

普通外圆磨床的结构与万能外圆磨床基本相同，所不同的是：①头架和砂轮架不能绕轴心在水平面内调整角度位置；②头架主轴直接固定在箱体上，不能转动，工件只能用顶尖支承进行磨削；③不配置内圆磨具。

因此，普通外圆磨床的工艺范围较窄，但由于减少了主要部件的结构层次，头架主轴又固定不转，故磨床及头架主轴部件的刚度高，工件的旋转精度好。这种磨床适用于在中批及大批生产中磨削外圆柱面、锥度不大的外圆锥面及阶梯轴轴肩等。

3．无心磨床

无心磨床通常指无心外圆磨床。无心磨削示意图如图 4.15 所示。

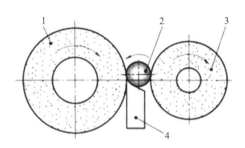

1—磨削砂轮；2—工件；3—导轮；4—托板

图 4.15　无心磨削示意图

无心磨削的特点是：工件 2 不用顶尖支承或卡盘夹持，置于磨削砂轮 1 和导轮 3 之间并用托板 4 支承定位，工件中心略高于两轮中心的连线，并在摩擦力作用下由导轮带动旋转。导轮为刚玉砂轮，它以树脂或橡胶为结合剂，与工件间摩擦系数较大，线速度为 10～50m/min，工件的线速度基本上等于导轮的线速度。磨削砂轮采用一般的外圆磨砂轮，通常不变速，线速度很高，一般为 35m/s 左右，所以在磨削砂轮与工件之间有很大的相对速度，就是磨削工件的切削速度。

4．内圆磨床

内圆磨床有普通内圆磨床、无心内圆磨床和行星内圆磨床等多种，用于磨削圆柱孔和圆锥孔。内圆磨床按自动化程度分为普通、半自动和全自动三类。普通内圆磨床比较常用。普通内圆磨床的主参数以最大磨削孔径的 1/10 表示。

内圆磨削一般采用纵磨法。头架安装在工作台上，可随同工作台沿床身导轨做纵向往复运动，还可在水平面内调整角度位置以磨削圆锥孔。工件装夹在头架上，由主轴带动做圆周进给运动。内圆磨砂轮由砂轮架主轴带动做旋转运动，砂轮架可由手动或液压传动沿床鞍做横向进给运动，工作台每往复一次，砂轮架横向进给一次。

5．平面磨床

平面磨床用于磨削各种零件的平面。根据砂轮的工作面不同，平面磨床可分为用砂轮轮缘（圆周）进行磨削和用砂轮端面进行磨削两类。用砂轮轮缘磨削的平面磨床，砂轮主轴常处于水平位置（卧式）；而用砂轮端面磨削的平面磨床，砂轮主轴常为立式。根据工作台的形状不同，平面磨床又可分为矩形工作台平面磨床和圆形工作台平面磨床两类。所以，根据砂轮工作面和工作台形状的不同，平面磨床主要有四种类型：卧轴矩台平面磨床、卧轴圆台平面磨床、立轴矩台平面磨床和立轴圆台平面磨床。

4.2.4 钻床

钻床是孔加工的主要机床。在钻床上主要用钻头进行钻孔。在车床上钻孔时，工件旋转，刀具做进给运动。而在钻床上钻孔时，工件不动，刀具做旋转主运动，同时沿轴向做进给运动。故钻床适用于加工外形较复杂，没有对称回转轴线的工件上的孔，尤其是多孔加工，例如加工箱体、机架等零件上的孔。除钻孔外，在钻床上还可完成扩孔、铰孔、锪平面及攻螺纹等工作，其加工方法如图 4.16 所示。

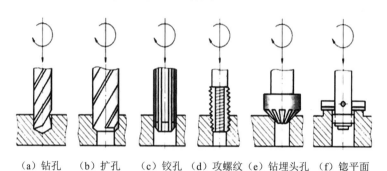

（a）钻孔　（b）扩孔　（c）铰孔　（d）攻螺纹　（e）钻埋头孔　（f）锪平面

图 4.16　钻床的加工方法

钻床的主参数是最大钻孔直径。根据用途和结构的不同，钻床可分为立式钻床、台式钻床、摇臂钻床、深孔钻床及中心孔钻床等。

1. 立式钻床

图 4.17 所示为立式钻床。加工时工件直接或通过夹具安装在工作台上，主轴的旋转运动由电动机经变速箱传递。加工时主轴既做旋转的主运动，又做轴向的进给运动。工作台和进给箱可沿立柱上的导轨上下移动，以适应对不同高度的工件进行钻削加工，常用在单件小批生产中，用于加工中小型工件。

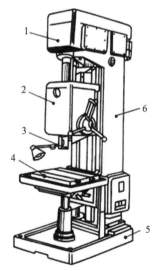

1—变速箱；2—进给箱；3—主轴；4—工作台；5—底座；6—立柱

图 4.17　立式钻床

2. 摇臂钻床

摇臂钻床是一种摇臂可绕立柱回转和升降，主轴箱又可在摇臂上做水平移动的钻床。图 4.18 所示为摇臂钻床。主轴很容易地被调整到所需的加工位置上，这就为在单件小批生产中，加工大而重的工件上的孔带来了很大的方便。

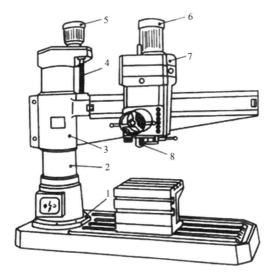

1—底座；2—立柱；3—摇臂；4—丝杠；5、6—电动机；7—主轴箱；8—主轴

图 4.18　摇臂钻床

3. 其他钻床

深孔钻床上装有特制的深孔钻头，是专门加工深孔的钻床，如加工炮筒、枪管和机床主轴中的深孔。为避免机床过高和便于排除切屑，深孔钻床一般采用卧式布局。为保证获得好的冷却效果，在深孔钻床上配有周期退刀排屑装置及切削液输送装置，使切削液由刀具内部输送至切削部位。

台式钻床是一种主轴垂直布置的小型钻床，钻孔直径一般在 15mm 以下。由于加工孔径较小，台式钻床主轴的转速可以很高。台式钻床小巧灵活，使用方便，但一般自动化程度较低，适用于在单件小批生产中加工小型零件上的各种孔。

4.2.5　数控机床

数控机床是数字控制 （Computer Numerical Control，CNC）机床的简称，是一种装有程序控制系统的自动化机床。该控制系统能够逻辑地处理具有控制编码或其他符号指令的程序，并将其译码，用代码化的数字表示，通过信息载体输入数控装置，经运算处理，由数控装置发出各种控制信号，控制机床的动作，按图样要求的形状和尺寸，自动地将零件加工出来。数控机床较好地解决了复杂、精密、小批、多品种的零件加工问题，是一种柔性的、高效的自动化机床，代表了现代机床的发展方向。与普通机床相比，它具有以下特点：

（1）柔性高。在数控机床上加工零件，主要取决于加工程序。数控机床与普通机床不同，不必制造或更换诸多夹具，不需要经常重新调整机床。因此，数控机床适用于所加工的零件频繁更换的场合，也即适合单件小批产品的生产及新产品的开发，可缩短生产准备周期，从而节省大量工艺装备费用。

（2）加工精度高。数控机床是按数字信号形式控制的，数控装置每输出一个脉冲信号，则机床移动部件移动一脉冲当量（一般为 0.001mm），而且机床进给传动链的反向间隙与丝杠螺距平均误差可由数控装置进行补偿，因此数控机床的定位精度比较高。

（3）加工质量一致性好。在同一机床上加工同一批零件，在相同的加工条件下，使用相同的刀具和加工程序，刀具的走刀轨迹完全相同，零件的一致性好，质量稳定。

（4）生产率高。数控机床可有效地减少零件的加工时间和辅助时间，数控机床的主轴转速和进给量的范围大，允许机床进行大切削量的强力切削。另外，数控机床配上刀库后可实现在一台机床上进行多道工序的连续加工，减少了半成品的工序间周转时间，提高了生产率。

（5）改善劳动条件。数控机床在加工前，经调整好后，输入程序并启动，机床就能自动连续地进行加工，直至加工结束。操作者要做的只是程序的输入、编辑和零件装卸、刀具准备、加工状态的观测、零件的检验等工作，劳动强度大大降低。

用数控车床加工工件的方法：将编好的加工程序输入数控系统中，由数控系统通过控制车床 X、Z 坐标轴的伺服电动机去控制车床运动部件的动作顺序、移动量和进给速度，再配以对主轴的转速和转向的调整，便能加工出各种不同形状的轴类和盘类回转体零件。图 4.19 所示是数控车床 CK6136BX。

图 4.19　数控车床 CK6136BX

数控车床由数控系统和机床本体组成，数控系统由控制电源、伺服控制器、主机、主轴编码器、图像管显示器等组成。机床由床身、电动机、主轴箱、电动回转刀架、进给传动系统、冷却系统、润滑系统、安全保护系统等组成。按照结构，可将数控车床分为立式数控车床和卧式数控车床。立式数控车床主要用于回转直径较大的盘类零件的车削加工；卧式数控车床主要用于轴向尺寸较大或较小的盘类零件的加工。相对于立式数控车床来说，卧式数控车床的结构形式较多、加工功能丰富、应用较广泛，按其功能又分为经济型数控车床、普通型数控车床和车削加工中心。

从结构和性能上看，数控车床具有以下特点：

（1）采用了全封闭或半封闭式防护装置。数控车床采用封闭式防护装置，可防止切屑或切削液飞出，给操作者带来意外伤害。

（2）采用自动排屑装置。数控车床大都采用斜床身结构布局，便于采用自动排屑机，排屑方便。

（3）主轴转速高，工件装夹安全可靠。数控车床大都采用了液压夹盘，夹紧力调整方便可靠，也降低了操作工人的劳动强度。

（4）可自动换刀。数控车床采用了自动回转刀架，在加工过程中可自动换刀，连续完成多道工序的加工。

（5）主、进给传动分离。数控车床的主运动与进给运动分别由独立的伺服电动机驱动，使传动链变得简单、可靠，同时，各电动机既可单独运动，也可多轴联动。

4.2.6 加工中心

加工中心是从数控铣床发展而来的。加工中心是带有刀库，可在一次装夹中通过换刀装置改变主轴上的加工刀具，能够在一定范围内对工件进行多工序加工的数控机床，如图4.20 所示。加工中心的综合加工能力较强（主要体现在它把铣削、镗削、钻削等功能集中在一台设备上），工件在一次装夹后，按照不同的工序自动选择和更换刀具，自动改变机床主轴转速、进给量和刀具相对工件的运动轨迹及其他辅助功能，完成较多的加工内容，加工效率和加工精度均较高。就中等加工难度的批量工件而言，加工中心的效率是普通设备的 5～10 倍。它能完成许多普通设备不能完成的加工，对形状较复杂、精度要求高的单件加工或中、小批多品种生产更为适用。

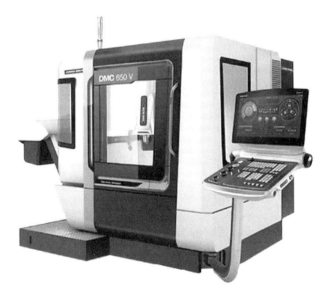

图 4.20 典型的加工中心

　　加工中心是目前世界上产量最高、应用最广泛的数控机床之一。它的广泛应用能大大节约数控机床的数量。加工中心主要由主机部分和数控部分构成。主机部分主要是机械部分，包括床身、主轴箱、工作台、底座、立柱、横梁、进给机构、刀库、换刀机构和辅助系统（润滑系统和冷却系统）等。数控部分包括硬件部分和软件部分。硬件部分包括计算机数字控制装置、可编程逻辑控制器（PLC）、输入输出设备、主轴驱动装置、显示装置。软件部分包括系统程序和控制程序。

　　通常可按照主轴与工作台的相对位置将加工中心分为卧式加工中心、立式加工中心、复合加工中心和万能加工中心。卧式加工中心是指主轴轴线与工作台平行设置的加工中心，主要适用于加工箱体类零件。卧式加工中心一般具有分度转台或数控转台，可加工工件的各个侧面；也可做多个坐标的联合运动，以便加工复杂的空间曲面。立式加工中心是指主轴轴线与工作台垂直设置的加工中心，主要适用于加工板类、盘类、模具及小型壳体类复杂零件。立式加工中心一般不带转台，仅做顶面加工。复合加工中心是指主轴能调整成立轴或卧轴，以形成立卧可调式加工中心，它能对工件进行五个面的加工。为了满足叶片等较为复杂空间曲面的需求，便产生了机床主轴可绕 X、Y、Z 坐标轴中的一个或两个轴做数控摆角运动的四坐标数控机床和五坐标数控机床，形成万能加工中心。具体来讲，万能加工中心是指通过主轴轴线与工作台回转轴线的角度可控制联动变化，完成复杂空间曲面加工的加工中心，又称多轴联动型加工中心，适用于具有复杂空间曲面的叶轮转子、模具、刀具等工件的加工。

　　此外，也可按照立柱的数量将加工中心分为单柱式加工中心和双柱式加工中心；也可按照工作台的数量和功能将加工中心分为单工作台加工中心、双工作台加工中心和多工作台加工中心；还可按照加工精度将加工中心分为普通加工中心和高精度加工中心。

　　加工中心适宜于加工形状复杂、工序多、精度要求较高、需要多种类型的普通机床和众多刀具、夹具，且经多次装夹和调整才能完成加工的零件。其加工的主要对象有箱体类零件，盘类零件，套类零件，板类零件，外形不规则零件，复杂曲面，刻线、刻字、刻图案以及其他特殊加工。与其他机床相比，加工中心具有如下特点：

　　（1）零件加工的适应性强、灵活性好，能加工轮廓形状特别复杂或难以控制尺寸的零件，如模具类零件、壳体类零件等。

　　（2）加工质量稳定可靠，加工精度高，重复精度高。

　　（3）能加工其他机床无法加工或很难加工的零件，如用数学模型描述的复杂曲线零件以及三维空间曲面类零件。

　　（4）能加工一次装夹定位后，需进行多道工序加工的零件。

　　（5）多品种、小批生产情况下生产效率较高，能减少生产准备、机床调整和工序检验的时间，而且由于使用最佳切削量而减少了切削时间。

　　（6）生产自动化程度高，可以减轻操作者的劳动强度，有利于生产管理自动化。

4.3 复合数控机床及其他机床

随着现代制造业的发展，仅靠提高加工速度已无法满足更高的加工效率要求，因此减少零件加工的辅助时间成为增效的另一条途径。以传统加工中心"集中工序、一次装夹实现多工序复合加工"的理念为指导发展起来一类新的数控机床，即复合数控机床或复合加工中心。它能够在一台主机上完成或尽可能完成从毛坯至成品的多种要素加工。

4.3.1 复合数控机床

复合数控机床是当前世界机床发展的潮流。当工件在复合数控机床上装夹后，通过对加工所需工具（切削刀具或模具）的自动更换，便能自动地按照数控程序依次进行同一工艺方法中的多个工序或不同工艺方法中的多个工序的加工，从而减少非加工时间，缩短加工周期，节约作业面积，达到提高加工精度和加工效率的目的。

复合数控机床的定义及其具有的功能是随着时代的变化而变化的。过去的复合加工机床主要是指工序复合型加工中心，但因工具交换和加工的品种受到限制，无法走出切削加工领域。现在的复合数控机床主要是指工艺复合型数控机床。这里从工艺的角度将复合数控机床分为四大类。

1．以车削为主的复合数控机床

以车削为主的复合数控机床主要指的是车铣复合加工中心，也有车磨复合加工中心等类型。车铣复合加工中心是以车床为基础的加工机床，除车削用工具外，在刀架上还装有能铣削加工的回转刀具，可以在圆形工件和棒状工件上加工沟槽和平面。这类复合数控机床常把夹持工件的主轴做成两个，既可同时对两个工件进行相同的加工，也可通过在两个主轴上交替夹持，完成对夹持部位的加工。图 4.21 所示是以车削为主的复合数控机床。

2．以铣削为主的复合数控机床

以铣削为主的复合数控机床主要指的是铣车加工中心，也有的指铣磨复合加工中心等。它还装有一个能进行车削的动力回转工作台。针对五轴复合加工机床，除 X、Y、Z 三个直线轴外，为适应使用刀具姿态的变化，可以使各进给轴回转到特定的角度位置并进行定位，模拟复杂形状工件进行加工。图 4.22 所示为以铣削为主的复合数控机床。

3．以磨削为主的复合数控机床

在一台以磨削为主的复合数控机床（磨削复合加工中心）上能完成内圆、外圆、端面磨削的复合加工。另外，珩磨机也属于此类，它适用于圆柱形深孔（包括带有台阶的圆柱孔等）工件的珩磨和抛光加工。

4．增、减材复合数控机床

增、减材复合数控机床也称为混合机床，主要指的是将数控加工机床（减材）和 3D 打印（增材）二者结合在一起。该复合数控机床能灵活地切换各类数控加工（如铣削加工）和激光加工，能大大降低工艺复杂性。

图 4.21　以车削为主的复合数控机床

图 4.22　以铣削为主的复合数控机床

4.3.2　其他机床

1. 镗床

镗削是用镗刀对工件上已有（钻出、铸出或锻出）的孔进行加工的方法。镗削主要在镗床上进行，镗削是最基本的孔的精加工方法之一。镗床是主要用镗刀在工件上加工已有预制孔的机床。此外，镗床还可进行钻孔和车削等工作。

卧式镗床因其工艺范围非常广和加工精度高而得到普遍应用。卧式镗床除镗孔外，还可车端面、铣端面、车外圆和车螺纹等。零件可在一次装夹中完成大量的加工内容，而且其加工精度比钻床和一般的车床、铣床高，因此特别适合加工大型复杂的箱体类零件上精度要求较高的孔及端面。

图 4.23 所示为卧式镗床。主轴箱可沿前立柱上的导轨上下移动，镗刀安装在主轴上或平旋盘的径向刀架上，随主轴做旋转主运动及轴向进给运动。工件装夹在工作台上，随工作台实现纵向和横向进给运动，并能旋转一定的角度。

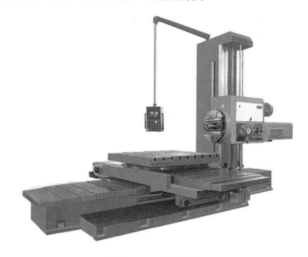

图 4.23　卧式镗床

2．齿轮加工机床

按形成齿轮齿形的原理不同，齿轮的切削加工方法可分为两大类：成形法和展成法。用成形法加工齿轮时，刀具的齿形与被加工齿轮的齿槽形状相同。通常用盘状模数铣刀或指状模数铣刀在铣床上借助分度装置铣齿轮。用展成法加工齿轮时，齿轮表面的渐开线由展成法形成，展成法具有较高的生产率和加工精度。齿轮加工机床绝大多数采用展成法加工齿轮。圆柱齿轮的加工方法主要有滚齿和插齿等。锥齿轮的加工方法主要有刨齿和铣齿等。精加工齿轮齿面的方法有磨齿、剃齿、珩齿和研齿等。

1）插齿

插齿机一般用来加工内、外啮合的圆柱齿轮，尤其适合于加工内齿轮和多联齿轮。装上附件，插齿机还能加工齿条，但插齿机不能加工蜗轮。

（1）插齿原理及所需的运动。

用插齿刀插削直齿圆柱齿轮的运动，从原理上讲，插齿机是按展成法加工圆柱齿轮的，插齿加工过程相当于一对直齿圆柱齿轮啮合。插齿刀实质是一个端面磨有前角，齿顶及齿侧均磨有后角的齿轮。插齿时，刀具沿工件轴线方向做高速往复直线运动，形成切削加工主运动；同时，与工件做无间隙啮合运动，加工出全部轮齿齿廓。加工过程中，刀具每往复一次，仅切出工件齿槽很小的部分，工件齿槽齿面曲线是由插齿刀切削刃多次切削包络线所形成的。插齿刀和工件除做展成运动外，还要做径向切入运动，直到达到全齿深为止；插齿刀在往复运动的回程不切削。为了减少切削刃的磨损，还需要有让刀运动，即刀具在回程时径向退离工件，切削时复原。

（2）插齿机的传动原理。

用齿轮形插齿刀插削直齿圆柱齿轮时，插齿机的传动原理如图 4.24 所示。B_{11} 和 B_{12} 是一个复合运动，需要一条内联系传动链和一条外联系传动链。图 4.24 中点 8 到点 11 之间是内联系传动链——展成运动传动链。圆周进给量以插齿刀每往复一次，插齿刀所转过的分度圆弧长计，因此，外联系传动链以驱动插齿刀往复运动的偏心轮为间接动力源来联系插齿刀旋转，即图 4.24 中的点 4 到点 8。插齿刀的往复运动 A_2 是一个简单运动，它只有一个外联系传动链，即由点 1 至曲柄偏心轮处的点 4，这是主运动链。

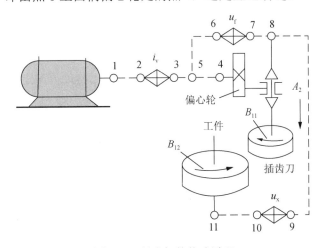

图 4.24　插齿机的传动原理

2）滚齿

滚齿是根据展成法原理来加工齿轮轮齿的一种加工方法。原理上，滚齿加工过程模拟一对交错轴斜齿轮副啮合滚动的过程。将其中一个齿轮的齿数减少到一个或几个，轮齿的螺旋倾角变大，就成为蜗杆。再将蜗杆开槽并铲背，就成为齿轮滚刀。当机床使滚刀和工件严格地按一对斜齿圆柱齿轮啮合的传动比关系做旋转运动时，滚刀就可在工件上连续不断地切出齿来。Y3150E 型卧式滚齿机如图 4.25 所示。

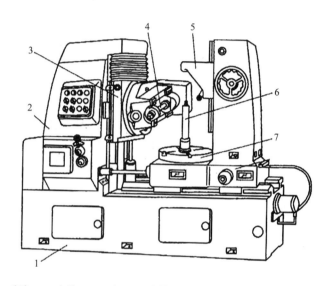

1—床身；2—立柱；3—刀架；4—主轴；5—小立柱；6—心轴；7—工作台

图 4.25　Y3150E 型卧式滚齿机

3. 刨床

刨床是用刨刀加工工件的机床，主要用于加工各种平面和沟槽。刨床的主运动和进给运动都是直线运动，由于工件的尺寸和质量不同，表面成形运动有不同的分配形式。使用刨床加工，刀具简单，但生产率较低（加工长而窄的平面除外），因而主要用于单件小批生产，在大批生产中往往被铣床所代替。常见的刨床主要有牛头刨床和龙门刨床。

1）牛头刨床

牛头刨床因滑枕和刀架形似牛头而得名，刨刀装在滑枕的刀架上做纵向往复运动，多用于切削各种平面和沟槽。牛头刨床适于加工尺寸和质量较小的工件，如图 4.26 所示。滑枕可带动刀具沿床身的水平导轨做往复主运动，刀座可绕水平轴线转动，以适应不同的加工角度。刀架可沿刀座的导轨移动，以调整切削深度，工作台带动工件沿滑板导轨做间歇的横向进给运动，滑板可沿床身的竖直导轨上下移动，以适应工件的不同高度。

牛头刨床的特点是调整方便，但由于是单刃切削，而且切削速度低，回程时不工作，所以生产效率低，适用于单件小批生产。牛头刨床的刨削精度为 IT9～IT7，表面粗糙度 Ra 为 6.3～3.2μm。牛头刨床的主参数是最大刨削长度。

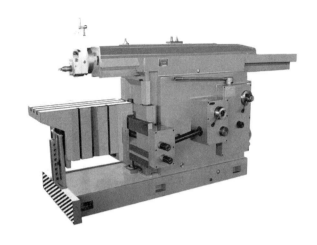

图 4.26　牛头刨床

2）龙门刨床

龙门刨床因有一个由顶梁和立柱组成的龙门式框架结构而得名，工作台带动工件通过龙门式框架做直线往复运动，多用于加工大平面（尤其是长而窄的平面），也用来加工沟槽或同时加工数个中小零件的平面。龙门刨床如图 4.27 所示。工作台带动工件沿床身导轨做纵向往复主运动，立柱固定在床身的两侧，由顶梁连接，横梁可在立柱上上下移动，装在横梁上的垂直刀架可在横梁上做间歇的横向进给运动，两个侧刀架可沿立柱导轨做间歇的上下进给运动，每个刀架上的滑板都能绕水平轴线转动一定的角度，刀座可沿滑板上的导轨移动。

应用龙门刨床进行精密刨削，可得到较高的精度（直线度 0.02mm/1000mm）和表面质量。大型机床的导轨通常是用龙门刨床精刨完成的。龙门刨床的主参数是最大刨削宽度。大型龙门刨床往往附有铣头和磨头等部件，这样就可以使工件在一次装夹后完成刨、铣及磨平面等工作。

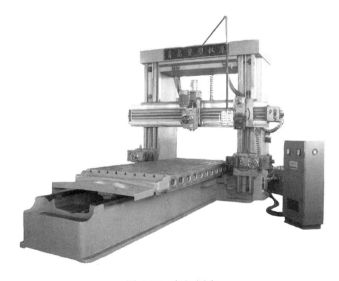

图 4.27　龙门刨床

习 题

1．金属切削机床按照用途可以分为哪几类？

2．形成发生线的方法与所需运动有哪几种？

3．机床常用的技术性能指标有哪些？

4．试说明如何区分机床的主运动与进给运动。

5．试举例说明从机床型号中可获得哪些信息。

6．试分别说明车床、铣床常用于加工什么样的零件，有哪些加工方法。

7．解释机床型号 CA6140、M1432A、Z3050、Y3150E。

8．数控机床与普通机床相比，有哪些特点？

9．选用加工中心时需要考虑的因素有哪些？

10．复合数控机床有哪些优缺点？

参考文献

[1] 白雪宁. 金属切削机床及应用[M]. 北京：机械工业出版社，2020.

[2] 卢秉恒. 机械制造技术基础[M]. 4 版. 北京：机械工业出版社，2017.

[3] 李凯岭. 机械制造技术基础（3D 版）[M]. 北京：机械工业出版社，2017.

[4] 张普礼. 机械加工设备[M]. 北京：机械工业出版社，2005.

[5] 恽达明. 金属切削机床[M]. 北京：机械工业出版社，2005.

[6] 贾亚洲. 金属切削机床概论[M]. 2 版. 北京：机械工业出版社，2011.

[7] 盛定高. 现代制造技术概论[M]. 北京：机械工业出版社，2003.

[8] 冯显英. 机械制造[M]. 济南：山东科学技术出版社，2013.

[9] 彭海涛，等. 高速加工技术[J]. 航空制造技术，2004（6）：92-101.

[10] 吴圣庄. 金属切削机床概论[M]. 北京：机械工业出版社，1994.

[11] 夏凤芳. 数控机床[M]. 3 版. 北京：高等教育出版社，2014.

第5章　工件的定位与夹紧

5.1　概述

在机床上加工工件时，需要对工件进行定位和夹紧。在机床上用于装夹工件的装置，称为机床夹具（简称夹具）。其作用是将工件定位，以使工件获得相对于机床或刀具的正确位置，并把工件可靠的夹紧。夹具有助于迅速安装工件，并使工件在加工中保持在所需要的正确位置上。因此夹具在零件加工中具有重要的作用，它直接影响产品的加工质量和生产效率，是工艺设计中的一项重要内容。

5.1.1　夹具的作用

夹具是机械加工中必不可少的工艺装备。机床夹具的主要作用包括以下几个方面：

（1）稳定地保证加工质量。采用夹具后，工件各加工表面间的相互位置精度是由夹具保证的，而不是依靠工人的技术水平与熟练程度，所以产品质量容易保证。

（2）提高生产率。使用夹具可使工件装夹迅速、方便，从而大大缩短了辅助时间，提高了生产率。特别是对于加工时间短、辅助时间长的中、小零件，效果更为显著。

（3）减轻工人的劳动强度，保证安全生产。有些工件，特别是比较大的工件，调整和夹紧很费力气，而且要求注意力高度集中，工人很容易疲劳；如果使用夹具，采用气动或液压等自动化夹紧装置，既可减轻工人的劳动强度，又能保证安全生产。

（4）扩大机床的使用范围。实现一机多用，一机多能。如在铣床上安装一个回转台或分度装置，可加工有等分要求的零件；在车床上安装镗模，可加工箱体零件上的同轴孔系。

5.1.2　夹具的分类

根据夹具的使用范围，可将其划分为以下几类。

1）通用夹具

通用夹具是指在一定范围内可用于加工不同工件的夹具。如车床上使用的自定心卡盘、单动卡盘，铣床上使用的平口虎钳和万能分度头，平面磨床上使用的电磁吸盘等。这类夹具通用性强、生产率低、夹紧工件操作复杂，主要用于单件小批生产中。

2）专用夹具

专用夹具是指专为某一工件的某一道工序而设计和制造的夹具。其特点是结构紧凑、操作方便，可以保证较高的加工精度和生产率；但设计和制造周期长，制造费用高，产品变更后便无法继续使用，因而专用夹具广泛应用于成批及大量生产中。

3）成组夹具

一台夹具稍加调整或更换个别零件，便可适用于一组相似工件的装夹，称为成组夹具。这类夹具兼顾了夹具的专用性与通用性，适用于多品种、中小批生产。

4）组合夹具

组合夹具是由标准化夹具零部件组装而成的专用夹具。其特点是组装迅速、周期短；通用性强、元件和组件可反复使用；产品变更时，夹具可拆卸，重复再用；一次性投资大，夹具零部件存放费用高；比专用夹具的刚性差，外形尺寸大。这类夹具主要用于新产品试制以及多品种、中小批生产。

5）随行夹具

随行夹具是自动化生产线上应用的一种夹具。它是一种移动式夹具，担负装夹工件和输送工件两方面的任务。一个多工位的自动线上有许多相同的随行夹具，它们保证着各工位加工的正常进行，并由自动线的输送装置将工件间歇地、顺序地运送到下一个工位。

此外，根据所使用的机床，夹具又可以分为车床夹具、铣床夹具、钻床夹具（钻模）、镗床夹具（镗模）、磨床夹具和齿轮机床夹具等。

根据产生夹紧力的动力源，夹具还可分为手动夹具、气动夹具、液压夹具、电动夹具、电磁夹具和真空夹具等。

5.1.3 夹具的组成

机床夹具虽然可以分成各种不同的类型，但它们都由下列基本功能部分组成。

1. 定位装置

定位装置用于确定工件在夹具中占据正确的位置，它由各种定位元件构成。如图 5.1 所示，钻床夹具中的圆柱销 5、菱形销 9 和支承板 4 都是定位元件。

2. 夹紧装置

夹紧装置用于保持工件在夹具中的正确位置，保证工件在加工过程中受到外力（如切削力、重力、惯性力）作用时，已经占据的正确位置不被破坏。如图 5.1 所示，钻床夹具中的开口垫圈 6 是夹紧元件，与螺杆 8、螺母 7 一起组成夹紧装置。

3. 对刀、导向元件

对刀、导向元件用于确定刀具相对于夹具的正确位置和引导刀具进行加工。其中，对刀元件是在夹具中起对刀作用的零部件，如铣床夹具上的对刀块、塞尺等。导向元件是在夹具中起对刀和引导刀具作用的零部件。图 5.1 所示钻床夹具中的钻套 1 是导向元件。

4．夹具体

夹具体用于连接夹具上各个元件或装置，使之成为一个整体，并与机床的有关部位相连接，是机床夹具的基础件。图 5.1 所示钻床夹具中的夹具体 3 将夹具的所有元件连接成一个整体。

5．连接元件

将夹具各个零部件连接为一个整体，确定夹具在机床上正确位置的元件，称为连接元件，如定位键、定位销及紧固螺栓等。

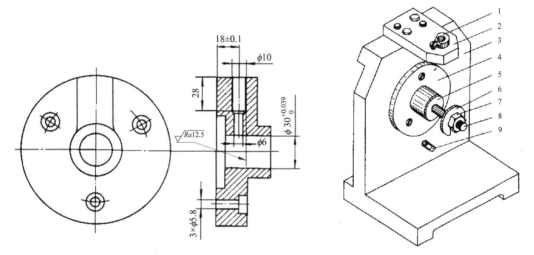

1—钻套；2—钻模板；3—夹具体；4—支承板；5—圆柱销；6—开口垫圈；7—螺母；8—螺杆；9—菱形销

图 5.1　钻床夹具的组成

5.2　定位基准及定位原理

工件在夹具中占有正确的位置称为定位。在对工件进行加工之前，应先使工件在夹具中占有正确的位置（定位），再使用夹具中的夹紧装置将工件夹紧，从而使工件在夹具中的正确位置能够固定下来，并在切削加工中保持住。尤其要注意区分定位和夹紧这两个概念，定位是使工件在夹具中处于正确的位置，而夹紧是将工件已取得的正确位置固定下来。

5.2.1　定位基准

在确定工件的定位方案时，定位基准的选择是否合理，意义十分重大。它不仅影响到工件装夹是否准确、可靠和方便，工件的加工精度是否易于保证，而且影响到工件上各加工表面的加工顺序，甚至还会影响到所采用的工艺装备的复杂程度。为了便于对定位基准选择有更深入的理解，在此先对基准的有关知识做一些简单介绍。

基准是用来确定生产对象上几何要素间的几何关系所依据的那些点、线、面。基准根据其作用的不同可分为设计基准和工艺基准。

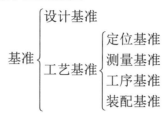

1. 设计基准

设计基准是设计图样上所采用的基准，是标注设计尺寸或位置公差的起点。如图 5.2（a）所示，平面 A 是平面 B、C 的设计基准，平面 D 是平面 E、F 的设计基准。在水平方向上，平面 D 也是孔 7 和孔 8 的设计基准；在垂直方向上，平面 A 是孔 7 的设计基准，孔 7 又是孔 8 的设计基准。如图 5.2（b）所示，孔中心线是各外圆表面与内孔的设计基准，也是端面 B 的端面圆跳动的设计基准，端面 A 是端面 B、C 的设计基准。

2. 工艺基准

工艺基准是在工艺过程中所采用的基准。工艺基准按用途不同可分为定位基准、测量基准、工序基准和装配基准。

1）定位基准

定位基准是在加工中用于工件定位的基准，用该基准可以使工件在机床或夹具上占据确定的位置。工件在机床或夹具上定位时，定位基准就是工件上直接与机床或夹具的定位元件相接触的点、线、面。例如，将图 5.2（b）所示零件套在心轴上磨削 ϕ40h6 外圆表面时，内孔中心线即为定位基准。

2）测量基准

测量基准是工件在测量、检验时所使用的基准。如图 5.2（b）所示，当将内孔 D 套在测量心轴上测量 ϕ40h6 的径向圆跳动和端面 B 的端面圆跳动时，内孔 D 即为零件的测量基准。

3）工序基准

工序基准是在工序简图上用来确定本工序加工表面加工后的尺寸、形状、位置的基准，也是该工序所要达到的加工尺寸（工序尺寸）的起点。例如，图 5.3 为车削图 5.2（b）所示钻套零件时的工序简图，其中 A 面即为 B、C 面的工序基准。

4）装配基准

装配基准是装配时用来确定零件或部件在产品中的相对位置所采用的基准。例如，图 5.2（b）所示钻套零件装在钻床夹具钻模板上的孔中时，ϕ40h6 外圆表面及端面 B 就是该钻套零件的装配基准。

有时作为基准的点、线、面在工件上不一定具体存在，例如孔或轴的中心线、槽的对称面等。这些假定的基准，必须由零件上某些相应的具体表面来体现，这样的表面称为基准面。例如，图 5.2（b）所示钻套零件的内孔中心线并不具体存在，而是由内孔圆柱面来体现的，内孔中心线是基准，而内孔圆柱面是基准面。也就是说，当选择工件上的平面作为定位基准时，该平面也是定位基准面；当选择工件上的内孔或外圆的中心线作为定位基准时，内孔或外圆柱面为定位基准面。

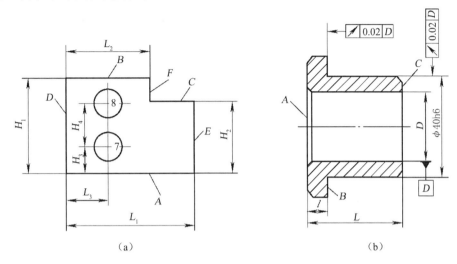

图 5.2　设计基准分析

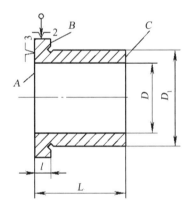

图 5.3　钻套加工工序简图

5.2.2　六点定位原理

任何一个未受约束的物体，在空间都具有六个自由度，即沿三个互相垂直坐标轴的移动（$\vec{X}$、$\vec{Y}$、$\vec{Z}$）和绕这三个坐标轴的转动（$\hat{X}$、$\hat{Y}$、$\hat{Z}$），如图 5.4（a）所示。因此要使物体在空间具有确定的位置，就必须对这六个自由度加以约束。

理论上讲，工件的六个自由度可用六个支承点加以限制，前提是这六个支承点在空间按一定规律分布，并保持与工件的定位基准面相接触。如图 5.4（b）所示，在空间直角坐标系的 XOY 面上布置三个定位支承点 1、2、3，使工件的底面与这三个支承点相接触，则工件的 $\vec{Z}$、$\hat{X}$、$\hat{Y}$ 三个自由度就被限制。同理，在 XOZ 面上布置两个定位支承点 4、5，并使其与工件侧面相接触，则可限制工件的 $\vec{Y}$ 和 $\vec{Z}$ 两个自由度。在 YOZ 面上布置一个定位支承点 6 与工件的另一侧面接触，就可限制工件的 $\vec{X}$ 自由度，从而使工件的位置完全确定。用图中六个合理布置的定位支承点分别去限制工件的六个自由度，从而使工件在空间得到正确位置的方法，称为工件的六点定位原理。

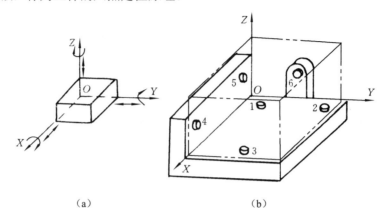

（a）　　　　　　　　　　（b）

图 5.4　工件的六点定位

　　值得注意的是，底面上布置的三个支承点不能在同一条直线上，且三个支承点所形成的三角形面积越大越好。侧面上布置的两个支承点的连线不能垂直于底面上三点所形成的平面，且两点之间的距离越远越好，这就是上述所提到的"合理布置"的含义。六点定位原理可用于任何形状、任何类型的工件，具有普遍性。无论工件的具体形状和结构如何，其六个自由度均可由六个定位支承点来限制，只是六个支承点的具体分布形式有所不同。

5.2.3　常见的定位形式

1. 完全定位和不完全定位

　　工件的六个自由度完全被限制的定位称为完全定位。图 5.4 中工件的定位即为完全定位。工件定位时，并非在任何情况下都要对其六个自由度全部加以限制，要限制的只是那些影响工件加工精度的自由度。如图 5.5 所示，若在工件上铣键槽，要求保证工序尺寸 X、Y、Z 及键槽侧面和底面分别与工件侧面和底面平行，那么加工时必须限制六个自由度，即采用完全定位［见图 5.5（a）］；若在工件上铣台阶面，则要求保证工序尺寸 X、Z 及其两平面分别与工件底面和侧面平行，那么加工时只要限制除 $\vec{Y}$ 以外的五个自由度就够了［见图 5.5（b）］，因为 $\vec{Y}$ 对工件的加工精度并无影响；若在工件上铣顶平面，仅要求保证工序尺寸 Z 及该平面与工件底面平行，那么只要限制 $\vec{Z}$、$\vec{X}$、$\vec{Y}$ 三个自由度就够了［见图 5.5（c）］。

　　按加工要求，允许有一个或几个自由度不被限制的定位，称为不完全定位。在实际生产中，工件被限制的自由度数一般不少于三个。

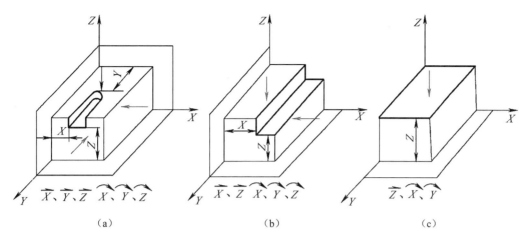

图 5.5　完全定位与不完全定位

2．欠定位和过定位

按工序的加工要求，工件应该限制的自由度而未予限制的定位，称为欠定位。在确定工件定位方案时，欠定位是绝对不允许的。例如在图 5.5（a）中，若对沿 X 轴移动自由度未加限制，则尺寸 X 就无法保证，因而是不允许的。

工件的同一自由度被两个或两个以上的支承点重复限制的定位，称为过定位（又称重复定位）。图 5.6 所示为两种常见的过定位实例。

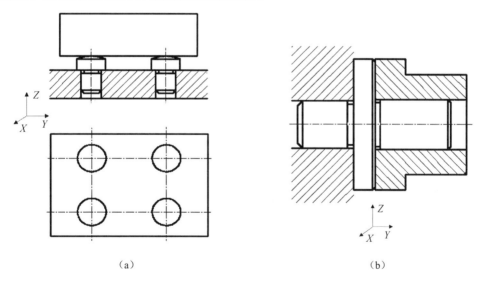

图 5.6　两种常见的过定位实例

图 5.6（a）所示为用四个支承钉支承一个平面的定位。四个支承点只限制了 $\vec{X}$、$\vec{Y}$ 和 $\vec{Z}$ 三个自由度，所以这是重复定位。如果定位表面粗糙，甚至未经加工，这时实际上可能只是三点接触。对于一批工件来说，有的工件与这三点接触，有的工件则与另三点接触，这样，工件在夹具中占有的位置就不是唯一的了。为避免这种情况，可撤去一个支承点，再将三个支承点重新布置，也可将四个支承钉之一改为辅助支承，使该支承钉只起支承作用而不起定位作用。

图 5.6（b）所示为孔与端面组合定位的情况。由于大端面可限制三个自由度（$\vec{Y}$、$\hat{X}$、$\hat{Z}$），而长销可限制四个自由度（$\vec{X}$、$\vec{Z}$、$\hat{X}$、$\hat{Z}$），因此 $\vec{X}$、$\vec{Z}$ 受重复限制而出现了过定位。此时如果工件端面与轴线不垂直，则在轴向夹紧力的作用下，将使工件或定位销产生变形而引起较大误差。为改善此种情况，可采取如下措施：

（1）将长销与小端面组合，此时小端面只限制一个自由度 $\vec{Y}$，如图 5.7（a）所示；

（2）将短销与大端面组合，此时短销只限制两个自由度，即 $\vec{X}$ 和 $\vec{Z}$，如图 5.7（b）所示；

（3）将长销与球面垫圈组合，此时球面垫圈也只限制一个自由度 $\vec{Y}$，如图 5.7（c）所示。

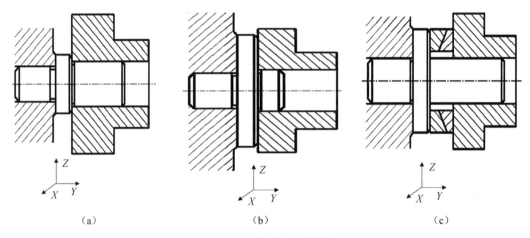

（a）   （b）   （c）

图 5.7   改善过定位的措施

通常情况下，应尽量避免出现过定位。消除过定位及其干涉一般有两种途径：一是改变定位元件的结构，以消除对自由度的重复限制；二是提高工件定位基准面之间及夹具定位元件工作表面之间的位置精度，以减小或消除过定位引起的误差。例如图 5.6（a）所示的定位方案中，假如工件定位基准面加工得很平，而四个支承钉工作表面又准确地位于同一平面内（装在夹具上一次磨出），这时就不会因过定位造成不良后果，反而能增加定位的稳定性，提高支承刚度。

5.3   常见的定位方式和定位元件及设计要求与材料

工件在夹具中定位，实际上是通过定位元件与工件定位基准面接触来限制工件自由度的。通常设计夹具时，总是将定位元件设计成为单独的分离元件，通过装配与整个夹具构成一个整体，以保证其特殊的精度要求和制造工艺要求。

常见的定位方式包括：平面定位、外圆定位、内孔定位以及组合定位等。

5.3.1 常见的定位方式及定位元件

1. 平面定位方式及定位元件

1）平面定位方式

平面作为定位基准，通常根据其限制自由度的数目，分为主要支承面、导向支承面和止推支承面，如图 5.8 所示。限制工件的三个自由度的定位平面，称为主要支承面。当平面的精度很高时，可以直接将定位元件设计为平面；更多的情况下，往往布置彼此相距较远的三个支承点，使工件的中心落在三个支承点之间，保证工件定位的稳定可靠。限制工件的两个自由度的定位平面，常常做成窄长面，称为导向支承面。在工件定位表面精度不高时，甚至将窄长面的中间部分切除，只保留尽可能远位置上的短面，以确保定位效果的一致性。限制一个自由度的平面，称为止推支承面。这时，为了确保定位准确，往往将平面做得尽可能小。

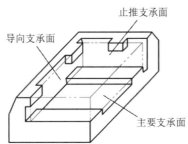

图 5.8 支承板定位简图

2）平面定位元件

工件以平面作为定位基准时，常用的定位元件有以下几种。

（1）固定支承。

固定支承有支承钉和支承板两种形式。在使用过程中，它们都是固定不动的。

一个支承钉相当于一个支承点，可限制工件的一个自由度。图 5.9 所示为三种标准支承钉，其中平头支承钉多用于工件以精基准定位；球头支承钉和齿纹支承钉适用于工件以粗基准定位，可减少接触面积，以便与粗基准有稳定的接触，但球头支承钉较易磨损而失去精度；齿纹支承钉能增大接触面间的摩擦力，但落入齿纹中的切屑不易清除，故多用于侧面和顶面的定位。

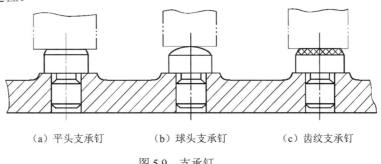

（a）平头支承钉　　　（b）球头支承钉　　　（c）齿纹支承钉

图 5.9 支承钉

支承板适用于工件以精基准定位的场合。工件以大平面与一大（宽）支承板相接触定位时，该支承板相当于三个不在一条直线上的定位支承点，可限制工件的三个自由度。一个窄长支承板相当于两个定位支承点，可限制工件的两个自由度。工件以一个大平面同时与两个窄长支承板相接触定位时，这两个窄长支承板相当于一个大（宽）支承板，限制工件的三个自由度。宽、窄支承板是根据支承板的宽度相对于工件定位基准面宽度的大小来划分的，当支承板的宽度与一个大的工件定位基准面的宽度相差不大时，认为该支承板是宽支承板，否则认为是窄支承板。

图 5.10 所示为两种标准支承板。其中 A 型支承板结构简单、紧凑，但切屑易落入螺钉头周围的缝隙中，且不易清除，因此多用于侧面和顶面的定位。B 型支承板在工作面上有45°的斜槽，且能保持与工件定位基准面连续接触，清除切屑方便，所以多用于底面定位。

根据定位的需要，也可按照工件定位基准面的具体轮廓形状，设计非标准的定位支承板，如图 5.11 所示的圆形支承板。

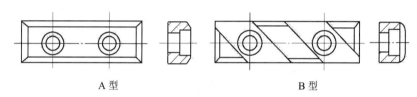

A 型　　　　　　　　　　　　　　B 型

图 5.10　支承板

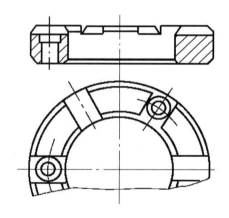

图 5.11　圆形支承板

（2）可调支承。

可调支承的工作位置可以在一定范围内调整，并可用螺母锁紧。当工件的定位基准面的形状复杂（如成形面、台阶面等）或者各批毛坯的尺寸、形状变化较大且以粗基准定位时，多采用这类支承。可调支承一般仅对一批零件调整一次，其典型结构如图 5.12 所示。其中，图 5.12（a）所示的可调支承可用手直接调节或用扳手拧动进行调节，适用于支承小型工件；图 5.12（b）所示的可调支承具有衬套，可防止磨损夹具体。图 5.12（b）、（c）所示的可调支承必须用扳手调节，这两种可调支承适用于支承较重的工件。

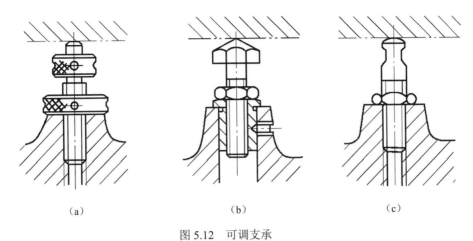

图 5.12　可调支承

（3）浮动支承（或自位支承）。

工件在定位过程中，能自动调整位置的支承。常见的浮动支承如图 5.13 所示：图 5.13（a）是球面多点式浮动支承，绕球面活动，与工件做多点接触，作用相当于一点；图 5.13（b）、（c）是两点式浮动支承，绕销轴活动，与工件做两点接触，作用相当于一点。

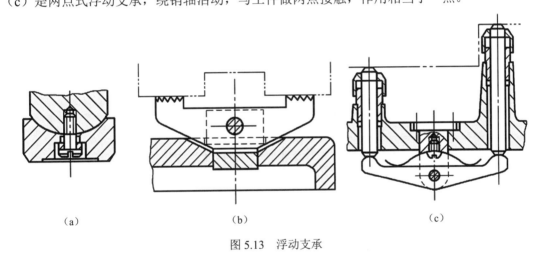

图 5.13　浮动支承

这类支承的工作特点是支承点是活动的或浮动的，支承点的位置随工件定位基准面的不同而自动调节；与工件做两点、三点（或多点）接触，作用相当于一个定位支承点，只限制工件的一个自由度；接触点数的增加，提高了工件的装夹刚度和定位稳定性。

这类支承主要用于工件以毛坯面定位、定位基准面不连续或为台阶面，以及工件刚性不足的场合。

2. 外圆定位方式及定位元件

1）外圆定位方式

外圆定位是常见的一种定位方式，其广泛应用在车、磨、铣、钻等加工中。在夹具设计中，常用于外圆定位的定位元件有 V 形块和定位套等。

2）外圆定位元件

（1）V 形块。

工件外圆以 V 形块定位是常见的定位方式之一。V 形块的结构尺寸已标准化，两斜面夹角有 60°、90°、120°。其中，90°V 形块使用最广泛。

使用 V 形块定位的优点是对中性好，能使工件的定位基准处在 V 形块两斜面的对称面内，而不受定位基准面直径误差的影响，且装夹方便。此外，V 形块的应用范围较广，既可用于以粗、精基准定位，也可用于完整的圆柱面或局部的圆弧面。图 5.14 所示为固定 V 形块的结构，如在轴类工件上铣键槽时，会用到 V 形块。

图 5.15 为常用 V 形块的结构形式。其中图 5.15（a）用于较短的外圆表面定位，短 V 形块相当于两个定位支承点，可限制工件的两个移动自由度；其余三种用于较长的外圆柱表面或阶梯轴，长 V 形块相当于四个定位支承点，可限制工件的四个自由度，即两个移动自由度和两个旋转自由度。其中图 5.15（b）用于以粗基准定位，图 5.15（c）用于以精基准定位，图 5.15（d）用于工件较长、直径较大的重型工件，这种 V 形块一般做成在铸铁底座上镶淬硬支承板或硬质合金板的结构形式。

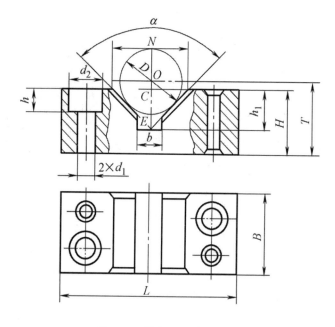

图 5.14　固定 V 形块的结构

如图 5.16 所示，活动 V 形块可用于定位机构中，能够消除工件的一个移动自由度。此外，它还可用于定位夹紧机构中，可消除工件的一个移动自由度，还有夹紧工件的作用。

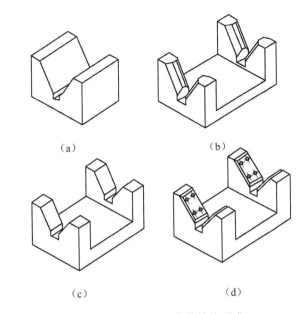

（a） （b）

（c） （d）

图 5.15 常用 V 形块的结构形式

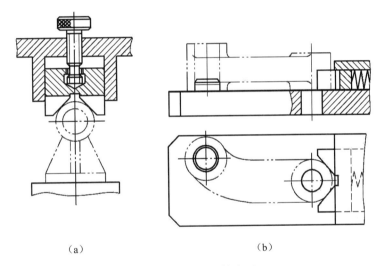

（a） （b）

图 5.16 活动 V 形块的应用

（2）定位套。

工件以外圆表面作为定位基准面在圆孔中定位时，外圆表面的轴线是定位基准，外圆表面是定位基准面。定位套有圆定位套、半圆套和圆锥套三种结构形式。图 5.17 所示为常用的定位套结构形式，为保证工件的轴向定位，常与端面组合定位，限制工件的五个自由度。

图 5.17（a）、（b）为圆定位套结构，其中，长半圆套相当于四个定位支承点，短半圆套相当于两个定位支承点，与工件的配合是间隙配合。图 5.17（c）为圆锥套的结构，相当于三个定位支承点。图 5.17（d）为半圆套结构，主要用于大型轴类工件及不便于轴向装夹的工件；定位元件是下半圆套，固定在夹具上，起定位作用，它与工件之间的配合是间隙配合；上半圆套是活动的，起夹紧作用。定位套结构简单、制造容易，但定心精度

不高，主要用于以精基准定位。

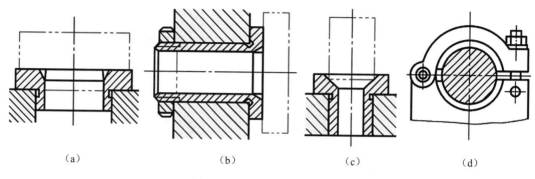

（a）　　　　　　　（b）　　　　　　（c）　　　　　　（d）

图 5.17　常用的定位套结构形式

3．内孔定位方式及定位元件

1）内孔定位方式

以工件的圆柱孔作为定位基准面，定位可靠，使用方便，在实际生产中获得广泛使用。如齿轮、气缸套、杠杆类工件，常以孔的中心线作为定位基准。常用的定位方法有在圆柱体上定位、在圆锥体上定位、在定心夹紧机构中定位等。

工件以圆孔作为定位基准面，与定位元件多是圆柱面与圆柱面配合，具体定位限制的工件自由度数，不仅与两者之间的配合性质有关，还与定位基准孔与定位元件的配合长度 L 及直径 D 有关。根据 L/D 的大小分为两种情形：当 $L/D>1$ 时，为长销定位，相当于四个定位支承点，限制工件的四个自由度，能够确定孔的中心线的位置；若配合长度较短（$L/D \leqslant 1$），为短销定位，相当于两个定位支承点，限制工件的两个自由度，只能确定孔的中心点的位置。

2）定位元件

以工件的圆孔为定位基准面，通常夹具所用的定位元件是定位销和心轴等。

（1）定位销。

图 5.18 所示为标准定位销，图 5.18（a）、（b）、（c）所示是固定式定位销；图 5.18（d）所示是可换式定位销。它们分圆柱销和菱形销两种类型。对于直径为 3～10mm 的小定位销，根部倒圆，可以提高其强度；定位销的头部应做出 15° 的倒角，以方便工件的装卸。大批生产中，工件装卸频繁，定位销容易磨损而丧失定位精度，可将可换式定位销与衬套配合使用。圆柱销限制工件的两个移动自由度；菱形销（削边销）限制工件的一个移动自由度。

（2）圆锥销。

圆锥销常用于工件孔端的定位，其结构如图 5.19 所示。圆孔与圆锥销的接触线是一个圆，可限制工件的三个移动自由度。其中图 5.19（a）用于以粗基准定位，图 5.19（b）用于以精基准定位。根据需要可以设计菱形锥销，以限制工件的两个移动自由度。

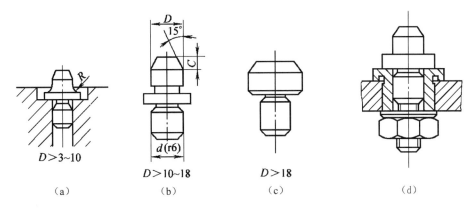

图 5.18　标准定位销

　　工件以圆孔与圆锥销定位能实现无间隙配合，但是单个圆锥销定位时容易倾斜，因此圆锥销一般不单独使用。图 5.20（a）所示为用活动锥销与平面组合定位（圆锥销沿轴线方向可移动）；图 5.20（b）所示为双圆锥销组合定位（其中一个圆锥销沿轴线方向可移动），共限制工件的五个自由度。

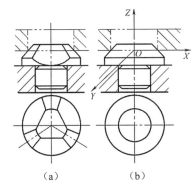

图 5.19　圆锥销的结构

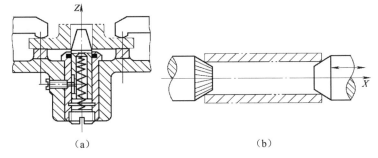

图 5.20　圆锥销组合定位

（3）定位心轴。

常用的定位心轴分为圆柱心轴和锥度心轴。

图 5.21 所示为圆柱心轴的常见结构形式。图 5.21（a）所示是间隙配合心轴，其工作部分一般按 h6、g6 或 f7 制造，与工件孔的配合属于间隙配合。其特点是装卸工件方便，但定心精度不高。工件常以孔与端面组合定位，因此要求工件孔与定位端面、定位元件的

圆柱面与端面之间都有较高的位置精度。切削力矩靠端部螺纹夹紧产生的夹紧力传递。

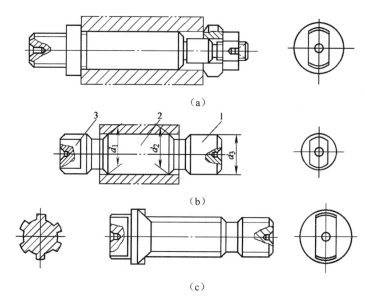

（a）

（b）

（c）

图 5.21　圆柱心轴的常见结构形式

图 5.21（b）所示是过盈配合心轴，由导向部分 1、工作部分 2 和传动部分 3 组成。其特点是结构简单，定心准确，不需要另设夹紧机构；但装卸工件不方便，易损坏工件定位孔，因此多用于定心精度高的精加工。导向部分的作用是使工件方便地装入心轴。工作部分起定位作用。传动部分的作用是与机床传动装置相连接，以传递运动。

图 5.21（c）所示是花键心轴，用于带花键孔工件的定位。当工件定位孔的长径比 $L/D>1$ 时，心轴工作部分应稍带锥度。设计花键心轴时，应根据工件的不同定位方式确定心轴的结构。

当工件既要求定心精度高，又要求装卸方便时，常以圆柱孔在小锥度心轴上定位，如图 5.22 所示。这类心轴工作表面的锥度很小，常为 1∶1000～1∶5000。工件装在心轴上楔紧后，靠孔产生的弹性变形而有少许过盈，从而消除间隙并产生摩擦力带动工件回转，不需另行夹紧，但因传递的转矩较小，所以仅适用于工件定位孔公差等级不低于 IT7 的精车和磨削加工。

心轴的锥度越小，定心精度越高，夹紧越可靠，但工件轴向位置有较大的变动。因此应根据定位孔的精度和工件的加工要求合理地选择锥度。

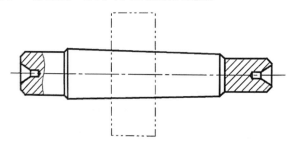

图 5.22　锥度心轴

4．组合定位

通常工件多以两个或者多个表面组合起来作为定位基准来定位，称为组合表面定位，简称组合定位，通常有一个平面与两个垂直于平面的孔组合、一个孔与其垂直端面组合、两个垂直面与一个孔组合等组合情况。

以工件上多个表面作为定位基准进行组合定位时，夹具中也有相应的定位元件组合来实现工件的定位。由于工件定位基准之间、夹具定位元件之间都存在一定的位置误差，所以必须注意定位元件的结构、尺寸和布置方式，处理好"过定位"问题。

1）组合定位类型

（1）工件以一面两孔定位。

在加工箱体、杠杆、盖板和支架等零件时，工件常以两个轴线平行的孔及与两孔轴线相垂直的大平面为定位基准。如图 5.23 所示，所用的定位元件为一大支承板，它限制了工件的三个自由度；一个圆柱销，限制了工件的两个自由度；一个菱形销（也称为削边销），可限制工件绕圆柱销转动的一个自由度。工件以一面两孔定位，共限制了工件的六个自由度，属于完全定位，而且易于做到在工艺过程中基准统一，便于保证工件的位置精度。

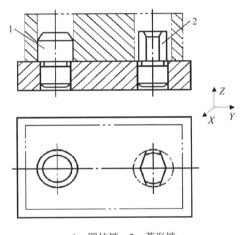

1—圆柱销；2—菱形销

图 5.23 工件以一面两孔定位

工件以一面两孔定位时，如不采用一个圆柱销和一个菱形销，而是采用两个圆柱销，则由于两个圆柱销均限制工件的两个相同的自由度（$\vec{X}$ 和 $\vec{Y}$），其中右侧定位销限制的沿 X 轴的移动自由度转换为绕 Z 轴的转动自由度，重复限制的沿 Y 轴的移动自由度会造成工件在两孔中心连线方向上出现过定位。由于工件上两定位孔的孔距及夹具上两销的销距都有误差，当误差较大时，这种过定位会使工件无法准确装到夹具上进行定位。因此，实际生产中，工件以一面两孔定位时，一般不采用两个圆柱销，而是采用图 5.23 所示的一个圆柱销和一个菱形销。菱形销的结构如图 5.24 所示。

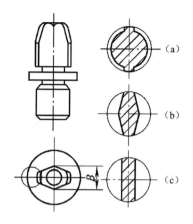

图 5.24 菱形销的结构

（2）工件以一个孔和一个端面定位。

一个孔与端面组合定位时，孔与销或心轴定位采用间隙配合，此时应注意避免过定位，以免造成工件和定位元件的弯曲变形，如图 5.25 所示。

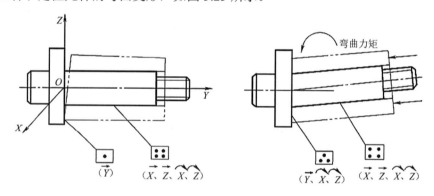

图 5.25 孔与端面的组合定位

① 端面为第一定位基准，限制工件的 $\vec{Y}$、$\hat{X}$、$\hat{Z}$ 三个自由度；孔中心线为第二定位基准，限制工件的 $\vec{X}$、$\vec{Z}$ 两个自由度。定位元件是平面支承（大支承板或三个支承钉）和短圆柱销，实现五点定位，如图 5.26 所示。

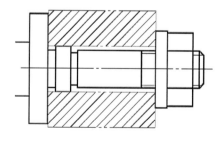

图 5.26 端面为第一定位基准

② 孔的中心线为第一定位基准，限制工件的 $\vec{X}$、$\vec{Z}$、$\hat{X}$、$\hat{Z}$ 四个自由度；端面为第二定位基准，限制工件的 $\vec{Y}$ 自由度。所使用的定位元件是平面支承（小支承板或浮动支承）和长圆柱销或心轴，实现五点定位，如图 5.27 所示。

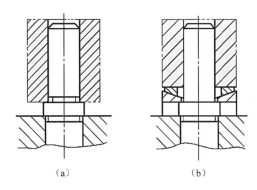

（a）　　　　　　　　　（b）

图 5.27　孔的中心线为第一定位基准

2）组合定位分析要点

对组合定位问题进行分析时要注意如下几点：

（1）几个定位元件组合起来定位一个工件相应的几个定位面，该组合定位元件能限制工件的自由度总数等于各个定位元件单独定位各自相应定位面时所能限制自由度的数目之和，不会因组合后而发生数量上的变化，但它们限制了哪些方向的自由度却会随不同组合情况而改变。

（2）定位元件在单独定位某定位面时起限制工件移动自由度的作用，在组合定位中可能会转化成起限制工件转动自由度的作用。

（3）单个表面的定位是组合定位分析的基本单元。

（4）组合定位时，常会产生过定位现象。通常情况下，应尽量避免这种过定位，可通过改变定位元件的结构形式等来消除过定位。如图 5.23 所示，采用菱形销消除重复限制的工件沿 Y 轴的移动自由度。

5.3.2　定位元件的设计要求与材料

1．定位元件的设计要求

定位元件要求具有一定的定位精度、表面粗糙度、耐磨性、硬度和刚度等。设计定位元件时，应满足以下基本要求：

1）足够的精度

定位元件的精度将直接影响工件的定位精度。可根据分析计算、查设计手册、参考工厂现有资料或根据经验合理确定定位元件的制造公差。

2）耐磨性好

定位元件在使用过程中会磨损，从而导致定位精度下降，当磨损到一定程度时，定位元件必须更换。为了延长定位元件的更换周期，提高夹具的使用寿命，定位元件应有较好的耐磨性。

3）足够的强度和刚度

定位元件不仅起到限制工件自由度的作用，而且在加工过程中还要承受工件的重力、切削力、夹紧力等，因此定位元件必须有足够的强度和刚度。

4）工艺性好

定位元件的结构应力求简单、合理，便于制造、装配和维修。

2．定位元件的常用材料

定位元件的常用材料有：

（1）低碳钢：如 20 钢或 20Cr 钢，工件表面经渗碳淬火，深度为 0.8～1.2mm，硬度为 HRC55～65。

（2）高碳钢：如 T7、T8、T10 等，淬硬至 HRC55～65。

（3）中碳钢：如 45 钢，淬硬至 HRC43～48。

5.4　定位误差分析

加工工件时，影响被加工零件位置精度的因素有很多，其中：来自夹具方面的有定位误差、夹紧误差、对刀或导向误差及夹具的制造与安装误差等；来自加工过程方面的误差有工艺系统（除夹具外）的几何误差、受力变形、受热变形、磨损以及各种随机因素所造成的加工误差。上述各项因素所造成的误差总和应该不超过工件允许的工序公差，这样才能使工件加工合格。可以用下列加工误差不等式表示它们之间的关系：

$$\Delta_{dw} + \Delta_{za} + \Delta_{gc} < \delta_K$$

式中，Δ_{dw} 为与定位有关的误差，简称定位误差；Δ_{za} 为与夹具有关的其他误差，简称夹具制造安装误差；Δ_{gc} 为加工过程误差；δ_K 为工件的工序公差。

加工误差不等式把误差因素归纳为 Δ_{dw}、Δ_{za}、Δ_{gc} 三项，前两项与夹具有关，第三项与夹具无关。在设计夹具时，应尽量减小与夹具有关的误差，以满足加工精度的要求。在做初步估算时，可粗略地先按三项误差平均分配，各不超过相应工序公差的 1/3。下面仅对其中的定位误差 Δ_{dw} 进行分析和计算。

5.4.1　定位误差及其产生原因

同批工件在夹具中定位时，工序基准位置在工序尺寸方向或沿加工要求方向上的最大变动量，称为定位误差。引起定位误差的原因如下。

1．基准不重合误差 Δ_{bc}

在定位方案中，若工件的工序基准与定位基准不重合，则同一批工件的工序基准位置相对定位基准的最大变动量，称为基准不重合误差，用 Δ_{bc} 表示。如图 5.28 所示，图 5.28（a）为在工件上加工通槽的工序简图，要求保证工序尺寸 A、B、C。其定位方案如图 5.28（b）所示。现仅分析对工序尺寸 B 的定位误差。

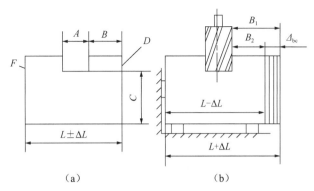

图 5.28　基准不重合引起的定位误差

如图 5.28（b）所示，在工序尺寸 B 方向上的定位基准为 F 面，而工序基准为 D 面，工序基准与定位基准不重合，使工序基准 D 的位置在尺寸 L 的公差范围内变动，引起工序尺寸 B 的误差，这是由基准不重合引起的工序尺寸 B 的定位误差。

当工序基准仅与一个定位基准有关时，基准不重合误差的大小，一般等于定位基准与工序基准间的尺寸（简称定位尺寸）公差。本例中定位尺寸为 L，所以

$$\Delta_{bc} = 2\Delta L = T_L$$

式中，ΔL 为尺寸 L 的偏差；T_L 为尺寸 L 的公差。

由 Δ_{bc} 引起的定位误差，应注意取其在工序尺寸方向上的分量（投影），即

$$\Delta_{dw} = \Delta_{bc} \cos \beta$$

式中，β 为定位尺寸方向（或基准不重合误差方向）与工序尺寸方向间的夹角。

2．基准位移误差 Δ_{jw}

如图 5.29 所示，在工件上铣键槽，以外圆柱面 $d_{-T_d}^{0}$ 在 V 形块中定位（V 形块的夹角为 α），定位基准是外圆柱面的中心线，外圆柱面是定位基准面。当工件基准外圆直径为最大值 d 时（$T_d = 0$），外圆中心在 O_1；当直径为最小值 $d - T_d$ 时（$T_d > 0$），工件显然要下移才能与 V 形块接触，即外圆中心下移到 O_2。外圆中心位置的变动量 $O_1 O_2$ 即为基准位移误差 Δ_{jw}。可以证明

$$\Delta_{jw} = O_1 O_2 = \frac{T_d}{2\sin\left(\dfrac{\alpha}{2}\right)}$$

因此，定位基准面和定位元件本身的制造误差，会引起同一批工件的定位基准相对位置的变动，这一变动的最大范围称为基准位移误差 Δ_{jw}。由 Δ_{jw} 引起的定位误差，需要将 Δ_{jw} 在加工工序尺寸方向上投影，即

$$\Delta_{dw} = \Delta_{jw} \cos \gamma$$

式中，γ 为基准位移误差方向与工序尺寸方向间的夹角。

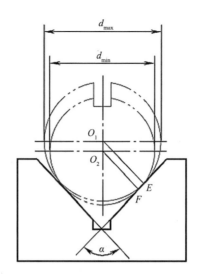

图 5.29　在 V 形块上定位的定位误差分析

　　对于其他定位方式，基准位移误差的大小可根据定位元件与工件定位基准面的配合情况分析确定。

5.4.2　定位误差的计算方法

1．合成法

　　定位误差是由基准不重合误差和基准位移误差两部分产生的定位误差的合成。其具体计算方法如下。

　　（1）当工序基准与定位基准为两个独立的表面，即 Δ_{bc}、Δ_{jw} 无相关的公共变量时

$$\Delta_{dw} = \Delta_{bc} \cos\beta + \Delta_{jw} \cos\gamma$$

　　（2）当工序基准在定位基准面上，即 Δ_{bc}、Δ_{jw} 有相关的公共变量时

$$\Delta_{dw} = \Delta_{bc} \cos\beta \pm \Delta_{jw} \cos\gamma$$

　　在定位基准面尺寸变动方向一定的条件下，当 Δ_{bc} 和 Δ_{jw} 的变动方向相同，即对加工尺寸影响相同时，取"＋"号；当二者变动方向相反，即对加工尺寸影响相反时，取"－"号。

2．极限位置法

　　根据定位误差的定义，直接计算出一批工件的工序基准在工序尺寸方向上的相对位置最大位移量，即加工尺寸的最大变动范围。具体计算时，先画出工件定位时工序基准变动的两个极限位置，然后直接按几何关系确定工序尺寸的最大变动范围。

5.4.3　典型例题

　　例 5-1　如图 5.30 所示，工件底面和侧面已加工完毕，现要加工工件上侧的斜面，求工序尺寸 A 的定位误差。

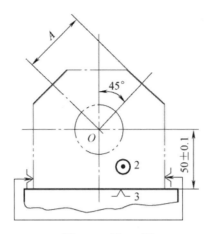

图 5.30　例 5-1 图

解：用合成法求工序尺寸 A 的定位误差。

（1）由于用已加工过的平面定位，故基准位移误差 $\Delta_{jw}=0$。

（2）定位基准是底面，工序基准是圆孔中心线，二者不重合，因此会产生基准不重合误差。定位基准和工序基准之间的定位尺寸为 50 ± 0.1，所以基准不重合误差为 $\Delta_{bc}=0.2\text{mm}$。

Δ_{bc} 的方向与工序尺寸 A 的方向之间的夹角为：$\beta=45°$。

（3）工序尺寸的定位误差为：

$$\Delta_{dw}=\Delta_{bc}\cos\beta=0.2\cos45°=0.1414\text{mm}$$

例 5-2　铣图 5.31 所示工件上的键槽，以圆柱面 $d_{-T_d}^{0}$ 在 $\alpha=90°$ 的 V 形块上定位，不考虑 V 形块的制造误差，求工序尺寸 A_2、A_3 的定位误差。

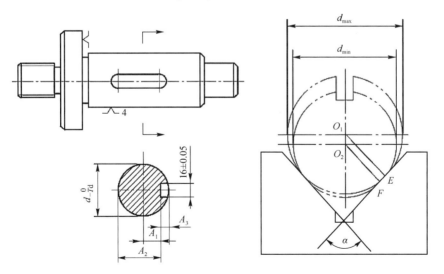

图 5.31　例 5-2 图

解：用合成法求各工序尺寸的定位误差。

（1）判断工序基准与定位基准。

工序尺寸 A_2、A_3 的工序基准分别为外圆下母线、外圆上母线；定位基准都是外圆中心

O。因此都存在基准不重合误差 Δ_{bc}。

（2）计算基准不重合误差和基准位移误差。

工序尺寸 A_2、A_3 的基准不重合误差相同，都为

$$\Delta_{bc} = T_d / 2$$

由于定位基准面存在制造公差 T_d，定位基准 O 在 O_1、O_2 之间变动，工序尺寸 A_2、A_3 的基准位移误差也相同，都为

$$\Delta_{jw} = \frac{T_d}{2\sin\left(\dfrac{\alpha}{2}\right)}$$

（3）判断 Δ_{bc} 和 Δ_{jw} 的方向，计算定位误差。

对于工序尺寸 A_2，Δ_{bc} 和 Δ_{jw} 的方向相反；对于工序尺寸 A_3，Δ_{bc} 和 Δ_{jw} 的方向相同。又由于 Δ_{bc} 和 Δ_{jw} 与工序尺寸方向相同，即 $\beta = 0$，$\gamma = 0$，所以工序尺寸 A_2 和 A_3 的定位误差为：

$$\Delta_{dw(A_2)} = \Delta_{jw} - \Delta_{bc} = \frac{T_d}{2}\left[\frac{1}{\sin\left(\dfrac{\alpha}{2}\right)} - 1\right]$$

$$\Delta_{dw(A_2)} = \Delta_{bc} + \Delta_{jw} = \frac{T_d}{2}\left[\frac{1}{\sin\left(\dfrac{\alpha}{2}\right)} + 1\right]$$

5.5　工件在夹具中的夹紧

工件定位之后，在切削加工之前，必须用夹紧装置将其夹紧，以防止在加工过程中由于受到切削力、重力、惯性力等的作用而发生位移和振动，影响加工质量，甚至使加工无法顺利进行。因此，夹紧装置的合理选用至关重要。夹紧装置是机床夹具的重要组成部分，对夹具的使用性能和制造成本等有很大的影响。

5.5.1　夹紧装置的组成及要求

1．夹紧装置的组成

1）力源装置

提供原始作用力的装置称为力源装置，常用的力源装置有液压装置、气动装置、电磁装置、电动装置、真空装置等。以操作者的人力为力源时，称为手动夹紧，没有专门的力源装置。

2）夹紧机构

要使力源装置所产生的原始作用力或操作者的人力正确地作用到工件上，还需要有最终夹紧工件的执行元件（夹紧元件）以及将原始作用力或操作者的人力传递给夹紧元件的中间递力机构。夹紧元件和中间递力机构组成了夹紧机构。最简单的夹紧机构就是一个元件，如夹紧螺钉，它既是夹紧元件，也是中间递力机构。中间递力机构在传递力的过程中起着改变力的大小、方向和自锁的作用。手动夹紧装置必须有自锁功能，以防在加工过程中工件松动而影响加工，甚至造成事故。

图 5.32 所示的夹紧装置就是由液压缸 4（力源装置）、压板 1（夹紧元件）和连杆 2（中间递力机构）所组成的。

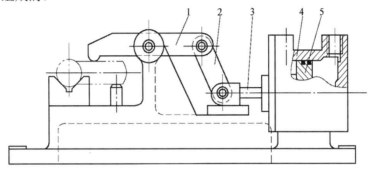

1—压板；2—连杆；3—活塞杆；4—液压缸；5—活塞

图 5.32 夹紧装置的组成

2．对夹紧装置的基本要求

（1）应保证在夹紧和加工过程中，工件定位后所获得的正确位置不会改变。

（2）夹紧力大小要适当，既要保证工件被可靠夹紧，又要防止工件产生不允许的夹紧变形和表面损伤。

（3）工艺性好。夹紧装置的复杂程度应与生产纲领相适应，在保证生产率的前提下，结构应力求简单；尽量采用标准化、系列化和通用化的夹紧装置，以便于设计、制造和维修。

（4）使用性好。夹紧装置应操作方便、安全省力，以减轻操作者的劳动强度，缩短辅助时间，提高生产率。

5.5.2 夹紧力的确定

确定夹紧力就是确定夹紧力的大小、方向和作用点三个要素。在确定夹紧力的三要素时，要分析工件的结构特点、加工要求、切削力及其他外力作用于工件的情况，而且必须考虑定位装置的结构形式和布置方式。

1．夹紧力方向的确定

（1）夹紧力方向应朝向主要定位基准面。如图 5.33 所示，在直角支座上镗孔，本工序要求所镗孔与 A 面垂直，故应以 A 面为主要定位基准面，在确定夹紧力方向时，应使夹紧力朝向 A 面即主要定位基准面，以保证孔与 A 面的垂直度。反之，若朝向 B 面，当工件 A、

B 两面有垂直度误差时，就无法实现以主要定位基准面定位，因而无法保证所镗孔与 *A* 面垂直的工序要求。

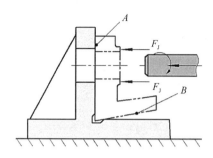

图 5.33   夹紧力应朝向主要定位基准面

（2）夹紧力应朝向工件刚性较好的方向，使工件变形尽可能小。由于工件在不同的方向上刚度是不等的，不同的受力表面也因其接触面积大小不同而变形各异。尤其在夹紧薄壁零件时，更需注意。图 5.34 所示的套筒，由于其轴向刚度大于径向刚度，所以夹紧力应朝向轴向。用自定心卡盘夹紧外圆，显然要比用特制螺母从轴向夹紧工件变形要大。

（3）夹紧力方向应尽可能实现"三力"同向，以利于减小所需的夹紧力。当夹紧力和切削力、工件自身重力的方向均相同时，加工过程中所需的夹紧力为最小，从而能简化夹紧装置的结构，便于操作，且利于减少工件变形。图 5.35 所示为在钻床上钻孔的情况，由于夹紧力 F_J 与工件重力 G 和切削力 F 同向，工件重力和切削力也能起到夹紧作用，因此，这时所需的夹紧力为最小。

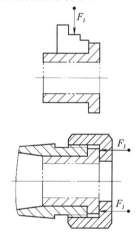

图 5.34   夹紧力应朝向套筒的轴向

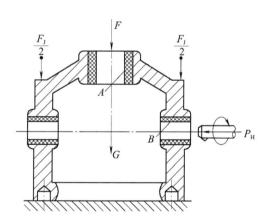

图 5.35   夹紧力与工件重力和切削力同向

2. 夹紧力作用点的确定

（1）夹紧力作用点应落在定位元件上或几个定位元件所形成的支承区域内。图 5.36 所示为夹紧力作用点位置不合理的实例。夹紧力作用点位置不合理，会使工件倾斜或移动，破坏工件的定位。

（2）夹紧力作用点应作用在工件刚性较好的部位上。如图 5.37（a）所示，若夹紧力作用点作用在工件刚性较差的顶部中点，工件就会产生较大的变形。图 5.37（b）所示为夹紧力作用点作用在工件刚性较好的实体部位，并改单点夹紧为两点夹紧，避免了工件产生不必要的变形，且夹紧牢固可靠。

（3）夹紧力作用点应尽量靠近加工部位。夹紧力作用点靠近加工部位可提高加工部位的夹紧刚性，防止或减少工件振动。如图 5.38 所示，主要夹紧力 F_J 垂直作用于主要定位基准面，如果不再施加其他夹紧力，因夹紧力 F_J 没有靠近加工部位，加工过程中易产生振动。所以，应在靠近加工部位处采用辅助支承并施加夹紧力 F_J' 或采用浮动夹紧机构，这样既可提高工件的夹紧刚度，又可减小振动。

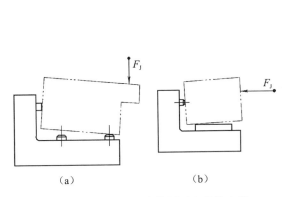

图 5.36　夹紧力作用点位置不合理的实例

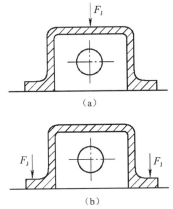

图 5.37　夹紧力作用点应作用在工件刚性较好的部位上

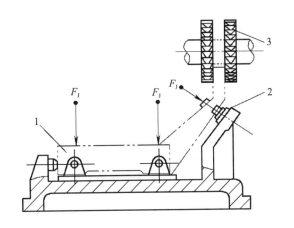

1—工件；2—辅助支承；3—铣刀

图 5.38　在靠近加工部位处采用辅助支承并施加夹紧力

3．夹紧力大小的确定

夹紧力的大小要适当，夹紧力太小，难以夹紧工件；夹紧力太大，将增大夹紧装置的结构尺寸，且会增大工件变形，影响加工质量。

在加工过程中，工件受到切削力、离心力、惯性力及重力等的作用。理论上，夹紧力的大小应与上述力（矩）的大小相平衡。实际上，夹紧力的大小还与工艺系统的刚性、夹紧机构的传递效率等有关。而且切削力的大小在加工过程中是变化的，因此夹紧力的大小只能在静态下进行粗略的估算。关于夹紧力的计算可参阅有关资料。

5.5.3　典型夹紧机构

1. 斜楔夹紧机构

图 5.39 所示为最简单的斜楔夹紧机构。用锤轻轻向右敲打楔块 1，滑柱 2 便下降，滑柱有一个可以摆动的压板 3 同时夹紧两个工件 4。挡销 5 可使楔块在松夹时仍留在夹具体内，以防止楔块丢失。

这种直接用楔块夹紧工件的办法虽然十分简单可靠，但操作不便，所以目前已很少使用。

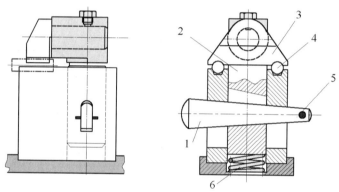

1—楔块；2—滑柱；3—摆动压板；4—工件；5—挡销；6—弹簧

图 5.39　斜楔夹紧机构

2. 螺旋夹紧机构

由螺钉、螺母、垫圈、压板等元件组成的夹紧机构，称为螺旋夹紧机构。图 5.40 所示是应用这种机构夹紧工件的实例。螺旋夹紧机构不仅结构简单、容易制造，而且由于螺旋相当于由平面斜楔缠绕在圆柱表面形成，且螺旋线长、升角小，所以螺旋夹紧机构自锁性能好，夹紧力和夹紧行程大。

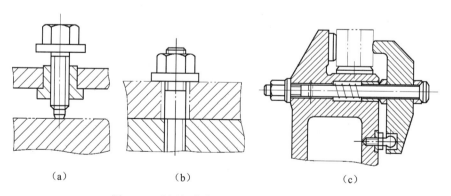

（a）　　　　　　　　　（b）　　　　　　　　　（c）

图 5.40　应用螺旋夹紧机构夹紧工件的实例

3．偏心夹紧机构

用偏心件直接或间接夹紧工件的机构，称为偏心夹紧机构。常用的偏心件是偏心轮和偏心轴。图 5.41 所示为偏心夹紧机构的应用实例。图 5.41（a）、（b）用的是偏心轮，图 5.41（c）用的是偏心轴，图 5.41（d）用的是偏心叉。偏心夹紧机构的优点是结构简单、操作方便、夹紧迅速，缺点是夹紧力和夹紧行程小，一般用于切削力不大、振动小、没有离心力影响的加工中。

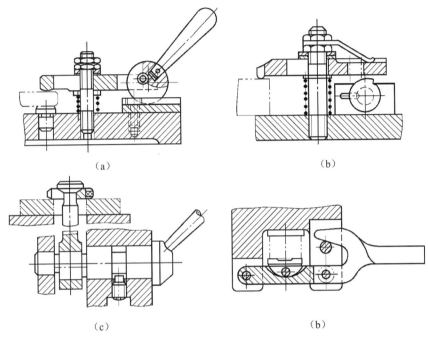

（a）　　　　　　　　　　　　　　　　（b）

（c）　　　　　　　　　　　　　　　　（b）

图 5.41　偏心夹紧机构的应用实例

4．联动夹紧机构

利用单一力源实现单件或多件的多点、多向同时夹紧的机构称为联动夹紧机构。联动夹紧机构便于实现多件加工，故能减少机动时间；又因集中操作，简化了操作程序，可减少动力装置数量、辅助时间和减轻工人劳动强度等，因而能有效地提高生产率，在大批生产中应用广泛。

1）单件联动夹紧机构

这类夹紧机构的夹紧力作用点有两点、三点甚至四点，夹紧力的方向可以相同、相反、相互垂直或交叉。图 5.42（a）表示两个夹紧力互相垂直，拧紧手柄可在右侧面和顶面同时夹紧工件。图 5.42（b）表示两个夹紧力方向相同，拧紧右边螺母，通过螺杆带动平衡杠杆即能使两个压板均匀地同时夹紧工件。

2）多件联动夹紧机构

多件联动夹紧机构一般有平行式多件联动夹紧机构和连续式多件联动夹紧机构。

图 5.43 所示为平行式多件联动夹紧机构。在四个 V 形块上装四个工件，各个夹紧力的方向互相平行，若采用刚性压板［见图 5.43（a）］，则因一批工件定位直径实际尺寸不一致，

使各工件所受的夹紧力不等，甚至夹不紧工件。如果采用图 5.43（b）所示的带有三个浮动环节的压板，则可同时夹紧工件，且各工件所受的夹紧力理论上相等。

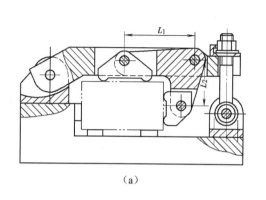
（a）

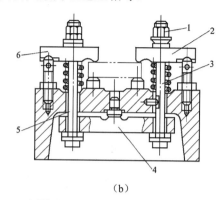
（b）

1—夹紧螺母；2、6—压板；3、5—螺杆；4—杠杆

图 5.42　单件联动夹紧机构

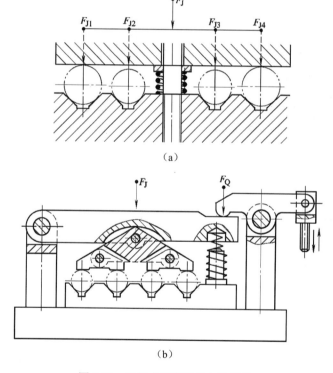

图 5.43　平行式多件联动夹紧机构

5. 定心夹紧机构

在机械加工中，常遇到许多具有对称轴线、对称平面或对称中心的工件，这时可采用定心夹紧机构，如自定心卡盘。采用定心夹紧机构时，轴线、对称平面或对称中心是工件的定位基准，可使定位基准不产生位移，即基准位移误差为零。如果轴线、对称平面或对称中心又是工件的工序基准，则定位基准与工序基准重合，即基准不重合误差也为零，总

的定位误差为零。

定心夹紧机构具有在起定心作用的同时将工件夹紧的特点。而且定心夹紧机构中与工件接触的元件既是定位元件也是夹紧元件（称为工作元件），各工作元件能同步趋近或离开工件，不论各工作元件处于什么位置，其对称中心的位置不变。正是由于这些特点，工件的定位基准位置不变，从而实现工件的定心夹紧。

图 5.44 所示为虎钳式定心夹紧机构，操作螺杆 1，使左、右旋螺纹带动滑座上的 V 形块 2、3（工作元件）做对向等速移动，便可实现工件的定心夹紧，反之，便可松开工件。V 形块可按工作需要更换，其对中精度可借助调节杆 4 实现。

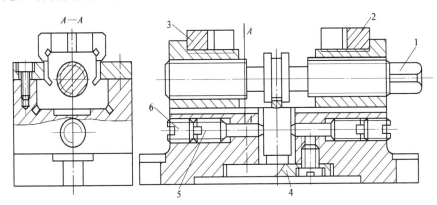

1—螺杆；2、3—V 形块；4—调节杆；5—调节螺钉；6—锁紧螺钉

图 5.44 虎钳式定心夹紧机构

习 题

1．机床夹具由哪几部分组成？各部分具有什么作用？

2．何谓定位和夹紧？为什么说夹紧不等于定位？

3．什么是六点定位原理？

4．工件装夹在夹具中，凡是有六个定位支承点，即为完全定位，凡是超过六个定位支承点就是过定位，不超过六个定位支承点就不会出现过定位，这种说法对吗？为什么？

5．什么是欠定位和过定位？欠定位和过定位是否均不允许？为什么？

6．常见的定位元件有哪些？分别限制的自由度的情况如何？

7．根据六点定位原理，分析图 5.45 所示的各定位方案中各定位元件所限制的自由度。

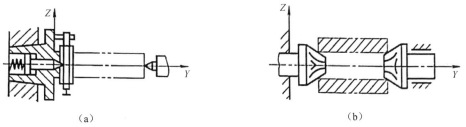

（a） （b）

图 5.45 题 7 图

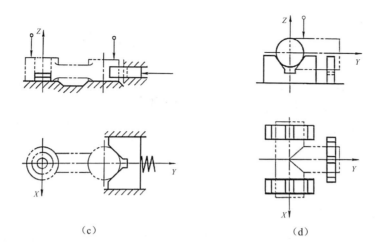

（c）

图 5.45　题 7 图（续）

8．什么是固定支承、可调支承、自位支承和辅助支承？

9．定位误差产生的原因有哪些？其实质是什么？

10．有一批如图 5.46（a）所示的工件，除 A、B 处台阶面外，其余各表面均已加工好。现以图 5.46（b）所示的夹具方案定位铣削 A、B 台阶面，保证 30 ± 0.01 mm 和 60 ± 0.06 mm 两个尺寸。试分析计算定位误差。

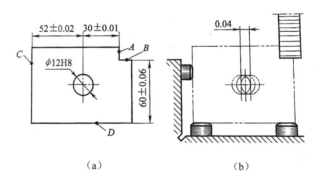

（a）　　　　　（b）

图 5.46　题 10 图

11．铣削图 5.47 所示一批工件上的键槽，并要保证尺寸 $26_{-0.1}^{0}$ mm。已知外径为 $\phi30_{-0.052}^{0}$ mm，采用夹角为 $90°$ 的两个短 V 形块和左端支承钉定位。试分析该定位方案限制了哪几个自由度？并计算定位误差。

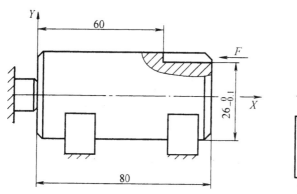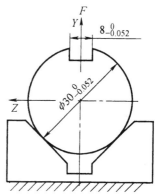

图 5.47　题 11 图

参考文献

[1] 熊良山. 机械制造技术基础[M]. 武汉：华中科技大学出版社，2011.

[2] 贾振元，王福吉，董海. 机械制造技术基础[M]. 北京：科学出版社，2019.

[3] 李凯岭. 机械制造技术基础（3D 版）[M]. 北京：机械工业出版社，2018.

[4] 卢秉恒. 机械制造技术基础[M]. 北京：机械工业出版社，2008.

[5] 于骏一，邹青. 机械制造技术基础[M]. 北京：机械工业出版社，2004.

第 6 章 机械零件加工质量分析与控制

机械产品的质量和使用性能与机械零件的加工和装配质量有直接关系，保证机械零件的加工质量是保证机械产品质量的基础。机械加工质量包括机械加工精度和表面质量两方面的内容，前者指机械零件加工后宏观的尺寸、形状和位置精度；后者主要指零件加工后表面的微观几何形状精度和物理机械性能。

6.1 机械加工精度与获得方法

6.1.1 机械加工精度的基本概念

机械加工精度是指零件加工后的实际几何参数（包括尺寸、形状和表面间的相互位置）与理想几何参数的符合程度。符合程度越高，精度就越高。加工误差是指加工后零件的实际几何参数（包括尺寸、形状和表面间的相互位置）对理想几何参数的偏离程度。加工误差是表示加工精度高低的数量指标，一个零件的加工误差越小，加工精度就越高。

零件的加工精度包含三方面的内容：尺寸精度、形状精度和位置精度。这三者之间是有联系的。形状误差应限制在位置公差之内，而位置误差又应限制在尺寸公差之内。当尺寸精度要求高时，相应的位置精度、形状精度也要求高。但形状精度要求高时，相应的位置精度和尺寸精度不一定要求高，这要根据零件的功能要求来确定。

6.1.2 研究机械加工精度的目的和方法

研究机械加工精度的目的在于掌握机械加工工艺的基本理论，分析各种工艺因素对加工精度的影响及其规律，从而找出减小加工误差、提高加工精度和效率的工艺途径。

研究机械加工精度的方法主要有分析计算法和统计分析法。分析计算法是在掌握各原始误差对加工精度影响规律的基础上，分析工件加工中所出现的误差可能是哪一个或哪几个主要原始误差所引起的（单因素分析或多因素分析），并找出原始误差与加工误差之间的关系，进而通过估算来确定工件的加工误差，再通过测试来加以验证。统计分析法是对具体加工条件下加工得到的零件的几何参数进行实际测量，然后运用数理统计学方法对这些测试数据进行分析处理，找出工件加工误差的规律和性质，进而控制加工质量。分析计算法主要是在对单项原始误差进行分析计算的基础上进行的，统计分析法则是在对有关的原始误差进行综合分析的基础上进行的，而且统计分析法只适用于批量生产。

上述两种方法常常结合起来使用，可先用统计分析法寻找加工误差产生的规律，初步判断产生加工误差的可能原因，然后运用分析计算法进行分析、测试，找出影响工件加工精度的主要原因。

6.1.3　获得机械加工精度的方法

1）获得尺寸精度的方法

（1）试切法。

试切法是指通过试切—测量—调整—再试切……反复进行直到被加工尺寸达到要求为止的加工方法。试切法的加工效率低、劳动强度大，且要求操作者有较高的技术水平，主要适用于单件小批生产。

（2）调整法。

调整法是指预先调整好刀具和工件在机床上的相对位置，并在一批零件的加工过程中保持此位置不变，以保证被加工零件尺寸的加工方法。调整法广泛采用行程挡块、行程开关、靠模、凸轮或夹具等来保证加工精度。这种方法加工效率高，加工精度稳定可靠，无须操作者有很高的技术水平，且劳动强度较小，广泛应用于成批生产、大量生产和自动化生产中。

（3）定尺寸刀具法。

定尺寸刀具法是指用刀具的相应尺寸来保证工件被加工部位的尺寸的加工方法。钻孔、铰孔、拉孔、攻螺纹、用镗刀块加工内孔、用组合铣刀铣工件两侧面和槽面等就是采用的定尺寸刀具法。这种方法的加工精度主要取决于刀具的制造、刃磨质量和切削用量等，其生产率较高，刀具制造较复杂，常用于孔、槽和成形表面的加工。

（4）自动控制法。

自动控制法是指在加工过程中，通过由尺寸测量装置、动力进给装置和控制机构等组成的自动控制系统，自动完成工件尺寸的测量、刀具的补偿调整和切削加工等一系列动作，当工件达到要求的尺寸时，发出指令停止进给和加工，从而自动获得所要求尺寸精度的一种加工方法。如数控机床就是通过数控装置、测量装置及伺服驱动机构来控制刀具或工作台按设定的规律运动，从而保证零件加工的尺寸精度。

2）获得形状精度的方法

（1）轨迹法。

轨迹法是依靠刀具与工件的相对运动轨迹获得加工表面形状的加工方法。如车削加工时，工件做旋转运动，刀具沿工件旋转轴线方向做直线运动，则刀尖在工件加工表面上形成的螺旋线轨迹就是外圆或内孔。用轨迹法加工所获得的形状精度主要取决于刀具与工件的相对运动（成形运动）精度。

（2）成形法。

成形法是利用成形刀具对工件进行加工来获得加工表面形状的方法，如图 6.1 所示，如用曲面成形车刀加工回转曲面、用模数铣刀铣削齿轮、用花键拉刀拉花键槽等。用成形法加工所获得的形状精度主要取决于刀刃的形状精度和成形运动精度。

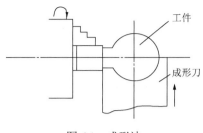

图 6.1　成形法

（3）展成法。

展成法是利用工件和刀具做展成切削运动来获得加工表面形状的加工方法。如在滚齿机或插齿机上加工齿轮。用展成法获得成形表面时，刀刃的形状必须是被加工表面发生线（曲线）的共轭曲线，而作为成形运动的展成运动必须保持刀具与工件确定的速比关系。

3）获得位置精度的方法

（1）一次装夹获得法。

它是指零件有关表面间的位置精度是在工件的同一次装夹中，由各有关刀具相对工件的成形运动之间的位置关系保证的加工方法。如轴类零件车削时外圆与端面的垂直度，箱体孔系加工中各孔之间的同轴度、平行度和垂直度等，均可采用一次装夹获得法来保证。此时影响工件加工表面间位置精度的主要因素是所使用机床（及夹具）的几何精度，而与工件的定位精度无关。

（2）多次装夹获得法。

它是指零件有关表面间的位置精度是由刀具相对工件的成形运动与工件定位基准面（工件在前几次装夹时的加工面）之间的位置关系保证的加工方法。如轴类零件上键槽对外圆表面的对称度，箱体平面与平面之间的平行度、垂直度，箱体孔与平面之间的平行度和垂直度等均可采用多次装夹获得法来保证。

多次装夹获得法又可根据工件装夹方式的不同，划分为直接装夹法、找正装夹法和夹具装夹法三类。

① 直接装夹法。

它是在机床上直接装夹工件来保证加工表面与定位基准面之间位置精度的加工方法。例如，在车床上加工一个要求保证与外圆同轴的内孔表面时，可采用自定心卡盘直接夹持工件的外圆面来进行。显然，此时影响加工表面与定位基准面之间位置精度的主要因素是机床的几何精度。

② 找正装夹法。

它是通过找正工件相对刀具切削刃口成形运动之间准确位置，来保证加工表面与定位基准面之间位置精度的加工方法。例如，在车床上加工一个与外圆同轴度精度要求很高的内孔时，可采用单动卡盘夹持工件的外圆，并利用千分表找正工件的位置，使其外圆表面的轴线与车床主轴回转轴线同轴后再进行加工。此时，零件各有关表面之间的位置精度已不再与机床的几何精度有关，而主要取决于工件装夹时的找正精度。

③ 夹具装夹法。

它是通过夹具来确定工件与刀具切削刃口成形运动之间的准确位置，从而保证加工表面与定位基准面之间位置精度的加工方法。由于装夹工件时使用了夹具，故此时影响零件加工表面与定位基准面之间位置精度的主要因素，除了机床的几何精度，还有夹具的制造和安装精度。

6.2 工艺系统的几何误差

6.2.1 机械加工过程中的原始误差

机械加工中零件的尺寸、形状和位置误差，主要是由工件与刀具在切削运动中相互位置发生了变动而造成的。由于工件和刀具安装在夹具和机床上，因此，机床、夹具、刀具和工件成为一个完整的工艺系统。工艺系统中的种种误差，是造成零件加工误差的根源，称为原始误差。工艺系统的原始误差可以分为两大类。第一类是与工艺系统初始状态有关的原始误差，称为静误差。属于这一类的有工件相对于刀具静止时就已存在的加工原理误差、工件定位误差、调整误差、夹具误差和刀具误差等，以及刀具相对工件运动时就已存在的机床主轴回转误差、机床导轨导向误差和机床传动链的传动误差等。第二类是与工艺过程有关的原始误差，称为动误差。属于这一类的有工艺系统受力变形、工艺系统受热变形、加工过程中刀具磨损、测量误差及可能出现的内应力引起的变形等。

加工过程中可能出现的各种原始误差可归纳如下。

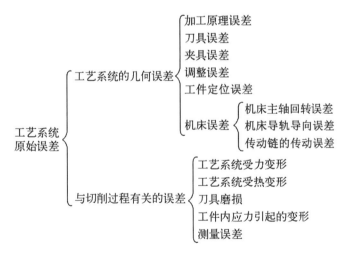

对于具体的加工过程，上述原始误差不一定全都出现。例如，车削外圆时就不考虑加工原理误差和机床传动链的传动误差。

6.2.2　工艺系统原始误差对机械加工精度的影响及其控制

加工原理误差是指采用近似的成形运动或近似的刀刃轮廓进行加工而产生的误差。例如，用展成法滚切齿轮时，所用的滚刀存在两类加工原理误差：一是为了制造方便，采用阿基米德基本蜗杆或法向直廓基本蜗杆代替渐开线基本蜗杆而产生的刀刃齿廓近似造型误差；二是由于用于切削的滚刀不可能是连续的曲面，必须有刀刃和容屑槽，实际上加工出的齿形是一条由微小折线段组成的曲线，与理论上的光滑渐开线有差异，这会产生加工原理误差。又如，用模数铣刀成形铣削齿轮时，尽管对同一模数的齿轮，其齿数不同，则齿形也不同，但为了减少使用的模数铣刀的种类，对同一模数的齿轮按齿数分组，同一组的齿轮用同一模数铣刀进行加工。该铣刀的参数按该组齿轮中齿数最少的齿形设计，这样对其他齿数的齿轮就会产生加工原理误差。再如，在采用普通公制丝杠的车床上加工英制螺纹，螺纹导程的换算参数中包含无理数 π，不可能通过调整挂轮的齿数来准确无误地实现，只能用近似的传动比即近似的成形运动来加工。

采用近似的成形运动或近似的刀刃轮廓，虽然会带来加工原理误差，但往往可以简化机床结构或刀具形状，使工艺上容易实现，有利于从总体上提高加工精度、降低生产成本、提高生产效率。因此，加工原理误差的存在有时是合理的、可以接受的。但在精加工时，对加工原理误差需要仔细分析，必要时还需进行计算，以确保由其引起的加工误差不会超过规定的精度要求所允许的范围（一般加工原理误差引起的加工误差应小于工件公差的15%）。

6.2.3　机床误差对机械加工精度的影响

机床误差是通过各种成形运动反映到加工表面的。机床的成形运动主要包括两大类，即主轴的回转运动和移动件的直线运动。引起机床误差的原因主要有机床的制造误差、安装误差和机床使用过程中的磨损。工件的加工精度很大程度上取决于机床的精度。影响工件加工精度的机床误差很多，其中影响较大的有主轴回转误差、导轨导向误差和传动链的传动误差。

1．机床主轴回转误差

1）机床主轴回转误差的基本概念

主轴回转误差是指主轴实际回转轴线相对于理想回转轴线的偏离程度，也称为主轴漂移。机床主轴是用来装夹工件或刀具，并传递切削运动和动力的重要零件，其回转精度是评价机床精度的一项极重要的指标，对零件加工表面的几何形状精度、位置精度和表面粗糙度都有影响。

主轴回转时，理论上其回转轴线的空间位置应该固定不变，即回转轴线没有任何运动。但实际上，由于主轴部件中轴承、轴颈、轴承座孔等的制造误差和配合质量，润滑条件，以及回转时的动力因素的影响，主轴回转轴线的空间位置会周期性地变化。生产中通常以平均回转轴线（主轴各瞬时回转轴线的平均位置）来表示主轴的理想回转轴线，如图 6.2

所示，其中主轴回转轴线的误差运动可以分解为纯径向圆跳动、纯轴向窜动和纯倾角摆动三种基本形式。

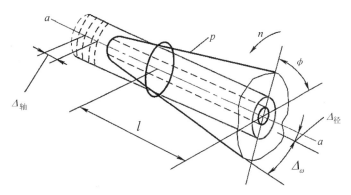

a—平均回转轴线；*n*—主轴转向；*p*—实际回转轴线；ϕ—回转位置；

l—轴承距离；$\Delta_{轴}$—轴向窜动；$\Delta_{径}$—径向圆跳动；Δ_{ω}—倾角摆动

图 6.2　主轴的理想回转轴线

2）影响主轴回转精度的主要因素

（1）主轴误差。主轴误差主要包括主轴轴径的圆度误差、同轴度误差（使主轴轴心线发生偏斜）和主轴轴径轴向承载面与轴线的垂直度误差（影响主轴轴向窜动量）。

（2）轴承误差。主轴采用滑动轴承时，轴承误差主要是指主轴颈和轴承内孔的圆度误差和波纹度。

对于工件回转类机床（如普通车床、磨床等），切削力的方向大体上是不变的。主轴在切削力的作用下，主轴颈以不同部位和轴承内孔的某一固定部位相接触。因此，影响主轴回转精度的因素主要是主轴轴颈的圆度误差和波纹度，而轴承孔的形状误差影响较小。

对于刀具回转类机床（如镗床等），由于切削力方向随主轴的回转而变化，主轴颈在切削力作用下总是以某一固定部位与轴承内表面的不同部位接触。因此，对主轴回转精度影响较大的是轴承孔的圆度误差。

当主轴采用滚动轴承时，由于滚动轴承由内圈、外圈和滚动体等组成，因此影响其回转精度的因素很多。轴承内、外圈滚道的形状误差，如图 6.3（a）、（b）所示；内圈滚道与轴承孔刀具的同轴度误差，如图 6.3（c）所示；滚动体的尺寸误差和形状误差，如图 6.3（d）所示，都对主轴回转精度的误差有影响。

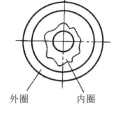

（a）内圈滚道形状误差

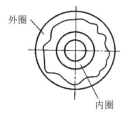

（b）外圈滚道形状误差

（c）内圈滚道与轴承孔的
同轴度误差

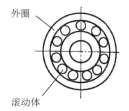

（d）滚动体的尺寸误差与
形状误差

图 6.3　滚动轴承的形状误差

对于工件回转类机床，滚动轴承内圈滚道圆度误差对主轴回转精度影响较大；对于刀具回转类机床，外圈滚道对主轴回转精度影响较大。滚动轴承的内、外圈滚道如果有波纹度，则不管是工件回转类机床还是刀具回转类机床，回转时都将产生高频径向圆跳动。滚动轴承滚动体的尺寸误差会引起主轴回转的径向圆跳动。通常滚动体尺寸误差极小，由其造成的误差幅值也很小。

若主轴的前后轴承处分别存在径向圆跳动，且跳动量不在同一方向上，或在同一方向上但跳动量不相等，则主轴回转轴线就会产生角度摆动，角度摆动的频率与径向圆跳动一致。主轴轴承间隙增大会使轴向窜动量与径向圆跳动量增大。

采用推力轴承时，其滚道的端面误差会造成主轴的轴向圆跳动。角接触球轴承和圆锥滚子轴承的滚道误差既会造成主轴轴向圆跳动，也会引起径向圆跳动和摆动。

（3）与轴承配合的零件误差。由于轴承内、外圈或轴瓦很薄，受力后容易变形，因此与之相配合的箱体支承孔的圆度误差，会使轴承内、外圈或轴瓦发生变形而产生圆度误差。与轴承圈端面配合的零件，如轴肩、过渡套、轴承端盖、螺母等的有关端面，如果有平面度误差或与主轴回转轴线不垂直，会使轴承内、外圈滚道倾斜，造成主轴回转轴线的径向、轴向漂移。箱体前后支承孔、主轴前后支承轴颈的同轴度误差，会使轴承内、外圈滚道相对倾斜，也会引起主轴回转轴线的漂移。

（4）主轴转速。由于主轴部件质量不平衡、机床各种随机振动以及回转轴线的不稳定随主轴转速的增加而增加，主轴在某个转速范围内，回转精度较高，超过这个范围时，误差就较大。

（5）主轴系统的径向不等刚度和热变形。主轴系统的刚度在不同方向上往往不相等，当主轴上所受外力的方向随主轴回转而变化时，就会因变形不一致而使主轴轴线漂移。

机床工作时，主轴系统的温度将升高，使主轴轴向膨胀和产生径向位移。由于轴承径向热变形不相等，前后轴承的热变形也不相同，在装卸工件和进行测量时，主轴必须停车而使温度发生变化，这些都会引起主轴回转轴线的位置变化和漂移而影响主轴回转精度。

3）主轴回转误差对加工精度的影响

在分析主轴回转误差对加工精度的影响时，首先要注意主轴回转误差在不同方向上的影响是不同的。例如在车削圆柱表面时，主轴回转误差沿刀具与工件接触点的法线方向分量 Δy 对精度影响最大，如图 6.4（a）所示，反映到工件半径方向上的误差为 $\Delta R = \Delta y$，而切向分量 Δz 对精度影响最小，如图 6.4（b）所示。由图 6.4 可看出，存在误差 Δz 时，反映到工件半径方向上的误差为 ΔR，其关系式为

$$(R + \Delta R)^2 = \Delta z^2 + R^2$$

整理中略去高阶微量 $(\Delta R)^2$ 项，可得 $\Delta R = \Delta z^2 / (2R)$。设 $\Delta z = 0.01$mm，$R = 50$mm，则 $\Delta R = 0.000001$mm。此值极小，完全可以忽略不计。

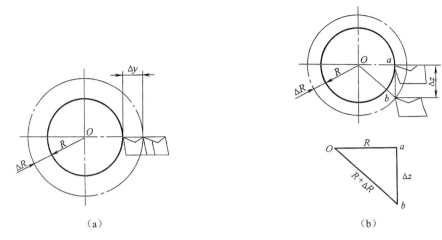

（a） （b）

图 6.4 机床主轴回转误差的误差敏感方向

因此，一般称法线方向为误差的敏感方向，切线方向为非敏感方向。分析主轴回转误差对加工精度的影响时，应着重分析误差敏感方向的影响。

（1）纯径向圆跳动。主轴的纯径向圆跳动误差在用车床加工端面时不引起加工误差，在车削外圆时对加工误差的影响如图 6.5 所示。在用刀具回转类机床加工内圆表面，如用镗床镗孔时，主轴轴承孔或滚动轴承外圆的圆度误差将直接反映到工件的圆柱面上，如图 6.6 所示。

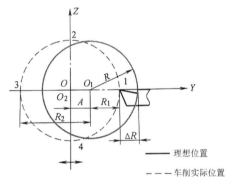

图 6.5 纯径向圆跳动在车削外圆时对加工误差的影响

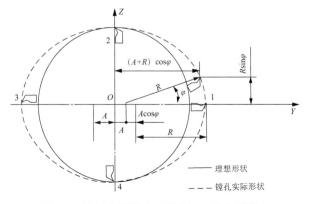

图 6.6 纯径向圆跳动对镗孔加工精度的影响

（2）纯轴向窜动。在刀具为点刀刃的理想条件下，主轴纯轴向窜动会导致加工的端面如图 6.7（a）、（b）所示。端面上沿半径方向上的各点是等高的；工件端面由垂直于轴线的线段一方面绕轴线转动，另一方面沿轴线移动，形成如同端面凸轮一般的形状（端面中心附近有一凸台）。端面上点的轴向位置只与转角 φ 有关，与径向尺寸无关。一般情形下刀具不可能是点刀刃，刀具的主刀面、副刀面在端面最终形成中都会产生影响，最终产生的端面形状如图 6.7（c）所示。

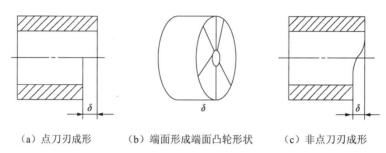

　　（a）点刀刃成形　　　（b）端面形成端面凸轮形状　　　（c）非点刀刃成形

图 6.7　纯轴向窜动对车削端面的影响

加工螺纹时，主轴的轴向窜动将使螺距产生周期误差。

（3）纯倾角摆动。主轴轴线的纯倾角摆动，无论是在空间平面内运动或沿圆锥面运动，都可以按误差敏感方向投影为加工圆柱面时某一横截面内的径向圆跳动，或加工端面时某一半径处的轴向窜动。因此，其对加工误差的影响就是投影后的纯径向圆跳动和纯轴向窜动对加工误差的影响的综合。纯倾角摆动对镗孔精度的影响如图 6.8 所示。

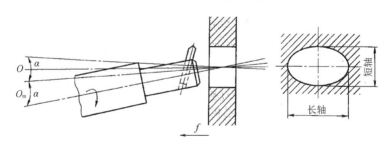

O—工件孔轴心线；O_m—主轴回转轴线

图 6.8　纯倾角摆动对镗孔精度的影响

实际上主轴工作时其回转轴线的漂移运动总是上述三种形式的误差运动的合成，故不同横截面内轴心的误差运动轨迹既不相同，又不相似；既影响所加工工件圆柱面的形状精度，又影响端面的形状精度。

4）提高主轴回转精度的措施

（1）提高主轴部件的制造精度。首先应提高轴承的回转精度，如选用高精度的滚动轴承，或采用高精度的多油楔动压轴承和静压轴承；其次是提高箱体支承孔、主轴轴颈和与轴承相配合零件有关表面的加工精度。此外，还可在装配时先测出滚动轴承及主轴锥孔的径向圆跳动，然后调节径向圆跳动的方位，使误差相互补偿或抵消，以减少轴承误差对主轴回转精度的影响。

（2）对滚动轴承进行预紧。对滚动轴承进行适当预紧以消除间隙，甚至产生微量过盈。由于轴承内外圈和滚动体弹性变形的相互制约，既增加了轴承刚度，又对轴承内外圈滚道和滚动体的误差起到均化作用，因而可提高主轴的回转精度。

（3）使主轴的回转误差不反映到工件上。直接保证工件在加工过程中的回转精度，而使回转精度不依赖于主轴，这是保证工件形状精度最简单而又有效的方法。例如，在外圆磨床上磨削外圆柱面时，为避免工件的形状精度受头架主轴回转误差的影响，工件采用两个固定顶尖支承，主轴只起传动作用，如图 6.9 所示，工件的回转精度完全取决于顶尖和中心孔的形状误差和同轴度误差。

提高顶尖和中心孔的精度要比提高主轴部件的精度容易且经济得多。又如，在镗床上加工箱体类零件上的孔时，可采用带前、后导向套的镗模，如图 6.10 所示，刀杆与主轴浮动连接，所以刀杆的回转精度与机床主轴的回转精度也无关，仅由刀杆和导套的配合质量决定。

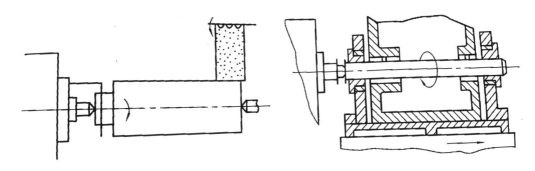

图 6.9　磨外圆柱面时用固定顶尖支承工件　　　　图 6.10　用镗模镗孔

2．机床导轨导向误差

导轨导向精度是指机床导轨副运动件实际运动方向与理想运动方向的符合程度。两者之间的误差值称为导向误差。导轨是机床中确定主要部件相对位置的基准，也是运动的基准。导轨的导向精度是成形运动精度和工件加工精度的保证。

在机床的精度标准中，直线导轨导向精度一般包括下列主要内容：

（1）导轨在垂直面内的直线度 Δ（弯曲），如图 6.11（a）所示；

（2）导轨在水平面内的直线度 Δ（弯曲），如图 6.11（b）所示；

（3）前后导轨的平行度 Δ（扭曲），如图 6.12 所示；

（4）导轨对主轴回转轴线的平行度（或垂直度）。

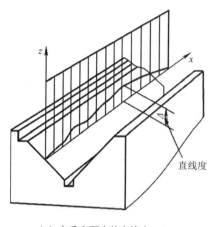

（a）在垂直面内的直线度　　　　　　　　（b）在水平面内的直线度

图 6.11　导轨的直线度

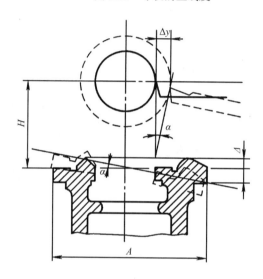

图 6.12　前后导轨的平行度

　　机床导轨的几何精度，不但决定于它的制造精度和使用的磨损情况，而且和机床的安装情况有很大关系。在生产实际中，安装机床这项工作被称为"安装水平的调整"。安装水平调整得不好，就会影响导轨的制造精度，影响导轨在机床工作时所起的基准作用。所以，无论在新机床出厂检验或是使用厂把它安装起来投入工作之前，都要首先按照部颁标准或制造厂的机床说明书中的规定，检验安装水平。特别是长度较长的龙门刨床、龙门铣床和导轨磨床等，它们的床身导轨是一种细长的结构，刚性较差，在本身自重的作用下就容易变形。

　　导轨误差的常规检查方法有：垂直面内的直线度，采用与导轨相配合的桥板、水平仪，在导轨纵向上分段检测，记下水平仪的读数，画出曲线图，再计算其误差大小和判断凹凸程度，如图 6.13（a）所示。前后导轨的平行度也采用桥板和水平仪，在导轨的几个位置上检测，取其最大代数差，如图 6.13（b）所示；水平面内的直线度采用桥板和准直仪检测。

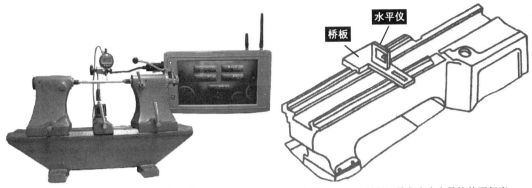

（a）测量垂直面内的直线度　　　　　（b）用水平仪和桥板测量车床床身导轨的平行度

图 6.13　导轨三项误差的常规检查方法

以上三种检查方法都较费工时。对于车床而言，导轨垂直方向的原始误差既然对加工误差的影响可以忽略不计，可否采用更简便的方法呢？有人提出了图 6.14 所示的检查方法，在床身之外，平行于导轨面放置一桥形平尺，将磁力表座固定在桥板上，千分表表头抵在桥形平尺的工作表面上，在导轨的全长上推拉桥板，千分表读数的最大代数差就是导轨的综合原始误差。

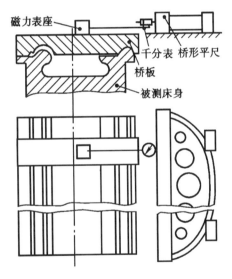

图 6.14　导轨原始误差的检查

3．机床传动链的传动误差

对某些表面的加工，如齿轮、蜗轮、螺纹、丝杠表面的形成，要求刀具和工件之间有严格的运动关系。例如车削丝杠螺纹时，要求工件转一转，刀具应移动一个导程，如图 6.15 所示；在单头滚刀滚齿时，要求滚刀转一转，工件应转过一个齿分角，这种相连的运动关系是由机床的传动系统即传动链来保证的，如图 6.16 所示，因此有必要对传动链的误差加以分析。

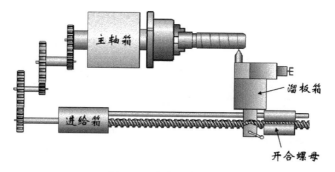

图 6.15　车削丝杠螺纹

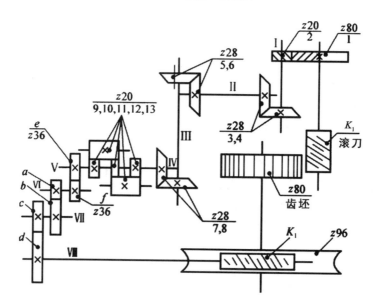

图 6.16　Y3180 型滚齿机传动链图

假定滚刀匀速回转，若滚刀轴上的齿轮 1 由于加工和安装而产生转角误差 $\Delta\varphi_1$，则通过传动链传到工作台，造成这一终端元件的转角误差为：

$$\Delta\varphi_{1n} = \Delta\varphi_1 \times \frac{80}{20} \times \frac{28}{28} \times \frac{28}{28} \times \frac{28}{28} \times i_差 \times i_分 \times \frac{1}{96} = \Delta\varphi_1 \times i_差 \times i_分 \times \frac{1}{24} = K_1\Delta\varphi_1$$

式中，$i_差$ 为差动轮系的传动比，在滚直齿时为 1；$i_分$ 为分度挂轮传动比，即 $\frac{z_e}{z_f} \times \frac{z_a}{z_b} \times \frac{z_c}{z_d}$；$K_1$ 为第一个元件的误差传递系数，$K_1 = \frac{1}{24} i_差 \times i_分$。

若传动链中第 j 个元件有转角误差 $\Delta\varphi_j$，则传递到工作台而产生的转角误差为：

$$\Delta\varphi_{jn} = K_j\Delta\varphi_j$$

式中，K_j 为第 j 个元件的误差传递系数，如齿轮 2（z_2=20）有转角误差 $\Delta\varphi_2$，则工作台产生的转角误差为：

$$\Delta\varphi_{2n} = \Delta\varphi_2 \times \frac{28}{28} \times \frac{28}{28} \times \frac{28}{28} \times i_差 \times i_分 \times \frac{1}{96} = K_2\Delta\varphi_2, \quad K_2 = \frac{1}{96} i_差 \times i_分$$

由于所有的传动件都可能存在误差，因此各传动件引起的工作台总的转角误差为

$$\Delta\varphi_\Sigma = \sum_{j=1}^{n} K_j \Delta\varphi_j \, .$$

为了提高传动链的传动精度，可采取如下的措施：

（1）尽可能缩短传动链，减少误差源数 n。

（2）尽可能采用降速传动，因为升速传动时 $K_j > 1$，传动误差被扩大，降速传动时 $K_j < 1$，传动误差被缩小；尽可能使末端传动副采用大的降速比（K_j 值小），因为末端传动副的降速比越大，其他传动元件的误差对被加工工件的影响越小；末端传动元件的误差传递系数等于 1，它的误差将直接反映到工件上，因此末端传动元件应尽可能制造得精确些。

（3）提高传动元件的制造精度和装夹精度，以减小误差源 $\Delta\varphi_j$，并尽可能地提高传动链中升速传动元件的精度。

此外，还可以采用传动误差补偿装置来提高传动链的传动精度。考虑到传动链误差是既有大小、又有方向的向量，可以采用误差校正装置，在原传动链中人为地加入一个补偿误差，其大小与传动链本身的误差相等而方向相反，从而使之相互抵消。

高精度螺纹加工机床常采用的机械式校正装置的工作原理如图 6.17 所示。根据测量的被加工工件 1 的导程误差，设计出校正尺 5 上的校正曲线 7，校正尺 5 固定在机床床身上。加工螺纹时，机床传动丝杠 3 带动螺母 2 及与其相固连的刀架和杠杆 4 移动，同时，校正尺 5 上的校正曲线 7 通过触头 6、杠杆 4 使螺母 2 产生一个附加运动，从而使刀架得到一个附加位移，以补偿传动误差。

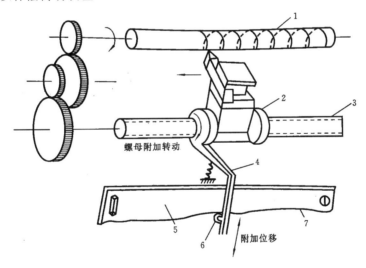

1—工件；2—螺母；3—丝杠；4—杠杆；5—校正尺；6—触头；7—校正曲线

图 6.17　机械式校正装置的工作原理

采用机械式校正装置只能校正机床静态的传动误差。如果要同时校正动态的传动误差，则需采用计算机控制的传动误差补偿装置。

6.2.4　工艺系统其他几何误差对加工精度的影响

1. 夹具误差

夹具误差主要包括定位元件、刀具引导元件、分度机构和夹具体装配后各元件工作面之间的位置误差等，以及夹具在使用过程中工作表面的磨损。

夹具误差将直接影响工件加工表面的位置精度或尺寸精度。图 6.18 所示为钻孔夹具误差对加工精度的影响。钻套中心至夹具体上定位平面间的距离误差，直接影响工件孔至底平面的尺寸精度；钻套中心线与夹具体上定位平面间的平行度误差，直接影响工件孔中心线与底平面的平行度；钻套孔的直径误差也将影响工件孔至底平面的尺寸精度与平行度。

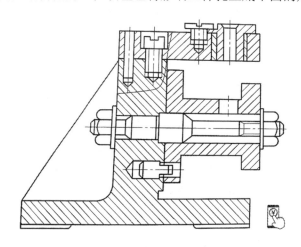

图 6.18　钻孔夹具误差对加工精度的影响

2. 刀具误差

刀具误差对加工精度的影响根据刀具的种类不同而异，具体的加工条件也可能影响工件的尺寸、形状或位置精度。

（1）采用定尺寸刀具（如钻头、铰刀、键槽铣刀、镗刀块及圆拉刀等）加工时，刀具的尺寸精度直接影响工件的尺寸精度。

（2）采用成形刀具（如成形车刀、成形铣刀和成形砂轮等）加工时，刀具的形状精度将直接影响工件的形状精度。展成刀具（如齿轮滚刀、花键滚刀和插齿刀等）的切削刃曲线必须是加工表面的共轭曲线，因此切削刃的形状误差也会影响加工表面的形状精度。

（3）多刀加工时刀具之间的位置精度会影响有关加工表面之间的位置精度。

（4）一般刀具（如车刀、镗刀和铣刀）的制造精度看起来对加工精度无直接影响，但这类刀具寿命较短，刀具容易磨损，在加工大型工件或用调整法批量加工时对加工误差的影响不容忽视。

刀具在切削过程中不可避免地要产生磨损，并由此引起工件尺寸和形状误差。例如用成形刀具加工时，刀具刃口的不均匀磨损将直接反映在工件上，造成形状误差；在加工较大表面（一次进给需较长时间）时，刀具的尺寸磨损会严重影响工件的形状精度；用调整法加工一批工件时，刀具的磨损会扩大工件尺寸的分散范围。

刀具的尺寸磨损是指切削刃在加工表面的法线方向（误差敏感方向）上的磨损量，如图 6.19 所示，它直接反映出刀具磨损对加工精度的影响。

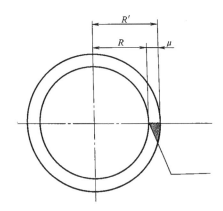

图 6.19　车刀的尺寸磨损

3．调整误差

在零件加工的每一道工序中，为了获得加工表面的尺寸、形状和位置精度，总需要对机床、夹具和刀具进行调整，任何调整工作都必然会带来一定的误差。

机械加工中零件的生产批量和加工精度要求不同，所采用的调整方法也不同。例如，大批生产时，一般采用样板、样件、挡块及靠模等调整工艺系统；在单件小批生产中通常利用机床上的刻度或量块进行调整。调整工作的内容也因工件的复杂程度而异。因此，调整误差是由多种因素引起的。

（1）小批生产中，常采用试切法进行调整加工，即对工件进行试切—测量—调整—再试切，直至达到所要求的精度，它的误差来源主要有：

① 测量误差。测量工具的制造误差、读数的估计误差及测量温度等引起的误差都将掺入测量所得的读数中，这无形中增大了加工误差。

② 微进给机构的位移误差。在试切中，总是要微量调整刀具的进给量，以便最后达到工件的尺寸精度。但是在低速微量进给中，进给机械常会出现"爬行"现象，即由于传动链的弹性变形和摩擦，摇动手轮或手柄进行微量进给时，执行件并不运动，当微量进给量累积到一定值时，执行件又突然运动，结果使刀具的实际进给量比手柄刻度盘上显示的数值要偏大或偏小些，以致难以控制尺寸精度，造成加工误差。

③ 最小切削厚度极限。在切削加工中，刀具所能切削的最小厚度是有一定限度的，锋利的切削刃可切下 5μm，磨钝的切削刃只能切下 20～50μm，切削厚度再小时切削刃就切不下金属，而在金属表面上打滑，只起挤压作用，因此，最后所得的工件尺寸就会有误差。

（2）调整法加工。在中批以上的生产中，常采用调整法加工，所产生的调整误差与所用的调整方法有关。

① 用定程机构调整。在半自动机床、自动机床和自动线上，广泛使用行程挡块、靠模及凸轮等机构来调整。这些机构的制造精度、刚度以及与其配合使用的离合器、控制阀等的灵敏度是产生调整误差的主要因素。

② 用样板或样件调整。在各种仿形机床、多刀机床及专业机床中，常采用专门的样件或样板来调整刀具与刀具、工件与刀具的相对位置，以保证工件的加工精度。在这种情况下，样件或样板本身的制造误差、安装误差和对刀误差，是产生调整误差的主要因素。

③ 用对刀装置或引导元件调整。在采用专用铣床夹具或专用钻床夹具加工工件时，对刀块、塞尺和钻套的制造误差，对刀块和钻套相对定位元件的误差，以及钻套和刀具的配合间隙，是产生调整误差的主要因素。

6.3　工艺系统的受力变形及其对工件精度的影响

6.3.1　基本概念

1．静刚度和动刚度

机械加工过程中由机床（夹具）、刀具和工件组成的工艺系统，在切削力、夹紧力、传动力、重力、惯性力等外力的作用下，以及在工件内应力的作用下，会产生相应的变形（弹性变形及塑性变形），从而破坏刀具和工件之间的已经调整好的相对位置和成形运动的位置，使加工后的工件产生几何误差和尺寸误差。例如在车细长轴时，在切削力的作用下，轴产生弯曲变形，使得车完的轴呈两头细、中间粗的腰鼓形，如图 6.20（a）所示。又如在内圆磨床上进行切入式磨孔时，内圆磨头轴在磨削力的作用下产生弹性变形，使得磨后的孔出现锥度，如图 6.20（b）所示。

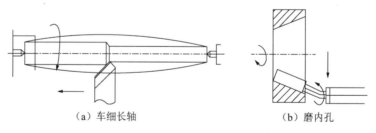

（a）车细长轴　　　　　　　　　　　　（b）磨内孔

图 6.20　受力变形对形状精度的影响

工艺系统在静载荷作用下，会产生静变形，载荷越大，变形越大。因此，我们把静力与静力作用下产生变形的比值 $K_j = P_j/y_j$ 称为工艺系统的静刚度。

当系统受到周期性的外力或动态切削力作用时，系统就会产生振动。振动的振幅和频率与周期性外力的振幅和频率有关。把某一频率范围内产生单位振幅所需的激振力幅值定义为该频率下的动刚度 K_D。如果工艺系统的动刚度不好，加工时刀具和工件之间会产生强烈的振动，使切削过程中的稳定性遭到破坏，从而影响加工过程的进行和工件的质量。

2．工艺系统刚度的定义

在加工过程中，把工艺系统抵抗受力变形的能力称为工艺系统的刚度，由于加工中受力变形是多方向的，从影响精度的角度出发，应该讨论对加工精度影响大的方向即误差敏感方向上的受力和变形问题。

机床在切削力作用下的变形情况是很复杂的，如图 6.21 所示的刀架，受到力 P_y 的作用后，不仅将产生 y 方向的变形，还产生 z 方向的变形；同样在力 P_z 的作用下，不仅将产生 z 方向的变形，还产生 y 方向的变形。力 P_x 也一样，如图 6.22 所示，可使工件产生 x 方向的变形和 y 方向的变形。切削力是一个空间力，它可分解为三个方向的分力 P_x、P_y、P_z。因此刀架的总变形是由 P_x、P_y、P_z 三力综合作用的结果。

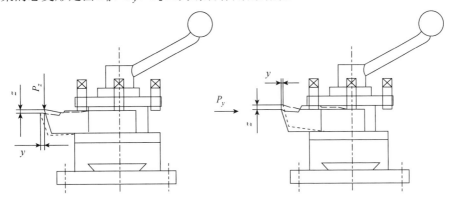

图 6.21　车床刀架的受力变形

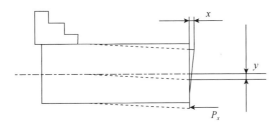

图 6.22　力 P_x 作用下的工件变形

为了研究工艺系统受力变形对加工精度的影响，工艺系统（包括机床、夹具、刀具和工件）刚度的定义为：作用于工艺系统的切削力在误差敏感方向上的切削分力与工艺系统在该方向上的变形的比值，即 $K_s=P_y/y$。y 值是在 P_x、P_y、P_z 的共同作用下（其合力方向即为切削力方向）系统在误差敏感方向（y 方向）上的变形，而并不只是在 P_y 力作用下的变形。

由于切削过程中切削力是不断变化的，工艺系统在动态下产生的变形不同于静态下的变形，这样就有静刚度和动刚度的区别。在一般情况下，工艺系统的动刚度与静刚度成正比，还与系统的阻尼、交变力频率与系统固有频率之比有关。为了搞清工艺系统受力变形的最基本的概念，在本节中只讨论静刚度问题。

若有一根棒料装夹在卡盘中，则可以按照材料力学中的悬臂梁公式，把这根棒料的刚度 K 直接计算出来：

$$y = \frac{F_y l^3}{3EI} \qquad K = \frac{F_y}{y} = \frac{3EI}{l^3}$$

式中，l 为棒料悬伸长度（mm）；E 为棒料的弹性模量（N/mm²），对钢料来说，$E=2\times10^5\text{N/mm}^2$；$I$ 为棒料截面的惯性矩（mm⁴），$I = \frac{\pi d^4}{64}$，其中 d 为棒料的直径（mm）。所以

$$K = \frac{3 \times 2 \times 10^5 \times \pi d^4}{64 l^3} \approx 30000 \frac{d^4}{l^3} \text{。}$$

图 6.23 表示在顶尖间加工棒料时工件的受力变形。根据经验，可以把它近似地当作两端架在自由支承上的梁。

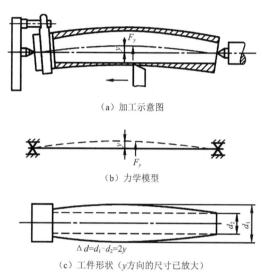

（a）加工示意图

（b）力学模型

$$\Delta d = d_1 - d_2 = 2y$$

（c）工件形状（y 方向的尺寸已放大）

图 6.23   在顶尖间加工棒料时工件的受力变形

由材料力学可知，当载荷施加在梁的中间时，产生的弹性位移最大：$y = \frac{F_y l^3}{48EI}$。因此对于钢料而言：$y = \frac{48EI}{l^3} \approx 480000 \frac{d^4}{l^3}$。

上面所举的零件刚度的例子，一般可以用材料力学的公式做近似计算，和实际的出入不大。但是遇到由若干零件组成的部件时，刚度问题就比较复杂，迄今还没有合适的计算方法，需要用实验的方法加以测定。为了便于说明问题，先看一下车床刀架和头尾架静刚度的测试方法。

如图 6.24 所示，在车床两顶尖之间安装一根短而粗的心轴，并在刀架上装一个螺旋加力器，在加力器和心轴之间放一个测力环。转动加力器的加力螺钉，在刀架与心轴之间便产生了作用力，力的大小由测力环中的千分表 3 读出（测力环预先在材料试验机上校正过，千分表的读数代表受多大的作用力）。在这个力的作用下，刀架的位移可以由装在床身上的千分表 4 直接测出，头架和尾架的位移则可由千分表 1 和 2 测出。

图 6.25 所示为一台车床刀架部件的静刚度曲线。试验时载荷逐渐加大，再逐渐减小，反复三次。

由图 6.25 可见：①力和变形的关系不是直线关系，不符合胡克定律，这反映了部件的变形不纯粹是弹性变形。②加载曲线与卸载曲线不重合，它们间包容的面积代表了在加载、卸载的循环中所损失的能量，也就是克服部件内零件之间的摩擦力和接触面塑性变形所做的功。③当载荷去除后，变形恢复不到起点，这说明部件的变形不仅有弹性变形，还产生了不能恢复的塑性变形。图 6.25 中所示的变形可达 10μm。在反复加载以后，残余变形逐渐减小到零，加载曲线才和卸载曲线重合。④部件的实际刚度远比我们想象的要小。也就是说，不要看刀架的轮廓尺寸相当大，它并不是铁板一块，而是由许多零件组合而成的，其中存在着许多薄弱环节，所以在受力变形时不能和整体的零件相比。由图6.25可知，切削力-变形曲线的斜率表示了刚度的大小。

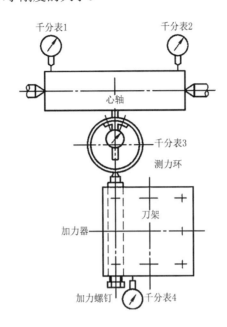

图6.24　车床刀架和头尾架静刚度的测试

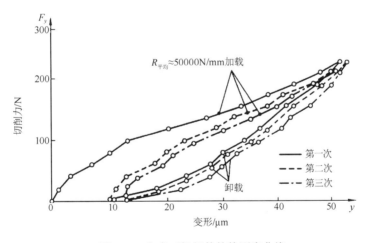

图6.25　车床刀架部件的静刚度曲线

一般取两个端点的连线的斜率来表示其平均刚度，在本例中：
$$K_{平均}=\frac{250\times1000}{52}\text{N/mm}=5000\text{N/mm}$$
只相当于一个30mm×30mm×200mm铸铁悬臂梁的刚度。上述试验说明了部件的受力变形和单个零件的受力变形是大有区别的。后者是零件本身的弹性变形，而前者则除零件本身的弹性变形以外，还有其他因素。

根据研究，影响部件刚度的因素有接触变形、薄弱零件本身的变形、间隙。

1）接触变形（零件与零件间接触点的变形）

机械加工后零件的表面并非理想的平整和光滑，而是有着宏观的形状误差和微观的表面粗糙度的。所以零件间的实际接触面也只是名义接触面的一小部分，而真正处于接触状态的，又是这一小部分中的个别凸峰，如图 6.26 所示。因此，在外力的作用下，在这些接触点处产生了较大的接触应力，因而有较大的接触变形。

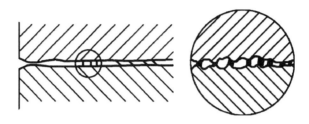

图 6.26　表面的接触情况

这种接触变形中不但有表面层的弹性变形，而且有局部的塑性变形，造成了部件的刚度曲线不是直线而是复杂的曲线，这也是部件的刚度远比实体的零件本身的刚度要低的原因。接触表面塑性变形最终造成了上述的残余变形，在多次加载、卸载循环以后，接触状态才趋于稳定。接触变形是出现残余变形的一个原因，另一个原因是接触点之间存在着油膜，经过几次加载后，油膜才能排除，这种现象也影响残余变形的性质。这种现象在滑动轴承副中最为明显。

接触变形在机床的受力变形中占相当重要的位置，有时还会起主要作用。过去有些机床尽管构件（如床身、箱体等）的刚性很好，但是加工精度反而不如同类的尺寸较小、质量较小的机床。当然，从动态的出发点来看，原因是多方面的，例如床身的加强肋板布置得法，在外形尺寸和质量不增加的条件下，床身的静刚度和动刚度能够成倍地提高，但是应看到整台机床的刚度不光决定于各构件和部件的刚度，还依赖于构件、部件之间的接触刚度。

一般情况下，表面越粗糙，接触刚度越小，表面宏观形状误差越大，实际接触面积越小，接触刚度越小；材料硬度高，屈服极限也高，塑性变形就小，接触刚度就大；表面纹理方向相同时，接触变形较小，接触刚度就较大。因此，减小连接零件表面的粗糙度是提高机床构件、部件间接触刚度的有效措施。

2）薄弱零件本身的变形

在部件中，个别薄弱的零件对部件刚度影响颇大。图 6.27（a）所示为刀架和其他溜板中常用的楔铁。由于其薄而长，刚度很差，再加上不易做得平直，接触不良，因此在外力作用下，楔铁容易发生很大的变形，使刀架的刚度大为降低。图 6.27（b）所示为轴承套和轴颈、壳体的接触情况。由于轴承套本身的形状误差而形成局部接触。在外力 F 的作用下，轴承套就像弹簧一样，产生了较大的变形，使这个轴承部件的刚度大为降低。只有在薄弱环节完全压平以后，部件的刚度才逐渐提高，这类部件的刚度曲线如图 6.27（c）所示，其刚度具有先低后高的特征。

3）间隙

在刚度试验中如果在正、反两个方向加载荷，便可发现间隙对变形的影响，如图 6.28

所示。在加工过程中，如果是单向受力，使零件始终靠在一面，那么间隙对位移没有什么影响。但如果像镗头、行星式内圆磨头等受力方向经常改变的轴承，则间隙引起的位移对加工精度的影响就比较大。

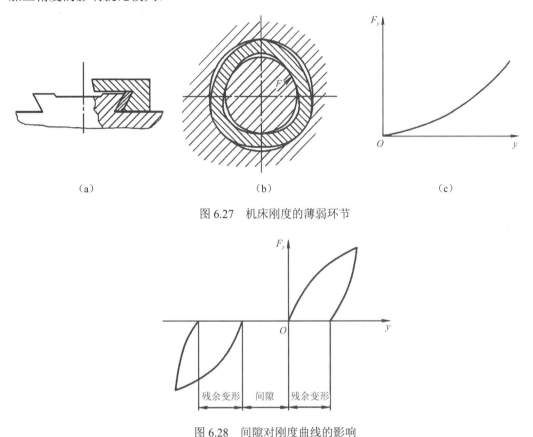

图 6.27　机床刚度的薄弱环节

图 6.28　间隙对刚度曲线的影响

4）摩擦的影响

在加载时，零件与零件的接触面间的摩擦力阻止变形的增加。在卸载时，摩擦力又阻止变形的减少。因此，在图 6.25 中显示出加载曲线和卸载曲线不重合。

5）施力方向的影响

在上面的刚度试验中，施加载荷和测量变形的方向都是 y 方向，可以认为是模拟了切削过程中起决定性作用的力和位移。但是部件的变形和单个零件的变形不同，y 方向的位移不但和 F_y 有关，而且和切削分力 F_z、F_x 都有关系，现在用图 6.29 来说明这个问题。

先不考虑 F_x 的影响，图中所示的刀架在切削时受到两个方向的力 F_y、F_z 的作用，产生了两个方向的变形 y、z。图 6.29（a）表示，F_y 不仅使刀架产生了 y 方向的变形，还产生了 z 方向的变形。同样地，在图 6.29（b）中，F_z 也使刀架产生 y 和 z 两个方向的变形。换句话说，变形 y 不只是由于 F_y 产生的，而是在 F_y、F_z 的综合作用下产生的，变形 z 也一样。由于结构上的原因，作用在切削刃上的切削力不是均等地传递到刀架部件中各个接触面上的，而是有的接触面上的受力大些，有的接触面上的受力小些，因此变形也不一样。

像图 6.29（a）那样受力的情况，F_y 对燕尾导轨面的力矩就有使刀架向后倾侧的倾向；

而图 6.29（b）所示的受力情况，F_z 就有使刀架向前倾侧的倾向（在图 6.29 中为了醒目起见，只绘出了刀具倾侧的情况，而没有把刀架倾侧的情况画出来）。所以切削刃在 y 方向的实际位移，是切削分力 F_x、F_y、F_z 共同作用的结果。

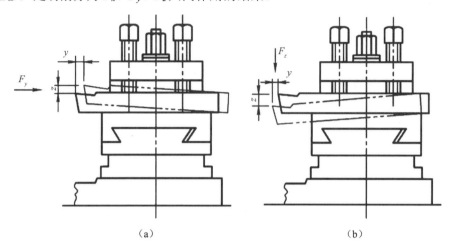

（a）   （b）

图 6.29　刀架在切削力作用下的变形

6.3.2　工艺系统受力变形对加工精度的影响

机械加工时，机床的有关部件如夹具、刀具和工件在切削力的作用下，都有不同程度的变形，导致切削刃和加工表面在 y 方向上的相对位置发生变化，产生了加工误差。正如上面分析过的部件位移一样，工艺系统在受力情况下的总位移 $y_{系统}$ 是各个组成部分位移 $y_{机床}$、$y_{夹具}$、$y_{刀具}$、$y_{工件}$ 的叠加，即 $y_{系统}=y_{机床}+y_{夹具}+y_{刀具}+y_{工件}$。而 $K_{系统}=\dfrac{F_y}{y_{系统}}$，$K_{机床}=\dfrac{F_y}{y_{机床}}$，$K_{夹具}=\dfrac{F_y}{y_{夹具}}$，$K_{刀具}=\dfrac{F_y}{y_{刀具}}$，$K_{工件}=\dfrac{F_y}{y_{工件}}$。所以 $K_{系统}=\dfrac{1}{\dfrac{1}{K_{机床}}+\dfrac{1}{K_{夹具}}+\dfrac{1}{K_{刀具}}+\dfrac{1}{K_{工件}}}$。也就是说，当知道了工艺系统的各个组成部分的刚度以后，就可以求出整个工艺系统的刚度。

工艺系统的刚度对加工精度的影响，可以归纳为下列几种常见的形式：

（1）由于受力点位置的变化而产生的工件形状误差。

工艺系统的刚度除受到各组成部分的刚度的影响之外，还有一个很大的特点，那就是随着受力点位置的变化而变化。为了说明这个问题，以在车床顶尖间加工的光轴为例。

先假定工件短而粗，刚度很高，它在受力下的变形相比机床、夹具、刀具的变形小到可以忽略不计，则工艺系统的总位移完全取决于机床头尾座（包括顶尖）和刀架（包括刀具）的位移，如图 6.30（a）所示。当车刀走到图示的位置时，在切削力的作用下（图中仅表示出 F_y），头座由 A 处移到 A' 处，尾座由 B 处移到 B' 处，刀架由 C 处移到 C' 处，它们的位移分别为 $y_{头座}$、$y_{尾座}$、$y_{刀架}$。此时工件的轴心线由 AB 处移到 $A'B'$ 处，则在切削点处的位移 y_x 为：$y_x=y_{头座}+\delta_x$，由于 $\delta_x=\left(y_{尾座}-y_{头座}\right)\dfrac{x}{l}$，所以

$$y_x = y_{头座} + \left(y_{尾座} - y_{头座}\right)\frac{x}{l} \qquad (6\text{-}1)$$

设 F_A、F_B 为 F_y 所引起的在头、尾座处的作用力，则：

$$y_{头座} = \frac{F_A}{K_{头座}}, \quad y_{尾座} = \frac{F_B}{K_{尾座}} \qquad (6\text{-}2)$$

把式（6-2）代入式（6-1），得到

$$y_x = \frac{F_y}{K_{头座}}\left(\frac{l-x}{l}\right)^2 + \frac{F_y}{K_{尾座}}\left(\frac{x}{l}\right)^2$$

又因为 $y_{刀架} = \dfrac{F_y}{K_{刀架}}$，工艺系统的总位移为

$$y_{系统} = y_x + y_{刀架} = F_y\left[\frac{1}{K_{刀架}} + \frac{1}{K_{头座}}\left(\frac{l-x}{l}\right)^2 + \frac{1}{K_{尾座}}\left(\frac{x}{l}\right)^2\right]$$

工艺系统的刚度为

$$K_{系统} = \frac{F_y}{y_{系统}} = \frac{1}{\dfrac{1}{K_{刀架}} + \dfrac{1}{K_{头座}}\left(\dfrac{l-x}{l}\right)^2 + \dfrac{1}{K_{尾座}}\left(\dfrac{x}{l}\right)^2}$$

设 F_y=300N，$K_{头座}$=60000N/mm，$K_{尾座}$=50000N/mm，$K_{刀架}$=40000N/mm，顶尖间距离为 600mm，则沿工件长度上工艺系统的位移如表 6.1 所示。

表 6.1 沿工件长度上工艺系统的位移〔见图 6.30（a）〕

x	0（头座处）	$\frac{1}{6}l$	$\frac{1}{3}l$	$\frac{1}{2}l$（工件中间）	$\frac{2}{3}l$	$\frac{5}{6}l$	l（尾座处）
$y_{系统}$	0.0125mm	0.0111mm	0.0104mm	0.0103mm	0.0107mm	0.0118mm	0.0135mm

工件轴向最大直径误差（鞍形）为：

$(y_{尾座} - y_{中间}) \times 2 = [(0.0135-0.0103) \times 2]\text{mm} = 0.0064\text{mm}$

再假定工件细而长，刚度很低，机床、夹具、刀具在受力下的变形可以忽略不计，则工艺系统的位移完全取决于工件的变形，如图 6.30（b）所示。当车刀走到图示位置时，在切削力作用下工件的中心线产生弯曲。根据材料力学的计算公式，在切削点处的位移为 $y_{工作} = \dfrac{F_y}{3EI} \times \dfrac{(l-x)^2 x^2}{l}$。仍设 F=300N，工件尺寸为 $\phi30\text{mm} \times 600\text{mm}$，$E$=2×10⁵N/mm²，则沿工件长度上的位移如表 6.2 所示。

表 6.2 沿工件长度上工艺系统的位移〔见图 6.30（b）〕

x	0（头座处）	$\frac{1}{6}l$	$\frac{1}{3}l$	$\frac{1}{2}l$（工件中间）	$\frac{2}{3}l$	$\frac{5}{6}l$	l（尾座处）
$y_{系统}$	0	0.052mm	0.132mm	0.17mm	0.132mm	0.052mm	0

故工件轴向最大直径误差（鼓形）为(0.17×2)mm=0.34mm，比上面得到的误差要大 50 倍。综合以上两例，可以推广到一般情况，即工艺系统的总位移为图 6.30（a）所示的位移和图 6.30（b）所示的位移的叠加：

$$y_{系统} = F_y\left[\frac{1}{K_{刀架}} + \frac{(l-x)^2 x^2}{l} + \frac{1}{K_{尾座}}\left(\frac{x}{l}\right)^2 + \frac{(l-x)^2 x^2}{3EIl}\right]$$

$$K_{系统} = \cfrac{1}{\cfrac{1}{K_{刀架}} + \cfrac{1}{K_{头座}}\left(\cfrac{l-x}{l}\right)^2 + \cfrac{1}{K_{尾座}}\left(\cfrac{x}{l}\right)^2 + \cfrac{(l-x)^2 x^2}{3EIl}}$$

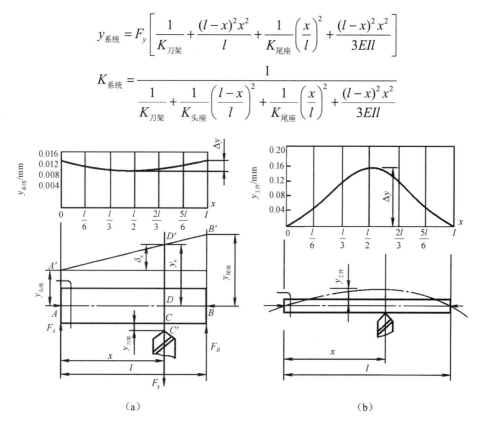

（a）　　　　　　　　　　　　　（b）

图 6.30　工艺系统的变形随受力点位置的变化情况

由此可见，工艺系统的刚度在沿工件轴向的各个位置是不同的，所以加工后工件各个横截面上的直径尺寸也不相同，造成了加工后工件的形状误差（如锥度、鼓形、鞍形等）。

（2）由于工件加工余量不均匀或其他原因，切削力发生变化，从而使系统变形发生变化，引起工件的误差。

如图 6.31 所示，车削一个有圆度误差的毛坯，车削前，将车刀调整到双点画线所示位置。工件在每一转的过程中，背吃刀量不断发生变化，$a_{p1} > a_{p2}$。背吃刀量大时，切削力大，刀具相对工件的位移也大，即 $x_1 > x_2$，反之亦然。其结果是毛坯的椭圆形误差在加工后仍以一定的比例反映在工件的表面上。

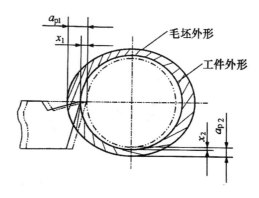

图 6.31　毛坯形状误差的复映

由于工艺系统的受力变形，工件加工前的误差 Δ_B 以类似的形状反映到加工后的工件上，造成加工后误差 Δ_W，这种现象称为误差复映。误差复映的程度通常以误差复映系数 ε 表示。由图 6.31 可得，

$$\Delta_B = a_{p1} - a_{p2}$$

$$\Delta_W = x_1 - x_2 = \frac{F_{x1} - F_{x2}}{K_S} = \frac{C_{F_x} f^{Z_{F_y}}}{K_S}\left[\left(a_{p1} - x_1\right) - \left(a_{p2} - x_2\right)\right]$$

$$\varepsilon = \frac{\Delta_W}{\Delta_B} = \frac{x_1 - x_2}{a_{p1} - a_{p2}} = \frac{C_{F_x} f^{Z_{F_y}}}{K_s + C_{F_x} f^{Z_{F_y}}}$$

在一般情况下，因 K_S 远大于 $C_{F_x} f^{Z_{F_y}}$，故可在简化计算时取 $\varepsilon = \dfrac{C_{F_x} f^{Z_{F_y}}}{K_S}$，其中，$C_{F_x}$ 为径向切削力系数；f 为进给量；Z_{F_y} 为进给量指数。

（3）其他作用力引起工艺系统受力变形的变化所产生的加工误差。

机械加工中除切削力作用于工艺系统之外，还作用着其他的力，如夹紧力、工件的重力、机床移动部件的重力、传动力及惯性力等，这些力也能使工艺系统中某些环节的受力变形发生变化，从而产生加工误差。

① 夹紧力引起的误差。对于刚性较差的工件，若夹紧时施力不当，也常引起工件的形状误差。最常见的是用自定心卡盘夹持薄壁套筒镗孔。

夹紧后套筒为棱圆状 [见图 6.32（a）]，虽然镗出的孔为正圆形 [见图 6.32（b）]，但松夹后，套筒的弹性恢复，使孔产生了三角棱圆形 [见图 6.32（c）]。所以在生产中常在套筒外上加上一个厚壁的开口过渡环 [见图 6.32（d）]，使夹紧力均匀地分布在薄壁套筒上，从而减少了变形。

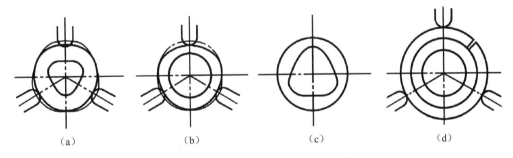

图 6.32　夹紧力引起的工件的形状误差

② 机床部件和工件本身的质量以及它们在移动中位置的变化而引起的加工误差。在大型机床上，机床部件在加工中位置的移动改变了部件自重对床身、横梁、立柱的作用点位置，也会引起加工误差。

图 6.33（a）、（b）表示大型立车的刀架自重引起了横梁的变形，形成了工件端面的不平度和外圆上的锥度。工件的直径越大，加工误差也越大。工件自重引起加工误差的例子如图 6.33（c）所示。图 6.33（c）所示为在靠模车床上加工尺寸较大的光轴。由于尾座的

刚度比头座低，头尾座在工件重力的作用下所产生的变形不相同，位移的方向又正好是影响加工精度的方向，因而在工件上产生了锥度误差。不过这种误差可以通过调整靠模板的斜度来修正。磨床床身及工作台等零件精度要求高，过去大多采用手工刮研，现已发展到使用配磨工艺，大大提高了生产率，减轻了劳动强度，并解决了淬硬导轨面的精加工问题，不过，床身和工作台的长高比较大，是一种挠性结构件，如果加工时支承不当，由自重引起的变形就会大大超过其几何精度允差值。

图6.33（d）表示了两种不同支承方式下，均匀截面的挠性零件的自重变形规律：当支承在两个端点 A 和 B 时，自重引起的中间最大变形量为：

$$\delta_1 = \frac{5}{384} \cdot \frac{WL^3}{EI}$$

当支承在离两端 $\frac{2}{9}L$ 的 D 点和 E 点时，自重引起的两端最大变形量为：

$$\delta_2 = \frac{0.1}{384} \cdot \frac{WL^3}{EI} = \frac{1}{50}\delta_1$$

式中，W 为零件质量；L 为零件长度；E 为弹性模量；I 为截面惯性矩。

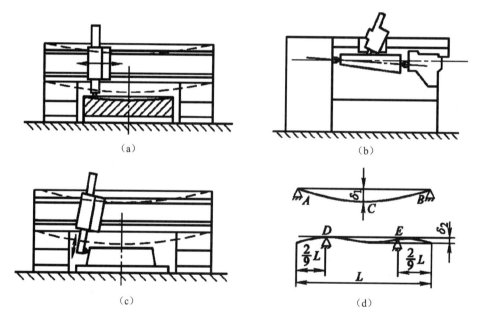

（a）   （b）

（c）   （d）

图6.33　机床部件和工件自重引起的误差

以上说明了第二种支承方法是优越的。

我国有些磨床厂对狭长形工作台等挠性精密零件采用在距两端 $\frac{2}{9}L$ 处装夹的方法是十分重视的，应用这种方法取得了良好的效果。

除上述夹紧力和重力外，传动力和惯性力也会使工艺系统产生变形，从而引起加工误差。在高速切削加工中，离心力的影响不可忽略，常常采用"对重平衡"的方法来消除不平衡的现象，如图6.34所示，即在不平衡质量的反向加装重块，使工件和重块的离心力相等而方向正好相反，从而达到相互抵消的目的。必要时还必须适当地降低转速，以减小离心力的影响。

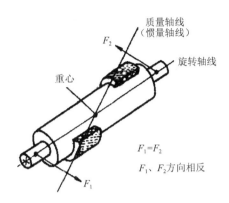

图 6.34　采用"对重平衡"的方法消除不平衡现象

6.3.3　减少工艺系统受力变形的途径

减少工艺系统受力变形是机械加工中保证质量和提高效率的有效途径。根据生产实际的经验，减少工艺系统受力变形的途径如下：

（1）提高工艺系统中零件间的配合表面质量，以提高接触刚度。由于部件的接触刚度远低于实体零件本身的刚度，所以提高接触刚度是提高工艺系统刚度的关键，绝不能简单地认为要提高刚度，只能把机床的各部分加厚加大，这样将会造成严重的浪费。

提高机床导轨的刮研质量，提高顶尖锥体同主轴和尾座套筒锥孔的接触质量，多次修研加工精密零件用的中心孔等，都是在实际生产中经常采用的提高接触刚度的工艺方法。通过研刮，降低了配合面的粗糙度，提高了形状精度，使实际接触面积增加，使微观表面和局部区域的弹性、塑性变形减小，从而有效地提高了接触刚度。

提高接触刚度的另一种方法是预加载荷，这样不但消除了配合面间的间隙，而且从一开始就有较大的实际接触面积。

例如，图 6.35（a）表示卧轴矩台平面磨床的主轴轴承中所采用的预加载荷装置，它使滚动轴承内外圈和钢珠之间形成初期局部变形。图 6.35（b）表示铣床主轴常用的拉杆装置，它使铣刀杆的锥部和主轴的锥孔紧密接触，这些都是提高机床主轴部件刚度的有效措施。图 6.35（c）表示加了预加载荷（预紧）后部件刚度由 K_0 提高到 K。

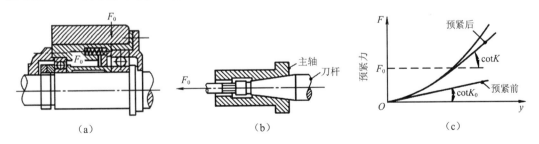

图 6.35　主轴部件与预加载荷

在生产实际中，还可采用其他方法来提高接触刚度。例如，在车削端面时，只需横向进给而不需纵向进给时，就可以把溜板锁紧在车床导轨上；在铣床上铣削平面时，不需要垂直进给，就可以把升降台锁紧在立柱上等。

（2）设置辅助支承，提高部件刚度。图6.36（a）表示在转塔车床上加工时用的辅助支承装置——辅助支承导套，它可以大大地提高牌楼刀架的刚度。图6.36（b）也是转塔车床上常用的提高刀架和镗杆刚度的措施，即镗杆先伸进床头箱主轴孔内的导套内，在导套的支承下进行镗孔，就比不用导套支承而成悬臂式的刚度要高得多。

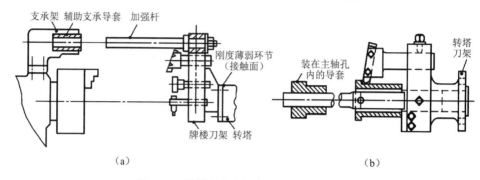

图6.36 转塔车床上提高刀架刚度的措施

（3）当工件刚度成为产生加工误差的因素时，缩短切削力作用点和支承点的距离就可以提高工件的刚度。

例如在车削细长轴时，利用中心架使支承间的距离缩短一半，工件的刚度就比不用中心架提高了8倍［见图6.37（a）］。采用跟刀架车削细长轴时［见图6.37（b）］，切削力作用点与跟刀架支承点间的距离减少到5～10mm，则工件的刚度得到提高。只是这时工艺系统刚度的薄弱环节转移到跟刀架本身和跟刀架与刀架溜板的接合面上。在卡盘加工中使用后顶尖支承比不用后顶尖支承，工件刚度的提高更为显著［见图6.37（c）］。

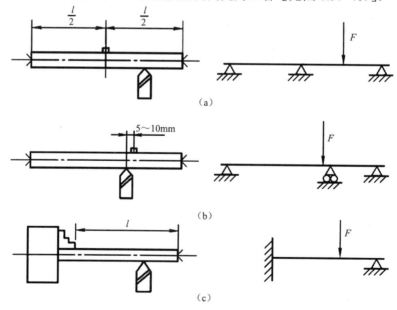

图6.37 缩短切削力作用点和支承点的距离来提高工件刚度

不用后顶尖时：$K_{1\text{工件}} = \dfrac{3EI}{l^3}$（当力作用在工件自由端时）

用后顶尖时：$K_{2\text{工件}} = \dfrac{110EI}{l^3}$（当力作用在工件中心时）

图 6.38 所示为在铣床上加工角铁类零件的两种装夹方法。图 6.38（a）所示的整个工艺系统的刚度显然比图 6.38（b）所示的低，所以采用后一种装夹方法可以大大提高切削用量和生产效率。

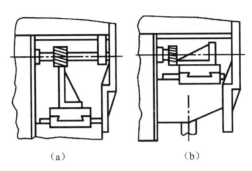

（a）　　　　　　　　（b）

图 6.38　在铣床上加工角铁类零件的两种装夹方法

在生产中还常常碰到一些几何公差要求高而形状复杂的薄壁零件，如开槽鼓轮、开口套筒及 U 形托架等，有时它们的材料还是硬铝和尼龙之类，壁薄，且相连的截面积小，所以刚度很差，用一般方法很难加工出来。某厂把低熔点合金（熔点为 80℃）灌入零件的内部空间，冷凝后两者成为一个实心体，就避免了夹紧时和切削中的受力变形。全部工序完成后，熔去低熔点合金，即可得到合格的零件。

6.4　工艺系统的热变形及其对工件精度的影响

6.4.1　工艺系统的热源与热平衡

1. 工艺系统的热源

在加工过程中都伴随着温度的变化，机床、夹具、刀具、工件等都将因温度变化而有所变形，这些都会影响加工精度。在加工过程中引起工艺系统温度变化的热源，有以下四类。

1）切削热

任何切削加工都会伴随着切屑的形成而产生热量，这些热量将传到切屑、刀具和工件上，而切屑和切削液又将部分热量传到机床和工件上。在车削加工中，切削热的分配情况如图 6.39 所示，对于不同的切削用量，其分配情况是不同的，在切削速度大于 100m/min 时，传给切屑的热量占比在 65% 以上，传给工件的热量占比小于 30%，传给车刀的热量占比小于 5%。对于钻孔、卧镗，由于大量的切屑留在孔内，因而传给工件的热量常在 50% 以上。在磨削时，传给工件的热量占比在 80% 以上，传给砂轮的热量占比小于 15%，传给磨屑的热量占比小于 5%。

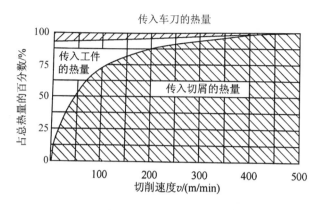

图 6.39　切削热的分配

2）摩擦热

机床的导轨与工作台、丝杠与螺母，齿轮箱中的轴与轴承，齿轮传动副，传动带与带轮等都会由于摩擦而发热。电动机、液压系统的各种元件都会由于摩擦及其他能量消耗而发热。所有的这些热量都会使机床产生热变形。

3）环境温度

环境温度指的是室温的变化以及在房间内不同位置（包括不同高度）的温度差异、由于空气流动而产生的温度差异等。

4）辐射热源

日光、灯光、取暖设备及人体都是常见的辐射热源。

前面两类是工艺系统内部存在的热源，后面两类属于外部热源。工艺系统在上述热源的作用下，温度将发生变化。机床、刀具、工件等各部分均产生温度场。开始时，温度不断上升，即温度场处于不稳定的状态。但是经过一段时间以后，温度场趋于稳定，这时热量的输入与散出相平衡，温度不再随时间而变化。

在工艺系统热变形中，以机床的热变形最为复杂，相对来说，工件、刀具的热变形要简单一些。这主要是因为在加工过程中，影响机床热变形的热源较多，也较为复杂，例如机床运转时各部分产生的摩擦热，就比较复杂；而对于工件和刀具来说，一般很少存在摩擦热的问题，热源比较单纯。因此，对工件和刀具的热变形，常常可以进行一些简化，然后用解析法进行计算和分析；但对于机床热变形，很长一段时间内，只能用实验测试的方法来进行研究。近年来，由于计算技术的发展，已经可以用有限元法和有限差分法来进行模拟计算，这样就可以在设计机床的同时，计算出机床各个部件的热变形数值，从而找到减少热变形的有效措施。毫无疑问，这对于精密机床和精密工艺的发展是有重大意义的。

工艺系统的热变形，对精密加工和大件加工具有十分重要的意义。在精密加工领域内，切削用量通常很小，切削力很小，因此各种作用力产生的变形一般不占重要地位。影响精密加工的加工精度的主要因素是机床的制造精度和工艺系统的热变形，而机床制造精度又受到机床热变形的影响。据统计，在精密加工和大件加工中，工艺系统热变形所产生的误差常占加工误差的 40%～70%。例如磨削精密螺纹时，为了保证螺距精度，一定要控制工件的温升，即控制工件与机床丝杠间的温度差别。如果两者相差 1℃，一根 1m 长的丝杠，热伸长将达到 11μm，而 5 级精度的丝杠，1m 内的周节累积误差仅允许 9μm。再如，在超精密加工领域内，要想将加工精度提高到 0.01μm 这一数量级，温度的变化就一定要控制在 0.01℃内。这一般难以达到，因而常成为提高精度的关键。对于大件加工来说，虽然尺寸公差中的公差单位随尺寸的增大而增大，但是它们之间的关系不是线性关系。例如我国国家标准规定，对于基本尺寸小于 500mm 的公差单位 $i = 0.45\sqrt[3]{D} + 0.001D$，式中 D 为几何平均尺寸。但是从热伸长的计算中可以看出，由于温度变化而产生的热伸长是与尺寸的大小成正比例的。这样对于大件加工来说，温度变化的影响就比小件加工要显著得多。拿直径 500mm 的轴与直径 10mm 的轴相比，同样的温升其热伸长将增大 50 倍，但其公差单位 i 的数值才差 4.5 倍左右（同样精度等级下，其公差带的数值差 4.5 倍左右）。这样对于小件加工来说，完全可以忽略微小温度的变化；对于大件加工，就成为值得重视的问题。

温度的变化除产生尺寸的变化即所谓热伸长外，还会产生工件形状的变化、机床零部件的形状和位置变化（倾斜）等，后者可称为热倾斜。

2．工艺系统热平衡

热总是从高温处向低温处传递。有温差就必然有热流。当工件、刀具或机床的温度达到某一数值时，单位时间内散出的热量便与热源传入的热量趋于相等。这时工件、刀具或机床就处于热平衡状态，而热变形也达到某一程度的稳定。因此，热平衡是研究加工精度时必须关心的一个重要问题。

6.4.2　机床热变形对加工精度的影响

1．机床的温升与热平衡

机床各部件的热源发热量在单位时间内基本不变，机床在运转一段时间之后传入各部件的热量与各部件散失的热量相等或相近时，各部件的温度便停止上升而达到热平衡状态，各部件的变形也就停止。

由于机床各部件的尺寸差异较大，因而它们达到热平衡所需要的时间并不相同。热容量越大的部件所需要的热平衡时间越长。机床的床身、立柱、横梁等大型零件所需要的时间一般要比主轴箱所需的时间长。当整个机床达到热平衡后，机床各部件的位置便相对稳定。此时，它的几何精度就称为动态几何精度。在机床达到热平衡状态之前，机床几何精度变化不定，它对加工精度的影响也变化不定。因此，精密加工常在机床达到热平衡状态之后进行。

2．各类机床热变形及其对加工精度的影响

1）车床、铣床、镗床类机床的热变形

车床的主要热源是床头箱。床头箱内齿轮、轴承、离合器、带轮等的摩擦发热，会导致主轴在垂直面内和水平面内发生位移和倾斜，也会使床身上固定床头箱的平面受热而弯曲。床鞍与床身导轨面的摩擦发热也将使导轨面受热，因而将使床身弯曲成中凸形。图 6.40 是某厂用热电偶实测 C620-1 机床在主轴转速 600r/min 下空转 6h 后的主轴箱和床身温度分布情况。从图 6.40 中可以看到，温升最高的地方是床头箱的主轴前轴承处，可达 40.3℃。

图 6.41 表示 C620-1 车床的热变形，在主轴转速为 1200r/min 下，主轴的抬高量为 140μm，主轴在垂直面内的倾斜量为 60μm/300mm。主轴倾斜的主要原因是床身的弯曲，其误差占 75%，其次是前、后轴承的温度差，其误差占 25%。主轴在水平面内的位移相对来说较小，约为 18μm，倾斜量为（0.3～0.8μm）/300mm，但由于它处于误差敏感方向，对加工精度的影响不可忽视。为了减少主轴在水平面内的变形量，一般可将床头箱在床身上的定位点 A 靠近主轴中心线的下方，如图 6.42 所示。为了减少床头箱的温升，一般不采用在床头箱内储存润滑油的方案，另外可以采用低黏度机油作为润滑油来减少温升。

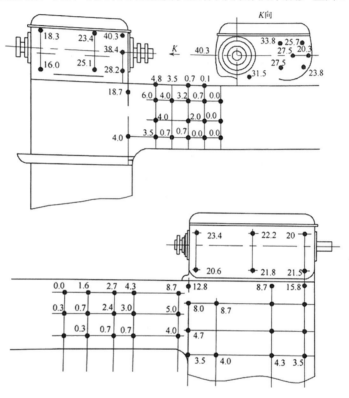

图 6.40　C620-1 机床主轴箱和床身的温度分布（单位：℃）

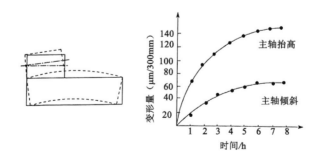

图 6.41　C620-1 车床的热变形

2）磨床的热变形

磨床的热源除砂轮架外，还有机床的液压系统。后者常引起床身的变形，因而引起加工误差。在热变形影响下，外圆磨床的砂轮轴心线与工件轴心线之间的距离会发生变化，并可能产生平行度误差，在定程磨削加工中工件直径将逐渐减小。无心磨床会由于液压油温度升高而产生热变形，使砂轮轴与导轮轴间的距离增大，使工件直径增大。双端面磨床的冷却液喷向床身中部的顶面，使其局部受热而产生中凸的变形，从而使两砂轮的端面产生倾斜，影响厚度和平行度。平面磨床床身的热变形则受油池安放位置及导轨摩擦发热的影响。

磨床是一种精加工机床，常用于加工对加工精度要求较高的工件。除在机床设计上设法减少发热量，加强冷却并尽力使温度均匀或采用热量转移、热变形转移等方法来减少机床热变形外，在机床的操作上应使磨床先空运转一段时间（如2h）以后，再进行精磨，并在磨床工作时，尽量不要时开时停，以减少热变形对工件的影响。

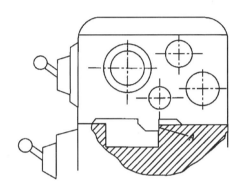

图 6.42　床头箱在床身上的定位

3）导轨磨床、龙门刨床的热变形

这类机床的特点是机床床身的热变形是影响加工精度的主要问题。它们的床身比较长，导轨面与底面间稍有温差即能产生较大的弯曲量，如一台12m长、0.8m高的导轨磨床床身，导轨面的温升为1℃（导轨面与底面的温差为1℃）时，其中凸量可高达0.22mm，这时加工出的工件也会出现中凸形状。

3. 减少机床热变形对加工影响的措施

机床热变形与机床结构和工艺条件有关，因此要减少机床热变形对加工的影响，要从结构设计和使用工艺两个方面考虑。

1）结构设计措施

① 热对称结构设计。在主轴箱的内部结构中，注意传动元件安放的对称性可以均衡箱壁的温升，从而减少其变形，如铣床立柱及升降台内部的传动元件的安排就应该力求对称。此外，大件结构也应该对称，如双立柱结构在加工中心机床上的应用。

② 使关键件的热变形在误差不敏感方向移动。

③ 合理安排支承位置，使热位移有效部分缩短。

④ 对发热大的热源采取足够的冷却措施。改善轴承的润滑条件是减少主轴箱发热的重要手段，如利用低黏度的润滑油、锂基润滑脂或用油雾润滑等，采用小直径滚动轴承也可以减小发热。将电动机置于主轴箱的顶部或把液压系统置于床身外部，都可以减少发热。

此外，扩大散热面，保证良好的自然冷却条件，以及采用强制式冷却等方法都可以减少发热。

⑤ 均衡关键件的温升。采用机床发出的热量预热重要部件温升较低的部位，以均匀机床零部件的温升，避免弯曲变形。

2）工艺措施

① 安装机床的区域的环境温度应恒定，可以采用均布加热器，合理取暖，不靠近照射等措施来保持环境温度的恒定。

② 待机床达到或接近热平衡状态后再进行加工，精密磨削中，经常采用这种方法。

③ 严格控制切削用量以减少工件的发热。如坐标镗床的切削深度和进给量分别不要超过 1mm 和 0.07mm/r，并将粗、精加工分开，待工件冷却后再进行精加工。

④ 精密加工应在恒温室内进行，以减少环境温度变化对加工精度的影响。若无恒温设备，精密加工应该在夜间进行，此时环境温度变化较小。

6.4.3 工件热变形对加工精度的影响

1）工件热变形及其对加工精度的影响

工件受热变形一般对加工影响不大，但对精密件、大件影响大。因为精密件精度高，大件变形大，且加工周期长。

工件的热变形与以下三种因素有关：

（1）传入工件的热量多少。

（2）工件的受热体积（尺寸）。薄壁零件，热变形较大，实心零件，热变形会相对小一些。

（3）工件受热均匀与否。

工件的热变形可分为两种情况：一种是均匀受热或可以看作均匀受热，如室温变化、车磨外圆、车磨螺纹、镗孔等；另一种是不均匀受热，如磨平面、刨铣平面等。

2）减少工件热变形对加工精度影响的措施

（1）在切削区域施加足够的冷却液，以降低切削温度，减少切削时工件的热变形。

（2）提高切削速度和进给量（如高速切削和磨削），使传入工件的热量减少。

（3）工件在精加工前有足够的时间间隔，使之充分冷却。

（4）经常刃磨、修正刀具和砂轮，以减少切削热和摩擦热的产生。

（5）使工件在夹紧状态下还有伸缩的自由，如采用弹簧后顶尖、气动后顶尖等，以减小加工过程中工件的热变形。

6.4.4 刀具热变形对加工精度的影响

刀具热变形的热源主要是切削热。切削热中传给刀具的比例虽然一般都不大，但由于刀具尺寸小，热容量小，而其温升有时并不小，因此对加工精度的影响有时是不能忽视的。以车削为例，车刀在切削热的作用下将产生温升，因而发生刀具热伸长，如在用高速钢车刀车削时，刀刃部分的温度可达 800℃，刀具的变形可达 0.05mm。图 6.43 中的曲线 A 表示车刀在连续车削时的长度变化曲线。当切削停止后，刀具温度即下降，其长度变化曲线如图 6.43 中的曲线 B。在车削一批圆柱体工件时，由于切削和不切削、受热和冷却交错进行，因此车刀的热伸长曲线为 C。

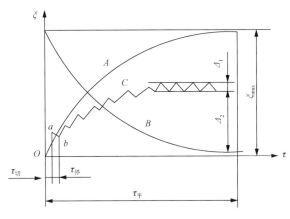

图 6.43　车刀的热伸长曲线

6.4.5　减少工艺系统热变形的方法

（1）减少热源产生热量。

切削加工时，可以采用低速、小进给量进行切削。

（2）控制热源的影响。

采用冷却、恒温等手段，使机床、刀具、工件变形减小。

（3）从结构上采取措施减少热变形。

（4）进行综合补偿和校正。

在精密加工时，可以用综合补偿及校正的方法减少热变形。例如，精密丝杠加工时，可以采用两个校正尺：一个用来校正螺母丝杠的误差，另一个用来校正热变形引起的误差，即温度补偿尺。

6.5　加工误差的统计分析方法

在实际生产中出现的加工精度问题往往是综合性很强的工艺问题，其影响因素也比较复杂，往往多种因素交织在一起，因此，运用已学到的基本知识和正确的分析方法，对生产实际中的加工精度问题进行综合分析并提出解决问题的对策，同时在实际中能获得成效，是解决工艺问题能力的重要部分。

区分加工误差的性质是研究和解决加工精度问题极为重要的一环，各种加工误差，按它们在一批零件中出现的规律来看，可以分为两大类：系统性误差和随机性误差。

1）系统性误差

当连续加工一批零件时，这类误差的大小和方向保持不变，或是按一定的规律变化。前者称为常值系统性误差，后者称为变值系统性误差。

　　加工原理误差，机床、刀具、夹具、量具的制造误差，调整误差，工艺系统的静力变形都是常值系统性误差，它们和加工顺序（或加工时间）没有关系。机床、夹具和量具的磨损值在一定时间内可以看作常值系统性误差。机床和刀具的热变形、刀具的磨损都是随着加工顺序（或加工时间）而有规律地变化的，因此属于变值系统性误差。

2）随机性误差

　　在加工一批零件时，这类误差的大小和方向是不规律变化的。毛坯误差（余量大小不一，硬度不均匀等）的复映、定位误差（基准面尺寸不一，间隙影响等）、夹紧误差（夹紧力大小不一）、多次调整的误差、内应力引起的变形误差等都是随机性误差。

　　随机性误差从表面上看来似乎没有什么规律，难以分析，但是应用数理统计方法可以找出一批工件加工误差的总体规律，然后从工艺上采取措施来加以控制。

　　对于上述两类不同性质的误差，消除途径也不一样。一般来说，对于常值系统性误差，可以在查明其大小和方向后，通过相应的调整或检修工艺装备的方法来消除，有时候还可以人为地用一种常值误差去抵偿本来的常值误差。

　　例如，刀具的调整误差引起的工件的加工误差就是常值系统性误差，可以通过重新调整刀具加以消除。而对于变值系统性误差，可以在摸清其变化规律后，通过自动连续补偿、自动周期补偿等方法来解决。例如，磨床上对砂轮磨损和砂轮修正的自动补偿；对机床热变形，则采用空车运转使机床达到热平衡后再加工的方法来减少热变形的影响。可是随机性误差没有明显的变化规律，很难完全消除，只能对其产生的根源采取适当的措施以减少其影响。例如对毛坯带来的误差，可以从缩小毛坯本身误差和提高工艺系统刚度两方面来减少其影响。在一些自动化机床上，在加工过程中采用积极检验的方法，对控制一批工件的加工误差的效果就更大。

习　题

　　1．什么是主轴回转误差？它包括哪些方面？

　　2．在卧式镗床上用工件送进方式加工直径为 200mm 的通孔时，若刀杆与送进方向倾斜 $\alpha=1°30'$，则在孔径横截面内将产生什么样的形状误差？其误差大小为多少？

　　3．在车床上车削一直径为 80mm、长为 2000mm 的长轴外圆，工件材料为 45 钢，切削用量为 $v=2m/s$，$a_p=0.4mm$、$f=0.2mm/r$，刀具材料为 YT15，若只考虑刀具磨损引起的加工误差，则该轴车后能否达到 IT8 的要求？

　　4．什么是误差复映？误差复映系数的大小与哪些因素有关？

　　5．已知某车床部件刚度为 $K_主=44500N/mm$，$K_{刀架}=13330N/mm$，$K_尾=30000N/mm$，$K_{刀具}$很大。（1）如果工件是一个刚度很大的光轴，装夹在两顶尖间加工，试求：

　　① 刀具在床头处的工艺系统刚度。

　　② 刀具在尾座处的工艺系统刚度。

　　③ 刀具在工件中点处的工艺系统刚度。

　　④ 刀具在距床头 2/3 工件长度处的工艺系统刚度。并画出加工后工件的大致形状。

（2）如果 F_y=500N，工艺系统在工件中点处的实际变形为 0.05mm，求工件的刚度。

6．在车床上用前后顶尖装夹、车削长为 800mm，外径要求为 $\phi 50_{-0.04}^{0}$ mm 的工件外圆。已知 $K_{主}$=10000N/mm，$K_{尾}$=5000N/mm，$K_{刀架}$=4000N/mm，F_y=300N，试求：

（1）仅由于机床刚度变化所产生的工件最大直径误差，并按比例画出工件的外形。

（2）仅由于工件受力变形所产生的工件最大直径误差，并按同样比例画出工件的外形。

（3）对上述两种情况进行综合考虑后，工件最大直径误差是多少？能否满足预定的加工要求？若不符合要求，可采取哪些措施解决？

7．在卧式铣床上按图 6.44 所示装夹工件并用铣刀 A 铣削键槽，经测量发现，工件两端处的深度大于中间的，且都比未铣键槽前的调整深度小。试分析产生这一现象的原因。

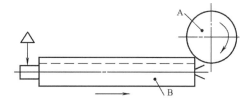

图 6.44　铣刀 A 铣削键槽示意图

8．在外圆磨床上磨削图 6.45 所示轴类工件的外圆，若机床几何精度良好，试分析所磨外圆出现纵向腰鼓形的原因，并分析 A—A 截面加工后的形状误差，画出 A—A 截面形状，提出减小上述误差的措施。

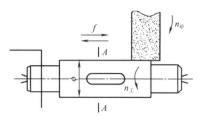

图 6.45　轴类工件的外圆磨削示意图

9．有一批套筒零件如图 6.46 所示，其他加工面已加工好，现以内孔 D_2 在圆柱心轴上定位，最终用调整法铣削键槽。若定位心轴处于水平位置，试分析计算尺寸 L 的定位误差。已知：$D_1 = \phi 50_{-0.06}^{0}$ mm，$D_2 = \phi 30_{0}^{+0.021}$ mm，心轴直径 $d = \phi 30_{-0.020}^{+0.007}$。

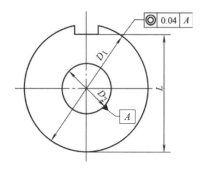

图 6.46　套筒零件

10．在某车床上加工一根长为 1632mm 的丝杠，要求加工成 8 级精度，其螺距累积误差的具体要求为：在 25mm 长度上不大于 18μm；在 100mm 长度上不大于 25μm；在 300mm 长度上不大于 35μm；在全长上不大于 80μm。在精车螺纹时，若机床丝杠的温度比室温高 2℃，工件丝杠的温度比室温高 7℃，从工件热变形的角度分析，精车后丝杠能否满足预定的加工要求？

11．在外圆磨床上磨削某薄壁衬套 A，如图 6.47（a）所示，衬套 A 装在心轴上后，用垫圈、螺母压紧，然后顶在顶尖上磨削衬套 A 的外圆至图样要求。卸下工件后发现工件呈鞍形，如图 6.47（b）所示，试分析原因。

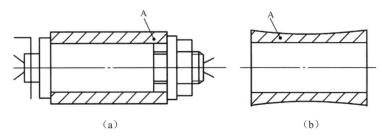

（a） （b）

图 6.47　外圆磨床上磨削薄壁衬套

参考文献

[1] 华茂发，谢骐. 机械制造技术[M]. 北京：机械工业出版社，2004.

[2] 张世昌，李旦，高航. 机械制造技术基础[M]. 2 版. 北京：高等教育出版社，2007.

[3] 任家隆. 机械制造基础[M]. 北京：高等教育出版社，2003.

[4] 杨叔子. 机械加工工艺师手册[M]. 北京：机械工业出版社，2011.

[5] 宾鸿赞. 机械工程学科导论[M]. 武汉：华中科技大学出版社，2011.

[6] 中国机械工程学科教程研究组. 中国机械工程学科教程[M]. 北京：清华大学出版社，2008.

第 7 章　机械加工工艺规程设计

7.1　基本概念

机械加工工艺规程的制定是机械制造工艺学的基本问题之一,与生产实际有密切联系。

7.1.1　生产过程与机械加工工艺过程

生产过程是将原材料或半成品转变为成品的全部过程。它是产品决策、设计、毛坯制造、零件的机械加工、零件的热处理、机械装配、产品调试、检验和试车、包装等一系列相互关联的劳动过程的总和。

工艺过程就是改变生产对象的形状、尺寸、相互位置和性质,使其成为成品或半成品的过程。工艺过程在生产过程中占重要地位。工艺过程主要分为毛坯制造工艺过程、机械加工工艺过程和机械装配工艺过程,后两个过程称为机械制造(工艺)过程。

机械加工工艺过程就是用切削的方法改变毛坯的形状、尺寸和材料的力学性能,使之成为合格的零件的全过程,是直接生产的过程。

7.1.2　机械加工工艺过程的组成

机械加工工艺过程由一个或若干个依次排列的工序组成。毛坯按照顺序通过这些工序被加工为成品或半成品。

1)工序

工序是指一个或一组工人,在一台机床或一个工作地对一个或同时对几个工件所连续完成的那一部分工艺过程。工序是工艺过程的基本单元,它是生产计划和成本核算的基本单元。常把工作地、工人、零件和连续作业作为工序的四个要素。工序又可以分为工步、安装和工位等。

2)工步

工步是在加工表面和加工工具不变的情况下连续完成的那一部分工序。工步是在加工表面、刀具及切削用量不变的情况下所进行的工作。同时对一个零件的几个表面进行加工,则为复合工步。例如,在多刀机床、转塔车床上加工,用几把刀具同时分别加工几个表面时,多采用复合工步。

3)安装

安装是工件经一次装夹后所完成的那一部分工序。工件在加工前,在机床或夹具中定位、夹紧的过程称为装夹。定位是指确定工件在机床上或夹具中具有正确位置的过程。夹紧是指工件定位后将其固定，使其在加工过程中保持定位位置不变的操作。安装是工序的一部分。每一个工序可能有一次安装或多次安装。在同一个工序中，应尽可能减少安装次数，以提高生产率，同时避免安装误差对零件加工精度的影响。

4）工位

工位是指为了完成一定的工序部分，一次装夹工件后，工件与夹具或设备的可动部分一起相对刀具或设备的固定部分所占据的一个位置。例如，为了提高生产效率，减少工序中的装夹次数，采用了回转工作台或回转夹具，使工件在一次装夹中可先后在机床上占有不同的位置进行连续加工。采用多工位加工，可以提高生产效率和保证被加工表面间的相互位置精度。

下面通过阶梯轴的机械加工工艺过程来说明上述术语的含义，阶梯轴零件图如图 7.1 所示，阶梯轴的加工工艺过程如表 7.1 所示。

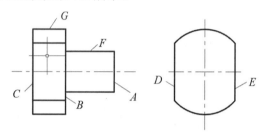

图 7.1　阶梯轴零件图

表 7.1　阶梯轴的加工工艺过程

工　序	安　装	工　位	工　步
1.车	1（自定心卡盘）	1	① 车端面 *A*
			② 车外圆 *F*
			③ 车端面 *B*
			④ 车外圆 *G*
			⑤ 切断
2.车	1（自定心卡盘）	1	车端面 *C*
3.铣	1（回转夹具）	2	① 铣侧面 *D*
			② 铣侧面 *E*

7.1.3　生产类型

零件的机械加工工艺规程与其生产类型密切相关，对不同的生产类型，零件的加工工艺是不同的。

1.　生产纲领和生产批量

生产纲领是指企业在计划期内应当生产的产品产量和进度计划。产品的生产纲领确定以后，就可以确定零件的生产纲领，同时，应将零件的备品和废品也考虑在内。当零件的生产纲领确定后，就可以根据车间的具体情况按一定期限分批投产。一次投入或产出的同一产品（零件）的数量称为生产批量。

零件在计划期为一年的生产纲领按下式计算：

$$N = Qn(1+a)(1+b) \tag{7-1}$$

式中，N 为零件的年生产纲领（件/年）；Q 为产品的年产量（台/年）；n 为每台产品中所含该零件的数量（件/台）；a 为该零件的备品百分率（%）；b 为该零件的废品百分率（%）。

2．生产类型

生产类型是企业（或车间、工段、班组、工作地）生产专业化程度的分类，一般分为单件生产、成批生产和大量生产三种。

（1）单件生产：产品的品种多、产量少，而且不再重复或不定期重复生产。重型机器、专用设备及新产品试制等按此方式组织生产。

（2）成批生产：产品分批地生产，按一定时间交替地重复。按批量（投入同一产品的数量）的不同，又分为小批、中批、大批生产。小批生产是接近于单件生产的生产方式，大批生产是接近于大量生产的生产方式。成批生产一般采用通用设备及部分专用设备，并广泛采用专用夹具和工具，如机床厂就是按此方式组织生产的。

（3）大量生产：产品的产量大，大多数工厂经常重复进行某一工件一个工序的加工，如汽车厂、轴承厂等。此种生产类型采用专用设备及专用工艺装备，并广泛采用生产率高的专用机床。

生产类型的划分一方面要考虑生产纲领，另一方面要考虑产品的大小和结构的复杂性。生产类型确定后，就可以确定相应的生产组织形式。如在大量生产时采用自动生产线，在成批生产时采用流水线，单件生产时采用机群式的生产组织形式。

产品的生产类型不同，其生产组织、生产管理、机床布置、毛坯的制造、采用的工艺装备、加工方法以及对工人的技术水平要求的高低是不一样的。所以确定的工艺规程要与产品的生产类型相适应，这样才能获得好的经济效益。生产类型的划分如表 7.2 所示，各种生产类型的工艺特征如表 7.3 所示。

表 7.2 生产类型的划分

生产类型	零件的生产纲领/（件/年）		
	重型机械	中型机械	轻型机械
单件生产	小于 5	小于 20	小于 100
小批生产	5～100	20～200	100～500
中批生产	100～300	200～500	500～5000
大批生产	300～1000	500～5000	5000～50000
大量生产	大于 1000	大于 5000	大于 50000

表 7.3 各种生产类型的工艺特征

项　　目	生产类型		
	单件生产	成批生产	大量生产
毛坯	自由锻，木模手工造型；余量大	模锻、金属模；毛坯精度和余量中等	模锻，机器造型；毛坯精度高，余量小

续表

项　　目	生产类型		
	单 件 生 产	成 批 生 产	大 量 生 产
机床	通用机床，机群式布置	通用机床，部分专用机床，按零件类别分工段排列	自动机床，专用机床流水线排列
设计特点	配对制造	部分互换	完全互换
工艺文件	简单的工艺过程卡	详细的工艺过程卡	详细的工艺过程卡、工序卡、调整卡
工装	通用刀具、夹具、量具、辅具	专用夹具，组合夹具，通用和专用刀具、量具、辅具	专用和通用刀具、夹具、量具、辅具
工艺精度保证	试切法加工，划线法加工	尺寸自动获得法加工，工装保证	尺寸自动获得法及高精度反馈调整加工
对工人的技术要求	技术要求高，熟练	技术要求一般，熟练程度要求一般	技术要求低、熟练程度要求高
投资	小，可重用	中等，部分重用	大，专用
发展趋势	成组技术（GT）、数控技术，加工自动化、加工中心（MC）、复合机床	柔性制造系统（FMS）	计算机集成制造系统（CIMS）

7.2　机械加工工艺规程设计

7.2.1　机械加工工艺规程设计原则及原始资料

　　机械加工工艺规程是指规定产品或零部件制造工艺过程和操作方法等的工艺文件，即按工艺过程有关内容写成的文件和表格。工艺规程设计必须遵循以下原则：

　　（1）所设计的工艺规程应能保证机器零件的加工质量（或机器的装配质量），达到设计图样上规定的各项技术要求。

　　（2）应使工艺过程具有较高的生产率，使产品尽快投放市场。

　　（3）设法降低制造成本。

　　（4）注意减轻工人的劳动强度，保证生产安全。

　　设计工艺规程必须具备以下原始资料：

　　（1）产品装配图、零件图。

　　（2）产品验收质量标准。

　　（3）产品的年生产纲领。

　　（4）毛坯材料与毛坯生产条件。

　　（5）制造厂的生产条件，包括机床设备和工艺装备的规格、性能和现在的技术状态、工人的技术水平、工厂自制工艺装备的能力以及工厂供电、供气的能力等有关资料。

　　（6）工艺规程设计、工艺装备设计所需要的设计手册和有关标准。

　　（7）国内外先进制造技术资料等。

7.2.2 机械加工工艺规程设计的内容及步骤

（1）分析研究产品的装配图和零件图。

首先要进行两方面的工作：

① 熟悉产品的性能、用途、工作条件，明确各零件的相互装配位置及其作用，了解研究各项技术条件制定的依据，找出其主要要求和关键技术问题。

② 对装配图和零件图进行工艺审查。主要的审查内容有：图样上规定的各项技术条件是否合理，零件的结构工艺性是否良好，图样上是否缺少必要的尺寸、视图或技术条件。过高的精度要求、过高的表面粗糙度要求和其他技术条件会使工艺过程复杂，加工困难。应尽可能减少加工和装配的劳动量，达到好造、好用、好修的目的。如果发现有问题，则应及时提出，并进行相关讨论研究，按照规定手续对图样进行修改与补充。

（2）确定毛坯。

根据产品图样审查毛坯的材料选择及制造方法是否合适，从工艺的角度（如定位夹紧、加工余量及结构工艺性等）对毛坯制造提出要求。必要时，应和毛坯车间共同确定毛坯图。

毛坯的种类和质量与机械加工的质量、材料的节约、劳动生产率的提高和成本的降低都有密切的关系。在确定毛坯时，总希望尽可能提高毛坯质量，减少机械加工劳动量，提高材料利用率，降低机械加工成本，但是这样就使毛坯的制造要求和成本提高。因此，两者是相互矛盾的，需要根据生产纲领和毛坯车间的具体条件来加以解决。

（3）拟定工艺路线，选择定位基准面。

该步骤是制定工艺规程过程中的关键性一步，需要提出几个方案，进行分析对比，寻求最经济合理的方案。该步骤具体包括：确定加工方法、安排加工顺序，确定定位夹紧方法，以及安排热处理、检验及其他辅助工序（去毛刺、倒角等）。

（4）确定各工序所采用的设备。

如果需要改装设备或自制专用设备，则应提出具体的设计任务书。

（5）确定各工序所采用的刀具、夹具、量具和辅助工具。

如果需要设计专用的刀具、夹具、量具和辅助工具，则应提出具体的设计任务书。

（6）确定各主要工序的技术要求及检验方法。

（7）确定各工序的加工余量，计算工序尺寸和公差。

（8）确定切削用量。

目前很多工厂一般不规定切削用量，而由操作者结合具体生产情况来选取。但对流水线生产，尤其是自动线生产，则各工序、工步都需要规定切削用量，以保证各工序生产节奏均衡。

（9）确定工时定额。

工时定额目前主要是按经过生产实践验证而积累起来的统计资料来确定的。随着工艺过程的不断改进，也需要相应地修改工时定额。

对于流水线和自动线，由于有规定的切削用量，工时定额可以部分通过计算，部分通过统计资料得出。

（10）技术经济分析。

（11）填写工艺文件。

7.2.3　制定机械加工工艺规程时要解决的主要问题

制定工艺规程所需要考虑的问题有很多，涉及的面也很广，这里只讨论制定工艺规程时要解决的主要问题。

1．定位基准的选取原则

合理地选择定位基准对保证加工精度和加工顺序的确定都有决定性的影响，后道工序的基准必须在前面工序中加工出来，因此，它是制定工艺规程时要解决的首要问题。在选择定位基准时，应多设想几种定位方案，比较它们的优缺点，周密地考虑定位方案与工艺过程的关系，尤其是对加工精度的影响。基准的选择实际上就是基准面的选择，在第一道工序中，只能使用毛坯的表面作为定位基准，这种定位基准面就称为粗基准面。在以后的各工序中，可以采用已切削加工的表面作为定位基准面，这种定位基准面就称为精基准面。

经常遇到这样的情况：工件上没有能作为定位基准面的恰当表面，这时就有必要在工件上专门加工出定位基准面，这种基准面称为辅助基准面。辅助基准面在零件的工作中没有用处，它是仅为加工的需要而设置的，如轴类零件加工用的中心孔、活塞加工用的止口和下端面。

在选择基准面时，需要同时考虑以下三个问题：

（1）用哪一个表面作为加工时的精基准面，才有利于经济合理地达到零件的加工精度要求。

（2）为加工出上述精基准面，应采用哪一个表面作为粗基准面。

（3）是否有个别工序为了满足特殊的加工要求，需要采用第二个精基准面。

在选择基准面时有两个基本要求：

（1）各加工表面有足够的加工余量（至少不留下黑斑），使不加工表面的尺寸、位置符合图样要求。对一面要加工、一面不加工的壁，要有足够的厚度。

（2）定位基准面应有足够大的接触面积和分布面积。接触面积大就能承受大的切削力；分布面积大可使定位稳定可靠。在必要时，可在工件上增加工艺凸台或在夹具上增加辅助支承。如图 7.2 所示，在加工车床小刀架的 A 面时，为了使定位稳定可靠，在小刀架上的表面 C 上增加了工艺凸台 B，它和表面 C 同时加工出来。

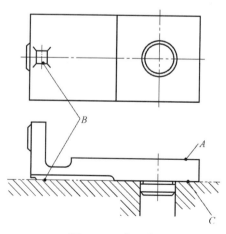

图 7.2　工艺凸台

由于对精基准面和粗基准面的加工要求不同以及精基准面和粗基准面的用途不同，所以在选择精基准面和粗基准面时所考虑的重点也不同。

对于精基准面，考虑的重点是如何减小误差，提高定位精度，原则如下：

（1）应尽可能选用设计基准作为定位基准，这称为基准重合原则。特别是在最后精加工时，为保证精度，更应该注意这个原则。这样可以避免基准不重合而引起的定位误差。

（2）应尽可能选用统一的定位基准加工各表面，以保证各表面间的位置精度，称为统一基准原则。例如，车床主轴采用中心孔作为统一基准加工各外圆表面，不但能在一次安装中加工大多数表面，而且保证了各级外圆表面的同轴度要求以及端面与轴线的垂直度要求。

（3）有时还要遵循互为基准、反复加工的原则。如加工精密齿轮，当齿面经高频淬火后磨削时，因其淬硬层较薄，应使磨削余量小而均匀，所以要先以齿面为基准磨内孔，再以内孔为基准磨齿面，以保证齿面余量均匀。又如，当车床主轴支撑轴颈与主轴锥孔的同轴度要求很高时，也常常采用互为基准、反复加工的方法。

（4）有些精加工工序要求加工余量小而均匀，以保证加工质量和提高生产率，这时就以加工面本身作为精基准面，称为自为基准原则。例如，在磨削车床床身导轨面时，就用百分表找正床身的导轨面（导轨面与其他表面的位置精度则应由磨前的精刨工序保证）。

在选择粗基准面时，考虑的重点是如何保证各加工表面有足够的余量，使不加工表面与加工表面间的尺寸、位置符合图样要求，原则如下：

（1）如果必须首先保证工件某重要表面的余量均匀，就应该选择该表面作为粗基准面。车床导轨面的加工就是一个例子，导轨面是车床床身的主要表面，精度要求高，并且要求耐磨。在铸造床身毛坯时，导轨面需要向下放置，以使其表面层的金属组织细致均匀，没有气孔、夹砂等缺陷，因此在加工时要求加工余量均匀，以便达到高的加工精度；同时切去的金属层应尽可能薄一些，以便留下一层组织紧密、耐磨的金属层。

（2）如果必须首先保证工件上加工表面与不加工表面之间的位置要求，则应以不加工表面作为粗基准面，如果工件上有多个不需加工的表面，则应以其中与加工表面的位置精度要求较高的表面为粗基准面，以使壁厚均匀、外形对称等。

若零件上每个表面都要加工，则应该以加工余量最小的表面作为粗基准面，使这个表面在以后的加工中不会留下毛坯表面而造成废品。例如，加工铸造或锻造的轴套，通常加工余量较小，并且总是孔的加工余量大，而外圆表面的加工余量较小，这时就应以外圆表面作为粗基准面来加工孔，如图7.3所示。

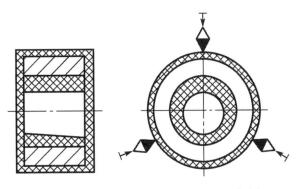

图7.3　铸造或锻造毛坯轴套的定位基准选择

（3）应该用毛坯制造中尺寸和位置比较可靠、平整光洁的表面作为粗基准面，这样加工后各加工表面对各不加工表面的尺寸精度、位置精度更容易符合图样要求。

对于铸件，不应选择有浇冒口的表面、分型面以及有飞刺或夹砂的表面作为粗基准面。对于锻件，不应选择有飞边的表面作为粗基准面。

总之，定位基准面的选择原则是从生产实践中总结出来的，在保证加工精度的前提下，应使定位简单准确，夹紧可靠，加工方便，夹具结构简单。因此，必须结合具体的生产条件和生产类型来分析和运用这些原则。

2．加工方法的选择

在分析研究零件图的基础上，对各加工表面选择相应的加工方法。

（1）要根据每个加工表面的技术要求，确定加工方法以及分几次加工（各种加工方法及其组合所能达到的经济精度和表面粗糙度，可参阅有关的机械加工手册）。这里的主要问题是，选择零件表面的加工方案，这个方案必须在保证零件达到图样要求方面是可靠的，并且在生产率和加工成本方面是最经济合理的。表 7.4～表 7.6 分别介绍了机器零件的三种基本表面（外圆表面、内孔表面和平面）常用的加工方案及其所能达到的经济精度和表面粗糙度。

表 7.4　外圆表面加工方案及其所能达到的经济精度和表面粗糙度

加 工 方 法	加 工 情 况	经济精度（IT）	表面粗糙度 $Ra/\mu m$
车	粗车	12～13	10～80
	半精车	10～11	2.5～10
	精车	7～8	1.25～5
	金刚石车（镜面车）	5～6	0.02～1.25
铣	粗铣	12～13	10～80
	半精铣	11～12	2.5～10
	精铣	8～9	1.25～25
车槽	一次行程	11～12	10～20
	二次行程	10～11	2.5～10
外磨	粗磨	8～9	1.25～10
	半精磨	7～8	0.63～2.5
	精磨	6～7	0.16～1.25
	精密磨（精修整砂轮）	5～6	0.08～0.32
	镜面磨	5	0.008～1.25
抛光			0.008～1.25
研磨	粗研	5～6	0.16～0.63
	精研	5	0.04～0.32
	精密研	5	0.008～0.08
超精加工	精	5	0.08～0.32
	精密	5	0.01～0.16
砂带磨	精磨	5～6	0.02～0.16
	精密磨	5	0.01～0.04
滚压		6～7	0.16～1.25

表 7.5　内孔表面加工方案及其所能达到的经济精度和表面粗糙度

加 工 方 法	加 工 情 况	经济精度（IT）	表面粗糙度 $Ra/\mu m$
钻	$\phi15mm$ 以下	11～13	5～80
	$\phi15mm$ 以上	10～12	20～80
扩	粗扩	12～13	5～20
	一次扩孔	11～13	10～20
	精扩	9～11	1.25～10
铰	半精铰	8～9	1.25～10
	精铰	6～7	0.32～5
	手铰	5	0.08～1.25
拉	粗拉	9～10	1.25～5
	一次拉孔	10～11	0.32～2.5
	精拉	7～9	0.16～0.63
推	半精推	6～8	0.32～1.25
	精推	6	0.08～0.32
镗	粗镗	12～13	5～20
	半精镗	10～11	2.5～10
	精镗	7～8	0.63～5
	金刚石镗	5～7	0.16～1.25
内磨	粗磨	9～11	1.25～10
	半精磨	9～10	0.32～1.25
	精磨	7～8	0.08～0.63
	精密磨	6～7	0.04～0.16
珩	粗珩	5～6	0.16～1.25
	精珩	5	0.04～0.32
研磨	粗研	5～6	0.16～0.63
	精研	5	0.04～0.32
	精密研	5	0.008～0.08
挤		6～8	0.01～1.25

表 7.6　平面加工方案及其所能达到的经济精度和表面粗糙度

加 工 方 法	加 工 情 况	经济精度（IT）	表面粗糙度 $Ra/\mu m$
周铣	粗铣	11～13	5～20
	半精铣	8～11	2.5～10
	精铣	6～8	0.63～5
端铣	粗铣	11～13	5～20
	半精铣	8～11	2.5～10
	精铣	6～8	0.63～5
车	半精车	8～11	2.5～10
	精车	6～8	1.25～5
	细车	6	0.02～1.25

续表

加 工 方 法	加 工 情 况	经济精度（IT）	表面粗糙度 $Ra/\mu m$
刨	粗刨	11～13	5～20
	半精刨	8～11	2.5～10
	精刨	6～8	0.63～5
	宽刀精刨	6	0.16～1.25
拉	粗拉	10～11	5～20
	精拉	6～9	0.32～2.5
平磨	粗磨	8～10	1.25～10
	半精磨	8～9	0.63～2.5
	精磨	6～8	0.16～1.25
	精密磨	6	0.04～0.32
研磨	粗研	6	0.16～0.63
	精研	5	0.04～0.32
	精密研	5	0.008～0.08
砂带磨	精磨	5～6	0.04～0.32
	精密磨	5	0.01～0.04
液压		7～10	0.16～2.5

（2）确定加工方法时要考虑被加工材料的性质。例如，淬火钢必须用磨削的方法加工；而有色金属则磨削困难，一般都采用金刚石车或高速精密车削的方法进行精加工。

（3）选择加工方法，要考虑到生产类型，即要考虑生产率和经济性的问题。在大批大量生产中可采用专用的高效率设备和专用工艺装备。

例如，平面和孔可用拉削加工，轴类零件可采用半自动液压仿形车床加工，甚至在大批大量生产中可以从根本上改变毛坯的制造工艺，大大减少切削加工的工作量。例如，用粉末冶金制造油泵的齿轮、用熔模铸造法制造柴油机上的小尺寸零件等。在单件小批生产中，就采用通用设备、通用工艺装备以及一般的加工方法。

（4）选择加工方法，还要考虑本厂（或本车间）的现有设备情况及技术条件，应该充分利用现有设备，挖掘企业潜力，发挥工人的积极性和创造性，有时虽有该类设备，但因负荷平衡问题，不得不改用其他的加工方法。

此外，选择加工方法，还应该考虑一些其他因素，如工件的形状和质量以及加工方法所能达到的表面物理力学性能等。

3. 加工阶段的划分

零件的加工质量要求较高时，必须把整个加工过程划分为几个阶段：

1）粗加工阶段

该阶段要切除较大的加工余量，主要问题是如何获得高的生产率。

2）半精加工阶段

该阶段为主要表面的精加工做好准备（达到一定的加工精度，保证一定的精加工余量），并完成一些次要表面的加工（钻孔、攻螺纹、铣键槽等），一般在热处理之前进行。

3）精加工阶段

该阶段保证各主要表面达到图样规定的质量要求。

4）光整加工阶段

对于精度要求很高（标准公差等级 IT6 级及 IT6 级以上）、表面粗糙度值要求很小（表面粗糙度 $Ra \leqslant 0.32\mu m$）的零件，还要有专门的光整加工阶段。光整加工阶段以提高零件的尺寸精度和降低表面粗糙度为主，一般不用于提高形状精度和位置精度。

划分加工阶段的原因如下：

（1）粗加工阶段中切除金属较多，产生的切削力和切削热都较大，所需要的夹紧力也较大，因而使工件产生的内应力和由此引起的变形也大，不可能达到高的精度和低的表面粗糙度，因此需要先完成各表面的粗加工，再通过半精加工和精加工逐步减小切削用量、切削力和切削热，逐步修正工件的变形，提高加工精度和降低表面粗糙度，最后达到零件图的要求。同时各阶段之间的时间间隔相当于自然时效，有利于消除工件的内应力，使工件有变形的时间，以便在后一道工序中加以修正。

（2）划分加工阶段便于合理使用机床设备。粗加工时可采用功率大、精度不高的高效率设备，精加工时可采用高精度设备。这样不但发挥了机床设备各自的性能特点，而且有利于高精度机床在使用中保持高精度。

（3）为了在机械加工工序中插入必要的热处理工序，同时使热处理充分发挥作用，自然而然地把机械加工工艺过程划分为几个阶段，并且每个阶段各有其特点以及应该达到的目的。

4．工序的集中与分散

一个工件的加工工序是由许多工步组成的，如何把这些工步组成工序，是设计工艺规程时要考虑的一个问题。在一般情况下，根据工步本身的性质（例如，车外圆、铣平面等）、粗精加工阶段的划分、定位基准面的选择和转换等，把这些工步集中成若干个工序，在若干台机床上进行。但是这些条件不是固定不变的，例如，主轴箱箱体底面可以进行刨加工、铣加工或磨加工，只要工作台的行程足够长，主轴箱箱体底面可以在粗铣结束后，再用另外一些动力头进行半精铣等。因此，有可能把许多工步集中在一台机床上完成。立式多工位回转工作台组合机床、加工中心和柔性生产线就是工序集中的极端情况。由于集中工序总是要使用结构更复杂，机械化、自动化程度更高的高效率机床，因此集中工序具备下列一些特点：

（1）由于采用高效率的专用机床和工艺设备，大大提高了生产率。

（2）减少了设备的数量，相应地减少了操作工人和生产面积。

（3）减少了工序数目，缩短了工艺路线，简化了生产计划工作。

（4）缩短了加工时间，减少了运输工作量，因而缩短了生产周期。

（5）减少了工件的装夹次数，不仅有利于提高生产率，而且由于在一次装夹下加工多个表面，易于保证这些表面间的位置精度。

（6）因为采用的专用设备和专用工艺装备数量多且复杂，因此机床和工艺装备的调整、维修也很费时费事，生产准备工作量很大。

5．加工顺序的安排

1）切削加工工序

在安排加工顺序时有几个原则是需要遵循的：

（1）先粗后精。先安排粗加工，中间安排半精加工，最后安排精加工和光整加工。

（2）先主后次。先安排主要表面的加工，后安排次要表面的加工。这里所谓主要表面是指装配基准面、工作表面等；所谓次要表面是指非工作表面（如紧固用的光孔和螺孔等）。由于次要表面的加工工作量比较小，而且它们又往往和主要表面有位置精度的要求，因此一般都放在主要表面的主要加工结束之后，而在最后精加工或光整加工之前。

（3）先基准面后其他。加工一开始，总是先把精基准面加工出来。如果精基准面不止一个，则应该按照基准面转换的顺序和逐步提高加工精度的原则来安排基准面和主要表面的加工。例如在一般机器零件上，平面所占的轮廓尺寸比较大，用平面定位比较稳定可靠，因此在拟定工艺规程时总是选用平面作为定位精基准面，总是先加工平面后加工孔。

在安排加工顺序时要注意退刀槽、倒角等工作的安排。这一类结构元素，在审查图样的结构工艺性时就应予以注意。

2）热处理工序

热处理主要用来改善材料的性能及消除内应力。一般可分为以下几种。

（1）预备热处理。预备热处理安排在机械加工之前，以改善切削性能、消除毛坯制造时的内应力为主要目的。例如，对于碳质量分数超过 0.5% 的碳钢，预备热处理一般采用退火，以降低硬度；对于碳质量分数不大于 0.5% 的碳钢，预备热处理一般采用正火，以提高材料的硬度，使切削时切屑不粘刀，表面较光滑。由于调质（淬火后再进行 500~650℃ 的高温回火）能得到组织细密均匀的回火索氏体，因此有时也用作预备热处理。

（2）最终热处理。最终热处理安排在半精加工以后和磨削加工之前（但渗氮处理应安排在精磨之后），主要用于提高材料的强度及硬度，如淬火。由于淬火后材料的塑性和韧性很差，有很大的内应力，易于开裂，组织不稳定，材料的性能和尺寸要发生变化等原因，淬火后必须进行回火。其中调质处理能使钢材既有一定的强度、硬度，又有良好的冲击韧度等综合力学性能，常用于汽车、拖拉机和机床零件，如汽车连杆、曲轴、齿轮和机床主轴等的热处理。

（3）去除内应力处理。去除内应力处理最好安排在粗加工之后、精加工之前，如人工时效、退火。但是为了避免过多的运输工作量，对于精度要求不太高的零件，一般把去除内应力的人工时效和退火放在毛坯进入机械加工车间之前进行。但是对于精度要求特别高的零件（例如精密丝杠），在粗加工和半精加工过程中要经过多次去除内应力退火，在粗、精磨过程中还要经过多次人工时效。

3）辅助工序

检验工序是主要的辅助工序，它是保证产品质量的重要措施。除在每道工序的进行中，操作者必须自行检验外，还必须在下列情况下安排单独的检验工序。

（1）粗加工阶段结束之后。

（2）重要工序之后。

（3）零件从一个车间转到另一个车间时。

（4）特种性能（磁力探伤、密封性等）检验之前。

（5）零件全部加工结束之后。

除检验工序外，还要在相应的工序后考虑安排去毛刺、倒棱边、去磁、清洗、涂防锈油等辅助工序。应该认识到辅助工序仍是必要的工序，缺少了辅助工序或是对辅助工序要求不严，将为装配工作带来麻烦，甚至使机器不能使用。例如，未去净的毛刺和锐边，将使工件不能装配，且将危及工人的安全；润滑油道中未去净的铁屑将影响机器的运行，甚至使机器损坏。

6．机床的选择

机床的选择首先取决于现有的生产条件，应根据确定的加工方法选择正确的机床设备，机床设备选择得合理与否不但直接影响工件的加工质量，而且影响工件的加工效率和制造成本。

在确定了机床设备类型后，选择的尺寸规格应与工件的尺寸相适应，精度等级应与本工序加工要求相适应，电动机功率应与本工序所需功率相适应，机床设备的自动化程度和生产效率应与工件生产类型相适应。

7.3 加工余量及其确定方法

7.3.1 加工余量的概念

对于零件的某一个表面，为了达到图样所规定的精度及表面粗糙度要求，往往需要经过多次加工方能完成，而每次加工都需要去除余量。

加工余量是指在加工过程中从被加工表面上切除的金属层的厚度。加工余量可分为加工总余量和工序余量两种。

工序余量是指工件某一表面相邻两工序尺寸之差（一道工序中切除的金属层厚度）。按照这一定义，工序余量有单边余量和双边余量之分。零件的非对称结构的非对称表面，其加工余量一般为单边余量，如单一平面的加工余量为单边余量。零件对称结构的对称表面，其加工余量为双边余量，如回转体表面（内、外圆柱表面）的加工余量为双边余量。

加工总余量为同一表面上毛坯尺寸与零件设计尺寸之差（从加工表面上切除的金属层总厚度）。某表面加工总余量（Z_Σ）等于该表面各个工序余量（Z_i）之和，即

$$Z_\Sigma = Z_1 + Z_2 + \cdots + Z_n = \sum_{i=1}^{n} Z_i \tag{7-2}$$

式中，n 为机械加工工序数目；Z_1 为第一道粗加工工序的加工余量。

一般来说，毛坯的制造精度高，Z_1 就小；若毛坯制造精度低，则 Z_1 就大。

7.3.2 影响加工余量的因素

影响工序余量的因素比较多且复杂。结合图 7.4 所示用小头孔和端面定位镗削连杆孔

工序的情形，综合分析影响工序余量的主要因素。

（1）前道工序产生的表面粗糙度值 Ra 和表面缺陷层深度 H_a。应在本工序切除掉表面层的结构如图 7.5 所示。表面上 Ra 和 H_a 的大小与所用的加工方法有关，表 7.7 列出了有关的试验数据。

（2）加工前道工序的尺寸公差 T_a。本工序应切除前道工序尺寸公差中包含的各种误差。待加工表面存在各种几何形状误差，如圆度和圆柱度等，其包含在前道工序公差范围内。

（3）加工前道工序各表面间的位置误差 ρ_a，包括轴线、平面的本身形状误差（如弯曲和偏斜等）及其位置误差（如偏移、平行度、垂直度和同轴度误差等）。

（4）本工序的装夹误差 ε_b，包括定位误差、夹紧误差以及夹具本身的误差。根据以上分析，可建立以下加工余量计算式，即

加工外圆和孔时：

$$Z_b = T_a + 2(H_a + Ra) + 2\left|\overline{\rho}_a + \overline{\varepsilon}_b\right| \tag{7-3}$$

加工平面时：

$$Z_b = T_a + (H_a + Ra) + \left|\overline{\rho}_a + \overline{\varepsilon}_b\right| \tag{7-4}$$

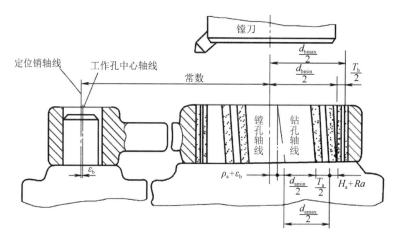

图 7.4　镗削连杆孔工序

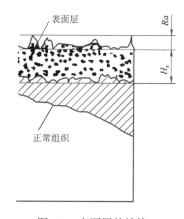

图 7.5　表面层的结构

表 7.7 表面粗糙度 Ra 和表面缺陷层深度 Ha 值　　　　　　　单位：μm

加 工 方 法	Ra	Ha
粗车外圆	100～15	60～40
精车外圆	45～5	40～30
粗车端面	225～15	60～40
精车端面	24～5	40～30
钻	225～45	60～40
粗扩孔	225～25	60～40
精扩孔	100～25	40～30
粗铰	100～25	30～25
精铰	25～5.5	20～10
粗镗	225～25	50～30
精镗	25～5	40～25
磨外圆	15～1.7	25～15
磨内圆	15～1.7	30～20
磨端面	15～1.7	35～15
磨平面	15～1.7	30～20
粗刨	100～15	50～40
精刨	45～5	40～25
粗插	100～25	60～50
精插	45～5	50～35
粗铣	225～15	60～40
精铣	45～5	40～25
研磨	1.6～0	5～3
抛光	1.6～0.06	5～2
拉削	3.5～1.7	20～10
切断	225～45	60

7.3.3 确定加工余量的方法

1．分析计算法

在已知各个影响因素下，分析计算法是比较精确的。在应用式（7-3）和式（7-4）时，要针对具体情况对加工余量加以分析、简化。

（1）在无心外圆磨床上加工零件，装夹误差可忽略不计，故

$$Z_b = T_a + 2(H_a + Ra + \rho_a) \tag{7-5}$$

（2）当用浮动铰刀铰孔及拉孔（工作端面使用浮动支承）时，空间偏差对余量无影响，装夹误差可忽略不计，故

$$Z_b = T_a + 2(H_a + Ra) \tag{7-6}$$

（3）超精加工、研磨及抛光，主要是为了改善工件的表面粗糙度，故

$$Z_b = T_a + 2Ra \tag{7-7}$$

2．经验估计法

经验估计法多用于单件小批生产，主要用来确定总余量，即由一些有经验的工程技术人员根据经验确定余量。一般地，由经验估计法确定的加工余量往往偏大。

3．查表法

查表法指从通用的文献或企业的经验数据表格中可以查出各种工序余量或加工总余量，并结合实际加工情况加以修正，从而确定加工余量。此法方便、迅速，生产中被广泛采用。

7.4 加工工艺尺寸的分析计算

在拟定加工工艺路线之后，即应确定各个工序所应达到的加工尺寸及其公差，以及所应切除的加工余量，这一工作通常是运用尺寸链原理进行的。

7.4.1 尺寸链的基本概念

进行加工工艺（装配工艺）分析时，总会遇到关于尺寸公差和技术要求的计算问题。运用尺寸链原理，可以使这些分析计算大为简化。

1．尺寸链的定义和组成

在零件的加工和装配过程中，经常遇到一些相互联系的尺寸组合，这种相互联系、并按一定顺序排列的封闭尺寸组合称为尺寸链。在零件加工过程中，由加工过程中有关的工艺尺寸所组成的尺寸链，称为加工尺寸链；在机械装配过程中，由有关零件上的有关尺寸组成的尺寸链，称为装配尺寸链。

图 7.6 所示为零件加工工艺尺寸链。加工中控制 A_1、A_2 两个工序尺寸，就可以确定尺寸 A_Σ。这样，A_1、A_2、A_Σ 三个尺寸构成一个封闭的尺寸组合，即形成一个尺寸链。为了简单扼要地表示尺寸链中各尺寸之间的关系，常将相互联系的尺寸组合从零件（部件）的具体结构中抽象出来，绘成尺寸链简图。绘制时不需要按比例绘制，只要求保持原有的连接关系。同一个尺寸链中各个环以同一个字母表示，并以角标加以区别。

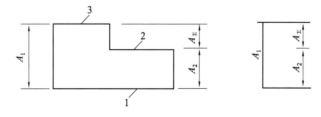

图 7.6　零件加工工艺尺寸链

尺寸链中的每一个尺寸称为尺寸链的环。环又可分为封闭环和组成环。

1）封闭环

在零件加工或机器装配后间接形成的尺寸，其精度是被间接保证的，称为封闭环。图 7.6 所示尺寸链中，A_Σ 是封闭环。

2）组成环

在尺寸链中，由加工或装配直接控制，影响封闭环精度的各个尺寸称为组成环。图 7.6 中的 A_1 和 A_2 是组成环。组成环按其对封闭环的影响，又分为增环和减环。

（1）增环。当其余各组成环不变时，若其尺寸增大会使封闭环尺寸随之增大的组成环称为增环，以向右的箭头表示。如尺寸 $\overrightarrow{A_1}$ 就是增环。

（2）减环。当其余各组成环不变时，其尺寸的增大，使封闭环尺寸减小的组成环称为减环，以向左的箭头表示。如尺寸 $\overleftarrow{A_2}$ 就是减环。

在尺寸链中，判别增环或减环，除用定义进行判别外，当组成环数较多时，还可用画箭头的方法。即在绘制尺寸链简图时，用沿封闭方向的单向箭头表示各环尺寸。凡是箭头方向与封闭环的箭头方向相同的组成环就是减环；箭头方向与封闭环箭头方向相反的组成环就是增环。

2．尺寸链的特性

1）封闭性

尺寸链是由一个封闭环和若干个（含一个）相互关联的组成环所构成的封闭图形，因而具有封闭性。不封闭就不能成为尺寸链，一个封闭环对应着一个尺寸链。

2）关联性

由于尺寸链具有封闭性，所以尺寸链中的各环都相互关联。尺寸链中封闭环随所有组成环的变动而变动，组成环是自变量，封闭环是因变量。

3）客观性

尺寸链反映了其中各个环所代表的尺寸之间的关系，这种关系是客观存在的，不是人为构造的。根据封闭环的特性，对于每一个尺寸链，只能有一个封闭环。

4）传递系数 ξ

表示各组成环对封闭环影响大小的系数称为传递系数。尺寸链中封闭环与组成环的关系可用方程式表示，即 $L_\Sigma = f(L_1, L_2, \cdots, L_{n-1})$。设第 i 个组成环的传递系数为 ξ_i，$\xi_i = \dfrac{\partial f}{\partial L_i}$。对于增环，$\xi_i$ 为正值；对于减环，ξ_i 为负值；若组成环与封闭环平行，则 $|\xi_i| = 1$；若组成环与封闭环不平行，则 $-1 < \xi_i < +1$。图 7.6 中的尺寸链可写成方程式：$A_\Sigma = A_1 - A_2$，其中环 A_1 是增环，$\xi_1 = +1$；环 A_2 是减环，$\xi_2 = -1$。

3．尺寸链的分类

尺寸链根据不同的分类方法，可以分为不同的类型。

（1）根据尺寸链的应用场合，尺寸链可分为零部件设计尺寸链（全部组成环为相关零部件设计尺寸，用于产品设计）、加工（工艺）尺寸链（全部组成环为同一工件的加工工艺尺寸，如图 7.6 所示）和装配（工艺）尺寸链（全部组成环为参与装配的不同零件的完工尺寸）。设计尺寸是指零件图样上标注的尺寸，加工工艺尺寸是指工序尺寸、测量尺寸、毛坯尺寸和对刀尺寸等加工过程中直接控制的尺寸。

（2）根据尺寸链各环几何特征和空间关系，尺寸链可分为直线尺寸链、角度尺寸链、平面尺寸链和空间尺寸链。

（3）根据尺寸链中环数的多少，尺寸链可分为二环尺寸链、三环尺寸链和多环尺寸链。

（4）根据尺寸链之间的关系，尺寸链可分为独立尺寸链和并联尺寸链。对于两个具有并联关系的尺寸链，至少有一个尺寸在这两个尺寸链中充当组成环，称为公共环。

各种类型的尺寸链中常用的是直线尺寸链。其他类型的尺寸链可通过适当的变换，转换成直线尺寸链进行分析，故在此主要研究直线尺寸链。

4. 直线尺寸链的计算方法

直线尺寸链有两种解法：极值法和概率法。极值法是指各组成环出现极值时，封闭环尺寸与组成环尺寸之间的关系。概率法是应用概率论与数理统计原理来进行尺寸链分析计算的方法。极值法比较保守，但计算简便。以设计尺寸为封闭环所构成的尺寸链，其组成环的数量一般不超过 4 个（属于少环尺寸链），因此在求解加工尺寸链时，一般都采用极值法，这样计算过程简单方便，结果可靠。极值法的基本计算公式有五大关系：

（1）各环公称尺寸之间的关系。封闭环的公称尺寸等于各个增环的公称尺寸之和减去各个减环的公称尺寸之和。

$$A_{\sum} = \sum_{i=1}^{m} \overrightarrow{A_i} - \sum_{j=m+1}^{n-1} \overleftarrow{A_j} \tag{7-8}$$

式中，$A_{\sum}$ 为封闭环公称尺寸；$\overrightarrow{A_i}$ 为第 i 个增环的公称尺寸；$\overleftarrow{A_j}$ 为第 j 个减环的公称尺寸；n 为尺寸链中包括封闭环在内的总环数；m 为增环的数目。

（2）各环极限尺寸之间的关系。由式（7-8）可得到封闭环最大极限尺寸与各组成环极限尺寸之间的关系：

$$A_{\sum \max} = \sum_{i=1}^{m} \overrightarrow{A}_{i\max} - \sum_{j=m+1}^{n-1} \overleftarrow{A}_{j\min} \tag{7-9a}$$

式中，$A_{\sum \max}$ 为封闭环的最大极限尺寸；$\sum\limits_{i=1}^{m} \overrightarrow{A}_{i\max}$ 为所有增环的最大极限尺寸之和；$\sum\limits_{j=m+1}^{n-1} \overleftarrow{A}_{j\min}$ 为所有减环的最小极限尺寸之和。

而在相反的情况下，得到封闭环最小极限尺寸与各组成环极限尺寸之间的关系，即

$$A_{\sum \min} = \sum_{i=1}^{m} \overrightarrow{A}_{i\min} - \sum_{j=m+1}^{n-1} \overleftarrow{A}_{j\max} \tag{7-9b}$$

式中，$A_{\sum \min}$ 为封闭环的最小极限尺寸；$\sum\limits_{i=1}^{m} \overrightarrow{A}_{i\min}$ 为所有增环的最小极限尺寸之和；

$\displaystyle\sum_{j=m+1}^{n-1}\overrightarrow{A}_{j\max}$ 为所有减环的最大极限尺寸之和。

（3）各环尺寸极限偏差之间的关系。由式（7-9a）减去式（7-8），可得：

$$ES_{\sum} = \sum_{i=1}^{m}\overrightarrow{ES_i} - \sum_{j=m+1}^{n-1}\overleftarrow{EI_j} \qquad (7\text{-}10a)$$

式中，$ES_{\sum}$ 为封闭环的上极限偏差；$\displaystyle\sum_{i=1}^{m}\overrightarrow{ES_i}$ 为所有增环的上极限偏差之和；$\displaystyle\sum_{j=m+1}^{n-1}\overleftarrow{EI_j}$ 为所有减环的下极限偏差之和。

由式（7-9b）减去式（7-8），则得：

$$EI_{\sum} = \sum_{i=1}^{m}\overrightarrow{EI_i} - \sum_{j=m+1}^{n-1}\overleftarrow{ES_j} \qquad (7\text{-}10b)$$

式中，$EI_{\sum}$ 为封闭环的下极限偏差；$\displaystyle\sum_{i=1}^{m}\overrightarrow{EI_i}$ 为所有增环的下极限偏差之和；$\displaystyle\sum_{j=m+1}^{n-1}\overleftarrow{ES_j}$ 为所有减环的上极限偏差之和。

（4）各环公差或误差之间的关系。由式（7-9a）减去式（7-9b），得到尺寸链中各环公差之间的关系：

$$T_{\sum} = \sum_{i=1}^{n-1}T_i \qquad (7\text{-}11a)$$

式中，$T_{\sum}$ 为封闭环公差；T_i 为第 i 个组成环公差。

由此可见，在封闭环公差一定的条件下，如果减少组成环的数目，就可以相应放大各组成环的公差，使之容易加工。

当各环的实际误差量不等于相应的公差时，各环的误差量之间的关系是：

$$\omega_{\sum} = \sum_{i=1}^{n-1}\omega_i \qquad (7\text{-}11b)$$

式中，$\omega_{\sum}$ 为封闭环的误差；ω_i 为第 i 个组成环的误差。

（5）各环平均尺寸和平均偏差之间的关系。将式（7-9a）与式（7-9b）相加，并用 2 除之，可得平均尺寸之间的关系：

$$A_{\sum M} = \sum_{i=1}^{m}\overrightarrow{A}_{iM} - \sum_{j=m+1}^{n-1}\overleftarrow{A}_{jM} \qquad (7\text{-}12a)$$

式中，$A_{\sum M}$ 为封闭环的平均尺寸；$\overrightarrow{A}_{iM}$ 为组成环的平均尺寸。

由式（7-8）减去式（7-12a），可得相对于平均尺寸的各环平均偏差之间的关系：

$$EM_{\sum} = \sum_{i=1}^{m}\overrightarrow{EM_i} - \sum_{j=m+1}^{n-1}\overleftarrow{EM_j} \qquad (7\text{-}12b)$$

式中，$EM_{\sum}$ 为封闭环的平均偏差；$\overrightarrow{EM_i}$ 为增环的平均偏差；$\overleftarrow{EM_j}$ 为减环的平均偏差。

7.4.2 加工尺寸链概述

由机械加工过程中，各个工艺尺寸所组成的尺寸链，称为机械加工工艺尺寸链，简称加工尺寸链。

1．加工尺寸链的组成

1）加工尺寸链的组成环

加工尺寸链的组成环即为工艺尺寸。所谓工艺尺寸，就是在工艺附图或工艺规程中所给出的尺寸和要求，包括工序尺寸、毛坯尺寸、测量尺寸和相互位置要求等。以图 7.7 所示块状零件为例，其中工序尺寸以单向箭头表示。若两端均为完工面，称为完工尺寸；若有一端尚留有余量，称为中间尺寸。毛坯尺寸以双向箭头表示，两端表面皆为毛面。

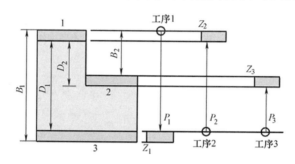

图 7.7　块状零件的加工尺寸链

2）加工尺寸链的封闭环

在机械加工过程中，确定各工序的工艺尺寸是为了使加工表面达到所要求的设计要求，还要使加工时能有一个合理的加工余量，保证加工后得到的表面既达到所要求的加工质量，又不至于浪费材料。所以，在加工尺寸链中，以设计尺寸或加工余量为封闭环来分析确定相应的工艺尺寸。

2．加工尺寸链的形成

加工尺寸链根据其封闭环的不同，有两种基本形式：

（1）加工设计尺寸链，即以零件图上的一个设计尺寸为封闭环，以加工过程中与其有关的工艺尺寸为组成环所构成的尺寸链。

（2）加工余量尺寸链，即以某一工序的加工余量为封闭环，以加工过程中与其有关的工艺尺寸为组成环所构成的尺寸链。

由于在制定机械加工工艺规程时，往往力求缩短工艺路线，常出现一个工序尺寸同时保证两个或几个设计尺寸的情况，这种工序尺寸在加工尺寸链中称为公共环。故机械加工工艺尺寸链中的设计尺寸链之间存在并联和独立关系。在每种产品的机械加工过程中，并联设计尺寸链是普遍存在的，直接影响工艺尺寸的分析计算。在加工尺寸链中，还存在着不容忽视的二环尺寸链。

3．加工尺寸链的查找

加工尺寸链的建立，是分析计算加工工艺尺寸的前提。加工尺寸链反映加工过程中各有关加工工艺尺寸对封闭环的影响。各加工工艺尺寸的误差，在加工过程中产生在被加工表面上，并通过后续工序的工艺尺寸传递和累积，最终到达封闭环两端面。

因此，在建立加工尺寸链时，首先要确定封闭环。由上述可知，加工尺寸链的封闭环只能是零件图上的设计尺寸（或设计要求）或者加工过程中的加工余量。然后，从封闭环的两端（随后由工序尺寸的基准面）开始，查找各工艺尺寸的加工表面，按照被加工零件上各有关表面加工顺序及其关系，依次（一般由精加工工序向粗加工工序）查找，首尾相接，将各有关（加工面与基准面重合）的工艺尺寸作为相应的组成环，直到两端查找的基准端面在某一表面汇合为止。为使查找过程直观，可以将有关工艺尺寸按照顺序排列，图 7.7 所示为只考虑高度尺寸的情形。

加工尺寸链的个数，取决于封闭环的数量。图 7.7 中，封闭环共有两个设计尺寸和三个加工余量。因此，应能建立五个加工尺寸链（见图 7.8）。

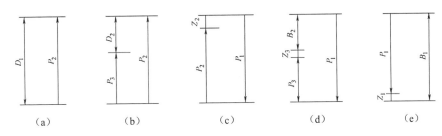

图 7.8　加工设计尺寸链和加工余量尺寸链

7.4.3　加工工艺尺寸计算举例

在工序图或工序卡中标注的尺寸，称为工序尺寸。通常工序尺寸不能从零件图上直接得到，而需要经过一定的计算。

运用加工尺寸链理论可确定机械加工工艺规程制定中毛坯尺寸、工序尺寸（包括完工尺寸、中间尺寸）以及其他有关工艺尺寸和公差。在具体确定加工工艺尺寸时，虽然具体对象、工艺过程的复杂程度不同，但是对加工工艺尺寸的分析计算可归纳为三种基本情况：①表面本身多次加工的情况；②零件加工表面之间的位置关系的情况；③同时保证加工表面本身和加工表面之间位置关系的情况。

下面分别举例介绍运用加工尺寸链原理确定加工过程工艺尺寸、公差的方法。

1．加工表面本身各工序尺寸、公差的确定

零件上的内孔、外圆和平面的加工多属于这种情况。当表面需要经过多次加工时，各次加工的尺寸及其公差取决于各工序的加工余量及所采用的加工方法所能达到的经济加工精度。因此，确定各工序的加工余量和各工序所能达到的经济加工精度后，就可以计算出各工序的尺寸及公差。计算顺序是从最后一道工序（最后一次加工）向前推算。

例 7-1　材料为 45 钢的法兰盘零件上有一个 $\phi 60^{+0.03}_{0}$ mm 的圆孔，表面粗糙度 Ra 为

0.08μm；需淬硬，毛坯为锻件。孔的机械加工工艺过程是粗镗→半精镗→热处理（图 7.9 中未画出）→磨削，如图 7.9 所示。加工过程中，使用同一基准完成该孔的各次加工，即基准不变。在分析中忽略不同装夹中定位误差对加工精度的影响。试确定各加工工序的工序尺寸及其上、下极限偏差。

解：（1）根据手册、文献资料，确定加工孔各工序的直径加工余量为：

磨孔余量：$Z_0 = 0.5$mm；

半精镗余量：$Z_1 = 1.0$mm；

粗镗余量：$Z_2 = 3.5$mm。

（2）确定各个工序的尺寸。磨削后应达到零件图上规定的设计尺寸，故磨削工序尺寸为：$D=60$mm。

为了留出磨削加工余量，半精镗后孔径的基本尺寸应为：$D_1=60-0.5=59.5$（mm）；

为了留出半精镗加工余量，粗镗后孔径的基本尺寸应为：$D_2=59.5-1.0=58.5$（mm）；

为了留出粗镗加工余量，毛坯孔径的基本尺寸应为：$D_3=58.5-3.5=55$（mm）。

（3）确定各工艺尺寸的公差。

这时既要考虑获得工序尺寸的经济加工精度，又要保证各工序有足够的最小加工余量。为此，各加工工序的加工精度等级不宜相差过大。

根据文献、工艺手册，确定各工序尺寸的精度公差：

磨削：IT7=0.03mm。

半精镗：IT10=0.12mm。

粗镗：IT13=0.46mm。

毛坯：IT18=4.00mm。

（4）确定各工序所达到的表面粗糙度。

根据工艺手册，确定各工序所达到的表面粗糙度：

磨削：0.8μm。

半精镗：3.2μm。

粗镗：12.5μm。

毛坯：毛面。

（5）确定各工序尺寸的偏差。

各工序尺寸的偏差，按照常规原则加以确定。加工尺寸按单向入体原则标注极限偏差，毛坯尺寸按 1/3～2/3 入体原则标注偏差，如图 7.9 所示。

（6）校核各工序的加工余量是否合理。

在初步确定各工序尺寸及其偏差之后，应验算各工序的加工余量，校核最小加工余量是否足够，最大加工余量是否合理。为此，需利用有关工序尺寸的加工余量尺寸链进行分析计算。

例如，验算半精镗工序的加工余量。由有关工序尺寸与加工余量构成的加工尺寸链如图 7.10 所示。根据此加工余量尺寸链，可以计算出半精镗工序的最大、最小加工余量，即加工余量尺寸链的封闭环的极限尺寸：

$$Z_{1max} = 59.62 - 58.5 = 1.12 \text{（mm）}$$

$$Z_{1\min} = 59.5 - 58.96 = 0.54 \text{(mm)}$$

结果表明，最小加工余量处于 $1/3Z_1 \sim 2/3Z_1$ 范围内。故所确定的工序尺寸能保证半精镗工序有适当的加工余量。

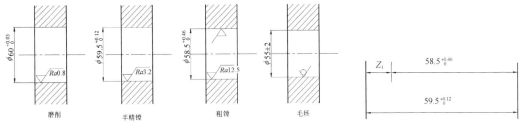

图 7.9　孔的加工尺寸及其公差　　　　　　图 7.10　半精镗孔加工余量尺寸链

2．零件各被加工表面之间的位置尺寸和公差的确定

零件的机械加工过程总是从毛坯开始的，因此零件的加工过程是各个表面由毛坯面向完工表面逐步演变的过程。这就决定了在零件的加工过程中，工件的测量基准、定位基准、调整尺寸的基准或者工序基准与设计基准不重合的情况必然存在。

例 7-2　以图 7.7 所示块状零件的加工尺寸链为例。

其高度方向的设计尺寸分别为 $D_1 = 50_{-0.4}^{0}$ mm，$D_2 = 20_{0}^{+0.20}$ mm。毛坯为精密铸钢件。工序尺寸以箭头表示加工端面。完工尺寸有 P_2、P_3；中间尺寸有 P_1；而毛坯尺寸有 B_1、B_2。加工过程为：

工序 1：以面 1 为基准，加工面 3，有工序尺寸 P_1，加工余量 Z_1；

工序 2：以面 3 为基准，加工面 1，有工序尺寸 P_2，加工余量 Z_2；

工序 3：以面 3 为基准，加工面 2，有工序尺寸 P_3，加工余量 Z_3。

解：由题意分析知，本例需要确定的有关工艺尺寸有：中间尺寸、完工尺寸和毛坯尺寸。

（1）建立全部加工尺寸链。

按加工误差传递累积原理，建立全部基本尺寸链，即 2 个加工设计尺寸链和 3 个加工余量尺寸链（见图 7.8）。

（2）完工尺寸 P_2、P_3 的确定。

P_2、P_3 与设计尺寸有关，应当由加工设计尺寸链来确定。

① 工序尺寸公差的确定。确定工序尺寸公差，必须先考虑加工设计尺寸链间的并联关系，根据对公共环尺寸要求较高的尺寸链确定。由图 7.8 可知，图（a）、（b）所示为并联尺寸链，P_2 为公共环，图（b）所示尺寸链对 P_2 要求高，则由图（b）所示尺寸链确定 P_2 的公差。综合考虑，取 T_3=0.08mm；由式（7-11a）得：T_2=0.12mm。

② 工序尺寸的基本尺寸的确定。由图 7.8（a）所示链得：P_2＝50 mm；将图 7.8（b）所示链代入式（7-8）得：P_3＝30 mm。

③ 极限偏差的确定。确定极限偏差时，一般在多环尺寸链中留一个组成环作为协调环，

其余组成环尺寸的偏差按常规原则确定；协调环的偏差则由尺寸链关系来确定。

确定 P_2、P_3 的偏差时，考虑图 7.8（a）所示二环尺寸链对公共环尺寸的并联限定条件。需从有并联关系的二环尺寸链入手。由图 7.8（a）所示尺寸链，取 $P_2 = 50_{-0.12}^{\ 0}$ mm（在实际生产中，可将公差带放在理想区域内）；再由图 7.8（b）所示尺寸链，将结果分别代入式（7-10a）和式（7-10b）中，得：$EI_3 = -0.20$ mm，$ES_3 = -0.12$ mm，则有 $P_3 = 30_{-0.20}^{-0.12}$ mm。

（3）中间尺寸的确定。

加工设计尺寸链中没有 P_1（见图 7.8），即其不对设计尺寸产生直接影响。这类加工工艺尺寸应当：根据加工余量尺寸链计算基本尺寸；按经济加工精度确定其公差；按照常规原则确定偏差。

为使问题简化，取 $Z_1 = Z_2 = Z_3 = 0.8$ mm，则由图 7.8（c）所示尺寸链得：$P_1 = P_2 + Z_2 = 50.8$（mm）；取 $T_1 = 0.15$ mm，按入体原则，得：$P_1 = 50.80$ mm。

（4）毛坯尺寸的确定。

由图 7.8（d）所示尺寸链得 $B_2 = P_1 - Z_2 - P_3 = 20$（mm）；由图 7.8（d）所示尺寸链得：$B_1 = P_1 + Z_3 = 51.6$（mm）。取 $T_{B1} = T_{B2} = 0.5$ mm；偏差按 $1/3 \sim 2/3$ 入体原则确定，则 $B_1 = 51.6_{-0.20}^{+0.30}$ mm，$B_2 = 20_{-0.20}^{+0.30}$ mm。

（5）余量的校核。

将上述计算结果代入图 7.8（c）、（d）、（e）所示的加工余量尺寸链中，由加工余量尺寸链中极限尺寸之间的关系，即式（7-9a）和式（7-9b），可求得各加工余量的最大、最小值，以检验加工余量是否合适。

3. 同时确定零件加工表面本身和加工表面之间的工序尺寸的综合情况

在某些情况下，加工表面本身和加工表面之间的工艺尺寸必须同时确定下来。

例 7-3　图 7.11 所示为齿轮中孔及键槽的加工尺寸链。设计要求是：键槽深度尺寸 $S_1 = 46 + 0.30$ mm，中孔直径尺寸 $S_2 = 40 + 0.05$ mm，且内孔要淬火，表面粗糙度 Ra 为 0.16μm。

有关加工顺序如下：

工序 1：镗内孔至尺寸 $D_1 = 39.600 + 0.10$；

工序 2：插键槽至尺寸 A；

工序 3：热处理；

工序 4：磨内孔至尺寸 D_2。

试确定工序尺寸 A、D_2 及其公差。

解：（1）列出全部有关加工尺寸链。

根据题意，本例有两项设计要求（S_1 和 S_2）及一个磨孔余量 Z 和一个插槽深度余量 Z_A（在此余量 Z_A 不需计算）。因此，可以建立两个设计尺寸链 [见图 7.11（b）、（c）] 和一个加工余量尺寸链 [见图 7.11（d）]。

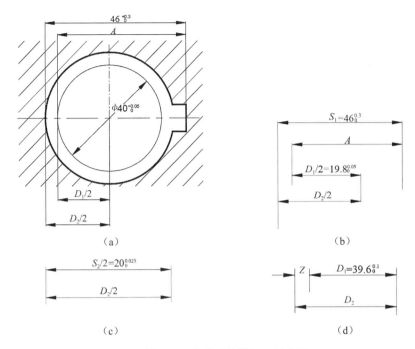

图 7.11 内孔及键槽加工尺寸链

（2）分析计算。

本例中共有三个工序尺寸，即完工尺寸 D_2、中间尺寸 D_1 和 A，其中 D_1 为已知。

① 完工尺寸 D_2 的确定。由图 7.11 可见，图（a）、（b）所示两个设计尺寸链为并联尺寸链，工序尺寸 D_2 为公共环。分析可知，图 7.11（a）所示尺寸链对公共环尺寸 D_2 的要求较高，则 $D_2/2=S_2/2=20_0^{+0.025}$（直径为 $D_2=40_0^{+0.05}$）。

② 中间尺寸 A 的确定。基本尺寸的确定：将图 7.11（b）所示尺寸链中的参数代入式（7-8），得：

$$A=S_1+D_1/2-D_2/2=45.8$$

确定公差：将图 7.11（b）所示尺寸链中的参数代入式（7-11a），得：

$$T_A = T_{S1}-T_{D1}/2-T_{D2}/2=0.225$$

确定偏差：将图 7.11（b）所示尺寸链中已确定的参数分别代入式（7-10a）和式（7-10b），则得：

$$A = 45.8_{+0.050}^{+0.275}$$

按单向入体方向标注公差，A 可以改写成 $45.85_0^{+0.225}$mm。

（3）校核磨孔工序的加工余量。

根据图 7.11（d）所示加工余量尺寸链，分别求出 Z_{min} 和 Z_{max}，可校核其是否合适（在此从略）。

4．平面尺寸链的分析计算

在箱体、机体类零件上，除平面外，通常有若干具有相互位置要求的圆柱孔组成的孔系。这些孔往往是传动轴甚至可能是机床主轴或者发动机曲轴的支承孔。为了保证轴上齿轮的啮合质量，设计图纸上常常以中心距尺寸和公差标注各个孔之间的位置关系和要求。

图 7.12 所示为某机床主轴箱的部分孔系设计要求。在实际加工中，多采用坐标法进行加工。每一个孔的位置尺寸需要由平面坐标给出。因此，每一个孔的坐标尺寸和公差需要经过换算得出，方能加工。这种孔系中的设计尺寸和加工所需要的工艺坐标尺寸构成的封闭尺寸系统，称为（孔系）坐标尺寸链。这是常见的一种平面尺寸链。

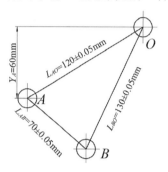

图 7.12　主轴箱的部分孔系设计要求

坐标尺寸链是一种特殊形式的机械加工工艺过程尺寸链，其特点如下：

（1）不存在余量尺寸链，只存在设计尺寸链。坐标尺寸链的基本形式，即其几何形状往往是三角形或多边形；当然也有两环尺寸链。

（2）孔间距尺寸设计时常以平均尺寸、对称公差给出。故在分析过程中采用平均尺寸计算，可使分析计算过程变得简单。

（3）由于孔系设计尺寸和加工工艺坐标尺寸之间存在着复杂的并联关系，因而需分析计算并联尺寸链。

例 7-4　以图 7.13 所示某机床主轴箱上的三孔平面尺寸链为例。O 点为主轴孔的轴线位置，并取为坐标原点。各个孔距的设计要求分别为：$L_{AO}=120\pm0.05$mm，$L_{AB}=70\pm0.05$mm，$L_{BO}=130\pm0.05$mm 以及 $Y_A=60$mm。各孔的加工顺序为：先镗主轴孔 O；以 O 点为原点，按坐标值 $OC=X_1$，$CA=Y_1$（$Y_1=Y_A$）移动工作台，镗出 A 孔；以 A 点为起点，按坐标值 $X_2=DB$，$Y_2=AD$ 移动工作台，镗出 B 孔。

试确定坐标尺寸 X_1、Y_1 和 X_2、Y_2。

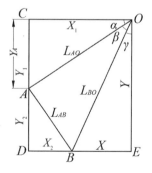

图 7.13　三孔平面尺寸链

解：（1）建立、分析尺寸链。

由图 7.13 可知，本例给出四项设计要求：L_{AO}、L_{AB}、L_{BO} 和 Y_A，故应建立四个设计尺寸链，如图 7.14 所示。其中 L_{AO}、L_{AB}、L_{BO} 和 Y_A 分别为封闭环，X_1、Y_1 和 X_2、Y_2 为组成环。分析各个尺寸链间的关系可知：尺寸链 a、c 和 d 为并联尺寸链，其公共环尺寸为 Y_1；而尺寸链 a 和 d 之间还有公共环尺寸 X_1；尺寸链 b 和 d 也为并联尺寸链，其公共环尺寸为 X_2 和 Y_2。可见两组坐标尺寸 X_1 和 Y_1、X_2 和 Y_2 均为公共环，必须按照精度要求较高的尺寸链确定。

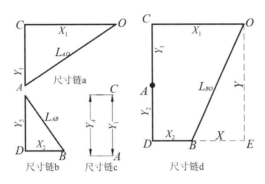

图 7.14　孔系加工过程中的设计尺寸链

（2）基本尺寸的确定。

由图 7.14 中的尺寸链 c 得：$Y_1=60$mm；

由尺寸链 a 得，$X_1=103.923$mm；

为求 L_{BO} 在 X、Y 方向上的二分量，先求 α、β 和 γ 值。利用余弦定理，由图 7.14 有：

$$L_{AB}^2 = L_{AO}^2 + L_{BO}^2 - 2L_{BO}L_{AO}\cos\beta$$

得　$\beta=32°12'15''$。

由尺寸链 a，得：$\sin\alpha=0.5$，所以 $\alpha=30°$；

那么，$\gamma=27°47'45''$。

则基本尺寸：

$$X=L_{BO}\sin\gamma=60.622\text{mm}，\quad Y=L_{BO}\cos\gamma=115\text{mm}；$$

于是，$X_2=X_1-X=43.301$mm，$Y_2=Y-Y_1=55$mm。

由于换算过程中采用三角函数作为转换系数，使转换过程和结果存在舍弃误差，影响孔的实际中心距，从而影响齿轮啮合时的工作质量。一般情况下，需要对转换结果进行必要的验算。

如 A、B 两孔中心距的设计要求为 $L_{AB}=70\pm0.05$mm，而实际中心距为：

$$AB=69.99983286\text{mm}$$

可见，与设计要求仅仅差 0.000167mm。

同样，验算 O 和 B 两孔以及 O 和 A 两孔之间的中心距误差都在 0.0002mm 范围内。而在实际工作中，精度应当控制在 0.001mm 级，故上述结果能够满足要求。

（3）坐标尺寸公差的换算。

分析图 7.14 中各个并联尺寸链可知，尺寸链 d 对公共环尺寸的精度要求最高，故各公共环尺寸的公差应当由尺寸链 d 来确定。由于尺寸链 d 环数较多，且各组成环均在 X、Y 方向上分布，故采用投影坐标直线尺寸链，即在 X、Y 两个方向上分别投影，分解尺寸链，如图 7.15 所示。

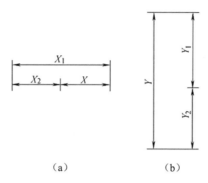

图 7.15　投影坐标直线尺寸链

首先，根据图 7.14 中尺寸链 d 的封闭环尺寸 $L_{BO}=130\pm0.05$mm 来确定分解后的两个方向上的过渡封闭环 X、Y 的公差。

由 $L_{BO}^2 = X^2 + Y^2$，得 $\Delta L_{BO} = (X\Delta_X + Y\Delta_Y)/L_{BO}$。

为使问题简化，取 $\Delta_X = \Delta_Y = T$，则得：

$$T = \Delta L_{BO}L_{BO}/(X+Y) = 0.074\,\text{mm}$$

故：X=60.622±0.037mm，Y=115±0.037mm。

由图 7.15 可知，对尺寸链 a 按照等公差原则向各组成环分配公差，可得：

$$\Delta_{X1} = \Delta_{X2} = \Delta_X/2 = 0.037\,\text{mm}$$

同理，对尺寸链 b 可得

$$\Delta_{Y1} = \Delta_{Y2} = \Delta_Y/2 = 0.037\,\text{mm}$$

其结果为

$$X_1=103.923\pm0.0185\text{mm}, \quad Y_1=60\pm0.0185\text{mm}$$
$$X_2=43.301\pm0.0185\text{mm}, \quad Y_2=55\pm0.0185\text{mm}$$

（4）校核组成环尺寸的公差。

根据图 7.14 中各尺寸链，校核上述结果 L_{AO}、L_{AB} 能否满足设计要求，由尺寸链 a，求得中心距 L_{AO} 的实际公差为：

$$\Delta L_{AO} = (X_1\Delta_{X1} + Y_1\Delta_{Y1})/L_{AO} = 0.0506$$

由尺寸链 b，求出中心距 L_{AB} 的实际公差值为：$\Delta L_{AB} = 0.052$ mm。

可见，它们都小于设计要求给定的公差值 0.1mm，故结果是正确可取的。

7.4.4　加工尺寸链的应用

在具体制定机械加工工艺规程时，确定有关工艺尺寸的情形不会超出上述三种类型。而运用尺寸链原理分析计算工艺尺寸的情形有下列三种情况。

1．正计算

正计算：已知组成环，求封闭环。正计算用于需要验算、校核以及求算封闭环尺寸的场合，结果是唯一的。

2．反计算

反计算：已知封闭环，求各组成环。反计算用于产品设计、加工和装配工艺计算方面。在计算中，将封闭环公差正确合理地分配给各组成环，不是单纯计算，而是需要按具体情况选择最佳方案。

3．中间计算

中间计算：已知封闭环及其部分组成环，求其余各个组成环。中间计算用于设计、工艺计算及校核等场合。其他工序尺寸与公差都已确定，求某工序的尺寸及误差，称为中间工序尺寸与公差的计算。

7.5　工艺方案的生产率及技术经济性分析

制定机械加工工艺规程，不仅要保证零件加工质量，还应通过对工艺方案进行生产率分析，保证达到零件的年生产纲领所提出的产量要求。在此要求前提下，可拟订出不同的工艺方案。

7.5.1　生产率分析

按照零件的年生产纲领，可确定所要求的完成一个零件的单节拍时间：

$$t_{要求} = \frac{60t_{年}\eta}{N} \tag{7-13}$$

式中，$t_{年}$为年基本工时（小时/年），如按两班制考虑，$t_{年} = 4600$ 小时/年；η 为设备负荷效率，一般取 0.75～0.85。

根据所制定的工艺方案，可以确定实际所能达到的工序单件时间 $t_{单件}$。生产率分析就是要使 $t_{要求} = t_{单件}$，以保证加工工艺过程按所需的生产率进行。

1．工序单件时间

工序单件时间是指在一定生产条件下，生产一件产品或完成一道工序所消耗的时间；用 $t_{单件}$表示。其包括以下几部分时间：

（1）基本时间（$t_{基本}$）：直接改变生产对象的尺寸、形状、相对位置及表面状态或材料性质的工艺过程所消耗的时间。对于加工而言，它是切除金属所消耗的时间，包括刀具的切出和切入时间，可用计算方法求出。

（2）辅助时间（$t_{辅助}$）：为实现加工工艺过程所必须进行的各种辅助动作所消耗的时间。对加工而言，它包括装卸工件、操作机床、改变切削用量、试切和测量等所消耗的时间。辅助时间的确定有两种方法：一是将动作分解，确定各动作的时间，再相加得到；二是按基本时间的百分比估算得到。

（3）布置工作地时间（$t_{布置}$）：为使加工正常进行，工人照管工作地（如更换刀具、润滑机床、清理切屑以及收拾工具等）所消耗的时间，一般按工作时间的 2%～7% 来计算。

（4）休息和生理需要的时间（$t_{休息}$）：在工作班次内，为恢复体力和满足生理上的需要所消耗的时间，一般按操作时间的 2% 来计算。

单件工序时间的计算公式为：

$$t_{单件}=t_{基本}+t_{辅助}+t_{布置}+t_{休息} \tag{7-14}$$

（5）准备与终结时间（$t_{准备}$）：工人为生产一批产品或零部件，进行准备和结束工作所消耗的时间。如加工前熟悉工艺文件、领取毛坯、领取和安装刀具及夹具、调整机床及其他工艺装备等，加工一批工件结束需拆卸和归还工艺装备、成品入库等。若一批工件的数量为 n，则每个工件所消耗的准备与终结时间为 $t_{准备}/n$。将这部分时间加到单件时间上，称为单件核算时间（$t_{单核}$）。则

$$t_{单核}=t_{单件}+\frac{t_{准备}}{n} \tag{7-15}$$

在大量生产中，工作地和工作内容固定，在单件核算时间中不计入准备与终结时间。

2．工序单件时间的平衡

在制定加工工艺规程时，应使各个 $t_{单核}$ 相近，以便最大限度发挥各台机床的生产效能；同时使各个工序的 $t_{单核}\leqslant t_{要求}$，以保证生产任务的完成。为此，需对工序单件时间进行平衡和调整。

工件单件时间的平衡是根据拟订的加工顺序，计算出每一工序的 $t_{单核}$，即知工序单件时间的平衡情况，然后根据具体的情况采取适当的方法进行平衡。

如果工序的 $t_{单核}>t_{要求}$，这些工序限制了整个工艺过程的生产率，或限制了其他工序机床的充分利用，故称为限制性工序。对于限制性工序，若 $t_{单核}$ 大于 $t_{要求}$ 一倍以内，可以通过改进刀具、适当提高切削用量或采用高效加工方法、缩短工作行程长度等，减小 $t_{单核}$。若 $t_{单核}$ 大于 $t_{要求}$ 两倍以上，采用上述方法无效时，可采用增加顺序加工工序或增加平行加工工序的方法来成倍提高生产率。对于 $t_{单核}<t_{要求}$ 的工序，可以采用合并工序内容、采用通用机床及工艺装备等工序平衡方法。

7.5.2　技术经济性分析

制定的加工工艺规程，除了保证加工质量、生产率，还应有较高的经济效果。因此，要对工艺方案进行经济分析，同时全面考虑改善劳动条件，促进生产技术发展等问题。

制造一个零件或一台产品所必需的一切费用的总和称为生产成本。在生产成本中与工艺过程直接有关的费用称为工艺成本，占生产成本的70%～75%。对不同工艺方案进行技术经济分析，主要是分析工艺成本。

1．工艺成本的组成

工艺成本由可变费用 V 与不变费用 S 两部分组成。

（1）可变费用（V）。可变费用是与零件年产量 N 有关并与之成比例的费用，包括：材料费、机床工人工资、机床电费、普通机床折旧费及修理费、刀具费、通用夹具的折旧费及维修费等。

（2）不变费用（S）。不变费用是与年生产量的变化没有直接关系的费用。当产量在一定范围内变化时，全年的费用基本不变。不变费用包括：调整工人工资、专用机床折旧费和修理费、专用夹具折旧费和维修费等。

一种零件（或工序）的全年工艺成本（元/年）为

$$E=VN+S \tag{7-16}$$

而单件工艺成本或单件的一个工序的工艺成本（元/年）为

$$E_d=V+S/N \tag{7-17}$$

2．最佳生产纲领分析

全年工艺成本 E 与年生产量 N 的关系为一条直线，如图 7.16 所示。而单件工艺成本 E_d 与年生产量 N 之间的关系，如图 7.17 所示。在曲线 A 部分相当于设备负荷很低的情形，此时若年产量 N 略有变化（ΔN），单件工艺成本就有很大变化（ΔE_d）。在曲线 C 部分逐渐趋于水平，这时年产量虽有很大变化，但对单件成本影响很小。可见对某种工艺方案，当 S（专用设备费用）一定时，就有一个与此设备生产能力相适应的产量 N，称为最佳生产纲领（$N_佳$）。

当年产量小于最佳生产纲领，即 $N<N_佳$ 时，由于 S/N 值较大，工艺成本增加，此方案显然不经济。故应减少采用的专用设备，减小 S，使 $N_佳$ 接近于 N，方能取得好的经济效果。

当年产量超过最佳生产纲领，即 $N>N_佳$ 时，由于 S/N 值变小，且趋近于稳定，这时应采用生产率高、投资大的设备，即增加 S 而减小 V，使 $N_佳$ 接近于 N，从而减小 E_d。

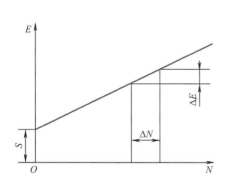

图 7.16　全年工艺成本曲线

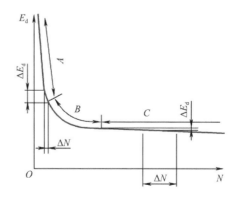

图 7.17　单件工艺成本曲线

3．工艺方案的经济性评价

制定加工工艺规程时，往往要提出几种不同的方案，并对不同方案的经济效果进行分析比较。常利用 E-N、E_d-N 关系曲线来进行技术经济分析。通常有下列两种情况：

1）基本投资相同或使用现有设备的情况

若有两种工艺方案的基本投资相近或都采用现有设备，那么工艺成本就是衡量各方案经济性的依据。

（1）当两种方案只有少数工序不同时，可对这些工序的单件工艺成本进行比较，如图 7.18 所示。

$$E_{d1}=V_1+S_1/N, \quad E_{d2}=V_2+S_2/N$$

若 $E_{d2}<E_{d1}$，则第二种方案的经济性较好。

（2）当两种方案有较多的工序不同时，可对两种方案的全年工艺成本进行比较，如图 7.19 所示。

$$E_1=NV_1+S_1, \quad E_2=NV_2+S_2$$

若 $E_2<E_1$，则第二种方案的经济性较好。

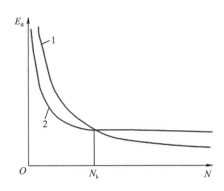
图 7.18　不同方案单件工艺成本的比较

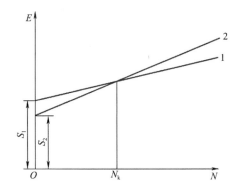
图 7.19　两种方案全年工艺成本比较

（3）当两种工艺方案的经济性优劣与零件的产量有密切的关系时，根据两种方案的全年工艺成本相同，即 $E_2=E_1$，可以得到对应的年产量，称为临界产量（N_k），即

$$N_k = \frac{S_2 - S_1}{V_1 - V_2} \tag{7-18}$$

若 $N<N_k$，宜采用第二种方案；若 $N>N_k$，则宜采用第一种方案。

2）基本投资相差较大的情况

若两种工艺方案基本投资相差较大，则单纯比较工艺成本难以全面评价其经济性。例如，第一种方案采用高生产率、价格较贵的机床和工艺装备，基本投资 K_1 较大，但工艺成本 E_1 较低；第二种方案采用投资少的一般机床和工艺装备，基本投资 K_1 较小，但工艺成本较大。第一种方案工艺成本的降低是因增加基本投资得到的。这时，应考虑两种方案的基本投资差额的回收期。所谓回收期，是指方案一比方案二多用的投资，需要多长时间方能由于工艺成本的降低而收回。回收期可由下式求得：

$$\tau = \frac{K_1 - K_2}{E_2 - E_1} = \frac{\Delta K}{\Delta E} \qquad (7\text{-}19)$$

显然，回收期越短，则经济效果越好。

一般回收期应满足下列要求：

（1）回收期应小于所采用设备或工艺装备的使用年限。

（2）回收期应小于所开发生产的产品的市场寿命。

（3）回收期应小于国家规定的标准回收期。一般新夹具的标准回收期为 2～3 年，新机床的标准回收期为 4～6 年。

7.6　提高机械加工生产率的工艺措施

制定机械加工工艺规程时，在保证产品质量的前提下，应尽量采用必要的先进工艺措施，提高劳动生产率和降低产品机械加工成本。劳动生产率是衡量生产效率的综合指标，它表示一个工人在单位时间内生产出合格产品的数量，可以用完成单件产品或单个工序所耗费的劳动时间来衡量。

提高劳动生产率是一个综合性的技术问题，它涉及产品结构设计、毛坯制造、加工工艺、组织管理等各个方面。这里主要介绍提高机械加工生产率的措施。

7.6.1　缩短单件时间定额

缩短单件时间定额中的每一个组成部分都是有效的，特别应缩短其中占比例较大的那部分时间。

1．缩短基本时间的工艺措施

基本时间可直接用公式来进行计算。以车削外圆为例，有

$$t_{基本} = \frac{\pi d_W L_W Z_i}{1000 v f a_p} \qquad (7\text{-}20)$$

可见，增大切削用量（v、f、a_p）、减小切削行程长度 L_W 和加工余量 Z_i，都可缩短基本时间。

1）提高切削用量

新型刀具材料的出现和砂轮性能的改进，使高速切削和强力磨削得到迅速发展。用硬质合金车刀，车削速度一般可达 200m/min。用聚晶金刚石或聚晶立方氮化硼刀具加工普通钢，车削速度可达 900m/min，切削硬度为 60HRC 以上的淬火钢或高镍合金钢，当切削温度达 980℃时仍能保持红硬性。高速磨削时砂轮速度可超过 80m/s。缓进给强力磨削一次最大切深可达 12mm，比普通磨削的金属切除率可提高 3～5 倍。

2）减少切削行程长度

例如，几把车刀同时加工被加工工件的同一表面，用宽砂轮做切入法磨削等都可减少切削行程长度，从而缩短基本时间。如某厂用宽 300mm、直径为 ϕ600mm 的砂轮用切入法

磨削加工长度为 200mm 的花键轴外圆，单件时间由原来的 4.5min 减少到 0.75min。采用上述措施可大大提高生产率，但应注意工艺系统应有足够的刚性和大的驱动功率。

3）合并工步，采用多刀加工

利用几把刀具或复合刀具对工件的几个表面或同一表面进行同时或先后加工，使工步合并，实现多刀多工位加工，使机动时间重合，从而大大减少了基本时间。

4）多件加工

在多件加工中，按工件排列的方式，可有三种加工方式，如图 7.20 所示。

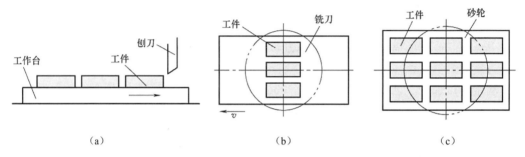

图 7.20　多件加工工艺方式示意图

（1）顺序多件加工，即工件在刀具切削方向上依次安装，减少刀具切入和切出时间，减少分摊给每个工件的基本时间和辅助时间。这种方式多用于龙门刨、龙门铣、平面磨及滚齿、插齿等加工。

（2）平行多件加工，即在一次进给中同时加工几个平行排列的工件。这样使每个工件的加工时间仅是单件加工时间的 $1/n$（n 为平行排列的工件数）。这种方式多见于铣削和平面磨削等加工。

（3）平行顺序多件加工，它是上述两种方式的综合，它适用于多件尺寸小，生产批量大的场合。它多见于立轴式的平磨和铣削加工。

2．缩短辅助时间的工艺措施

当辅助时间在单位时间中占有较大比例时，缩短辅助时间对提高生产率将有重大影响。缩短辅助时间的措施可归纳为两方面：使辅助动作实现机械化和自动化，以及使辅助时间与基本时间重合。

1）直接缩短辅助时间

采用先进高效的夹具，例如在成批或大批大量生产中，使用气动、液压夹具；中小批生产中使用组合夹具、可调夹具；单件小批生产中，采用成组工艺，采用成组夹具、通用可调夹具。这样不仅节省工件的装卸找正时间，减轻工人的劳动强度，而且能保证加工质量，大大缩短辅助时间。

2）使辅助时间与基本时间重合

采用转位夹具、移动式或回转式工作台，在对加工工位上的工件进行加工的同时，对装卸工位上的工件进行装卸，从而使装卸工件的时间完全与基本时间重合，如图 7.21 所示。

采用主动测量和数字显示等自动测量装置，能在加工过程中测量工件的尺寸，从而使测量时间与基本时间重合。

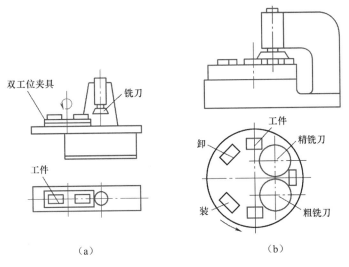

图 7.21 采用转位夹具与回转式工作台

3．减少布置工作地时间的措施

主要措施是缩短微调刀具时间和每次更换刀具的时间，以及提高砂轮和刀具耐用度等。生产中可采用各种快换刀夹、刀具微调机构、专用对刀样板和样件以及快速换刀或自动换刀装置。如钻床上采用快速夹头，车床上采用可转位硬质合金刀片。铣床上设置对刀装置，数控机床上采用自动换刀装置，磨床上采用金刚石滚轮成形修整砂轮装置等都可以节省换刀、对刀以及修正砂轮的时间。

4．减少准备与终结时间的方法

减少准备与终结时间的主要方法是减少机床、夹具和刀具的调整和安装时间，如采用可调夹具，可换刀架和刀夹，采用刀具的微调机构和对刀辅助工具等。

在成批生产中，应增加零件的批量，或将相似零件组织起来加工，以扩大零件成组批量，从而减少了分摊到每个零件上的终结时间。

7.6.2 采用先进的工艺方法

提高劳动生产率，不能只限于机械加工本身，应重视采用先进工艺或新工艺、新技术。例如：

（1）对特硬、特脆、特韧材料及复杂型面的加工，应采用非常规加工方法来提高生产率。例如，采用电火花加工锻模、线切割加工冲模、激光加工深孔等，能减少大量的钳工劳动。

（2）在毛坯制造中采用冷挤压、热挤压、粉末冶金、熔模铸造、压力铸造、精锻核爆炸成形等新工艺方法，能提高毛坯精度，减少切削加工，节约原材料，经济效果十分明显。

（3）采用少、无切屑工艺代替切削加工。例如，用冷挤压齿轮代替剃齿，此外还有滚压、冷轧等。

（4）改进加工方法。例如，在大批生产中采用拉削、滚压代替铣、铰和磨削；成批生产中采用精刨、精磨或金刚镗代替刮研，都可以大大提高生产率。

7.6.3 实行多台机床看管

多台机床看管是一种高效的劳动组织措施。由于一个工人同时管理几台机床，工人劳动生产率可以相应提高若干倍。组织多台机床看管的必要条件如下：

（1）若看管 M 台机床，任意 $M-1$ 台机床上的手动操作时间之和，必须小于第 M 台机床的机动时间；

（2）每台机床都有自动停车装置；

（3）布置机床时应考虑使操作工人的往返行程最短。

7.6.4 进行高效及自动化加工

对于大批大量生产，可采用刚性流水线、刚性自动线的生产方式，广泛采用专用自动机床、组合机床及工件输送装置，使零件加工的整个工作循环都是自动进行的。这种生产方式的生产率极高，在汽车、发动机、拖拉机、轴承等制造业中应用十分广泛。

对于成批生产，多采用数控机床、加工中心、柔性制造单元及柔性制造系统，进行部分或全部的自动化生产，实现多品种小批生产的自动化，提高生产效率。

对于单件小批生产，可以采用成组工艺，扩大成组批量，借助于数控机床、加工中心的灵活加工方式，最大限度地实现自动化加工方式。

7.7 装配工艺规程设计

机器的装配是整个机器制造过程中的最后一个阶段，它包括装配、调整、检验和试验等工作。机器或产品的质量，是以机器或产品的工作性能、使用效果和寿命等综合指标来评定的。装配工作任务之所以繁重，就在于产品的质量最终由它来保证；而且因为装配工作占有大量的劳动量，所以对生产任务的完成、人力与物力的利用和资金的周转有直接的影响。

近年来，在毛坯制造和机械加工等方面实现了高度的机械化和自动化，发展了大量新工艺，大大节省了人力和费用。因此，机器装配在整个机器制造中所占的比例日益加大。装配工作的技术水平和劳动生产率必须大幅度提高，才能适应整个机械工业的发展形势，达到质量好、效率高、费用低的要求，为我国相关企业提供大量先进的成套技术装备。

7.7.1 机器装配的生产类型及其特点

机械装配的生产类型按装配工作的生产批量大致可分为大批大量生产、成批生产及单件小批生产三种。生产类型支配着装配工作，且各具特点，在组织形式、装配方法、工艺装备等方面都有不同。为使装配工作的工艺水平大幅度提高，必须注意各种生产类型的特点及现状，研究其本质联系，这样才能抓住重点，有的放矢地进行工作。为了说明简洁起见，现将各种生产类型装配工作的特点列表（见表7.8）。

表7.8 各种生产类型装配工作的特点

生 产 类 型	大批大量生产	成 批 生 产	单件小批生产
基本特征	产品固定，生产活动经常反复，生产周期一般较短	产品在系列化范围内变动，分批交替投产或多品种同时投产，生产活动在一定周期内重复	产品经常变换，不定期重复生产，生产周期一般较长
组织形式	多采用流水装配线：有连续移动、间隔移动及可变节奏等移动方式，还可采用自动装配机或自动装配线	产品笨重、批量不大的产品多采用固定流水装配，批量较大时采用流水装配，多品种平行投产时可采用可变节奏流水装配	多采用固定装配或固定形式流水装配进行总装，同时对批量较大的部件可采用流水装配
装配工艺方法	按互换法装配，允许有少量简单的调整，精密偶件成对供应或分组供应装配，无任何修配工作	主要采用互换法，但灵活运用其他保证装配精度的装配工艺方法，如调整法、修配法及合并法以节约加工费用	以修配法及调整法为主，互换件比例较少
工艺过程	工艺过程划分很细，力求达到高度的均衡性	工艺过程的划分必须与批量相适应，尽量使生产均衡	一般不制定详细工艺文件，工序可适当调整，工艺也可灵活掌握
工艺装备	专业化程度高，宜采用专用高效工艺装备，易于实现机械化自动化	通用设备较多，但也采用一定数量的专用工具、夹具、量具，以保证装配质量和提高生产率	一般通用设备及通用工具、夹具、量具
应用实例	汽车、拖拉机、内燃机、滚动轴承、手表、缝纫机、电气开关	机床、车辆、中小型锅炉、矿山采掘机械	重型机床、重型机器、汽轮机、大型内燃机、大型锅炉

对于不同的生产类型，它的装配工作的特点不同，装配工艺方法也各有侧重。例如，大量生产汽车或拖拉机的工厂，其装配工艺主要是互换法装配，只允许有少量简单的调整，工艺过程必须划分得很细，即采用分散工序原则，以便达到高度的均衡性和严格的节奏性。在这样的装配工艺基础上和专用高效工艺装备的物质基础上，才能建立移动式流水线甚至自动装配线。

单件小批生产则趋向另一极端，它的装配工艺方法以修配法及调整法为主，互换件比例较小，相应地，工艺上的灵活性较大，工序集中，工艺文件不详细，设备通用，组织形式以固定式为多。这种装配工作的效率一般来说是较低的。要提高单件小批生产的装配工作效率，必须注意装配工作的各个特点，保留和发扬合理的部分，改进和废除不合理的部分，以大批大量生产类型所采用方法的原则，通过具体措施予以改进和提高。例如，采用固定式流水装配就是一种组织形式上的改进。又如，尽可能采用机械加工或机械化手动工具来代替繁重的手工修配操作；以先进的调整法及测试手段来提高调整工作的效率；总结先进经验，制订详细的装配施工指导性工艺文件和操作条例，这样既保持了装配工作可以适当调度和灵活掌握的必要性，又便于保质保量按期完成装配任务，还有利于培养新工人。

至于成批生产类型的装配工作的特点则介于大批大量和单件小批这两种之间，它的情况在表 7.8 中已经表达，不再赘述。

7.7.2　达到装配精度的工艺方法

机器装配是将加工合格的零件组合成部件和机器。一般零件都有规定的加工公差，即有一定的加工误差。在装配时这种误差的累积就会影响装配精度。当然，希望这种累积误差不要超出装配精度指标所规定的允许范围，从而使装配工作只是简单的连接过程，不必进行任何修配或调整。但事实并非都能如此理想。这是因为零件的加工精度不但在工艺技术上受到现实可能性的限制，而且受到经济性的制约。

例如，在组成部件或机器有关零件较多而装配最终精度的要求较高时，即使不考虑经济性，尽可能地提高零件加工精度以降低累积误差，装配精度也难以达到要求。要达到装配精度，不能只依赖于零件加工精度的提高，在一定程度上必须依赖于装配工艺技术。在机器精度要求较高、批量较小时，尤其如此。在长期的装配实践中，人们根据不同的机器，不同生产类型的条件，创造了许多巧妙的装配工艺方法。这种保证装配精度的工艺方法可以归纳为：互换法、选配法、修配法和调整法四大类。

1. 互换法

互换法的实质就是通过控制零件加工误差来保证装配精度。换言之，就是零件加工公差按下面两种原则来规定：

（1）有关零件公差之和应小于或等于装配公差，这一原则可以用公式表示如下：

$$T_0 \geqslant \sum_{i=1}^{n} T_i = T_1 + T_1 + \cdots + T_n \tag{7-21}$$

式中，T_0 为装配公差；T_i 为各有关零件的制造公差。

显然，在这种装配方法中，零件是完全可以互换的，因此它又称为完全互换法。

（2）有关零件公差值平方之和的平方根小于或等于装配公差，即：

$$T_0 \geqslant \sqrt{\sum_{i=1}^{n} T_i^2} = \sqrt{T_1^2 + T_2^2 + \cdots + T_n^2} \tag{7-22}$$

显然，与式（7-21）相比，按式（7-22）计算时，零件的公差可以放大些，使加工容易而经济，仍能保证装配精度。按式（7-21）制定零件公差，适用于任何生产类型。按式（7-22）制定零件公差，只适用于大批大量生产类型，其依据是概率理论。当符合一定条件时，也能达到完全互换法的效果，否则，可能有一部分被装配的制品不符合装配精度要求，此时就称为不完全互换法。

完全互换法的优点如下：

（1）装配过程简单，生产率高。

（2）对工人技术水平要求不高，易于扩大生产。

（3）便于组织流水作业及自动化装配。

（4）容易实现零部件的协作，降低成本。

（5）备件供应方便。

2．选配法

在成批或大量生产条件下，若组成零件不多而装配精度要求很高时，采用完全互换法或不完全互换法，都将使零件的公差过严，甚至超过了加工工艺的现实可能性，例如内燃机的活塞与缸套的配合，滚动轴承内外环与滚珠的配合等。在这种情况下，就不宜甚至不能只依靠零件的加工精度来保证装配精度，而可以用选配法。选配法是指将配合件中各零件仍按经济精度制造（制造公差放大了），然后选择合适的零件进行装配，以保证规定的装配精度要求。选配法按其形式不同有三种：直接选配法、分组装配法及复合选配法。

（1）直接选配法是指由装配工人在许多待装配的零件中，凭经验挑选合适的互配件装配在一起。这种方法事先不将零件进行测量和分组，而是在装配时直接由工人试凑装配，挑选合适的零件，故称为直接选配法。其优点是简单，但工人挑选零件可能要花费较长时间，而且装配质量在很大程度上决定于工人的技术水平。因此这种选配法不适于节拍要求严格的大批大量流水线装配。

（2）分组装配法是上述方法的发展。这种方法事先将互配零件测量分组，装配时按对应组进行装配，以达到装配精度要求。这种选配法的优点如下：

① 零件加工公差要求不高，而能获得很高的装配精度。

② 同组内的零件仍可以互换，具有互换法的优点，故又称为分组互换法。

（3）复合选配法是上述两种方法的综合，即零件预先测量分组，装配时再在各对应组中凭工人经验直接选配。这一方法的特点是配合件的公差可以不相等。由于在分组的范围中直接选配，因此既能达到理想的装配质量，又能较快地选择合适的零件，便于保证生产节奏。在汽车发动机装配中，气缸与活塞的装配大都采用这种方法，一般汽车与拖拉机的发动机的活塞均由活塞制造厂大量生产供应，同一规格的活塞的裙部尺寸要按椭圆的长轴分组。

3．修配法

在单件小批生产中，装配精度要求高且组成件多时，完全互换法或不完全互换法均不能采用。例如，车床主轴顶尖与尾架顶尖的等高性、六角车床转塔的刀具孔与车头主轴的同轴度都要求很高，而它们的组成件都较多。假如采用完全互换法，则有关零件的有关尺寸精度势必达到极高的要求；若采用不完全互换法，则由于公差值放大不多也无济于事，在单件小批生产条件下更无条件采用不完全互换法，在这些情况下修配法将是较好的方法。

4．调整法

调整法与修配法在原则上是相似的，但具体方法不同。这种方法是用一个可调整的零件，在装配时调整它在机器中的位置或增加一个定尺寸零件（如垫片、垫圈、套筒等）以达到装配精度的。上述两种零件，都起到补偿装配累积误差的作用，故称为补偿件，这两种调整法分别称为可动补偿件调整法和固定补偿件调整法。

图 7.22 表示了保证装配间隙（以保证齿轮轴向游动的限度）的三种方法：①互换法——

以尺寸 A_1、A_2 的制造精度保证装配间隙 A_0；②加入一个固定的垫圈来保证装配间隙 A_0；③加入一个可动的套筒来达到装配间隙 A_0。

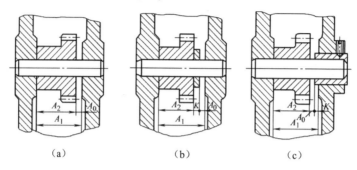

（a）　　　　　（b）　　　　　（c）

图 7.22　保证装配间隙的方法

　　调整法的应用是相当广泛的。例如自行车车轮的轴承，就是用可调整零件轴挡以螺纹联接方式来调整轴承间隙的。图 7.23（a）所示为用调整螺钉来调节轴承间隙的例子，图 7.23（b）所示为通过调节楔块的上下位置来调节丝杠与螺母轴向间隙的例子。

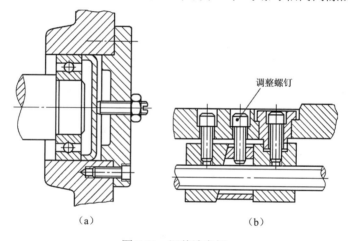

（a）　　　　　　　　（b）

图 7.23　调整法实例

7.7.3　装配尺寸链

　　以上阐述了各种保证装配精度的方法，同时说明：在机器制造的全过程中，设计、加工与装配是密切相关的，有时是相互矛盾的。研究装配的一个重要目的，就是要全面顾及这个矛盾及其矛盾的诸方面。在满足机器使用要求，尽可能采用经济公差，或在不致给机械加工带来多大困难的条件下，寻求最有效、经济而又方便的装配方法，以达到整个产品制造效率高、费用低、质量好的目的。为此，在机器设计阶段就需要对机器结构进行尺寸分析，分析有关零件的尺寸误差对机器装配精度的影响，根据具体情况确定装配方法，然后才能合理地标注零件制造公差及技术条件。在制定产品装配工艺规程、解决生产中的装配质量问题时，也需要这种分析。尺寸链原理是进行尺寸分析和计算的工具，在零件机械加工中，我们曾用它来计算工序尺寸与公差，这种尺寸链称为加工工艺尺寸链，在装配中所用的尺寸链，就称为装配尺寸链。

1．装配尺寸链的基本概念

在装配图上把与某项精度指标有关的零件尺寸依次排列，构成一组封闭的链形尺寸，就称为装配尺寸链（见图 7.24）。

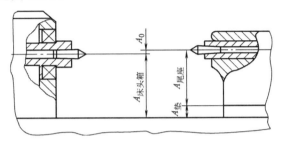

图 7.24　装配尺寸链（直线尺寸链）示例

在装配尺寸链中，每个尺寸都是尺寸链的组成环，它们是进入装配的零件或部件的有关尺寸，如 $A_{垫}$、$A_{尾座}$、$A_{床头箱}$ 都是组成环，而精度指标常作为封闭环，如 A_0。显然，封闭环不是一个零件或一个部件上的尺寸，而是不同零件或部件的表面或轴心线之间的相对位置尺寸，它是装配后形成的。在本例中，$A_{垫}$ 和 $A_{尾座}$ 是增环，$A_{床头箱}$ 则是减环。

各组成环都有加工误差，所有组成环的误差累积就形成封闭环的误差。因此，应用装配尺寸链就便于揭示累积误差对装配精度的影响，并可列出计算公式，进行定量分析，确定合理的装配方法和零件的公差。

图 7.24 所示的装配尺寸链属于线性尺寸链，它由彼此平行的直线尺寸组成，这在一般机器中是最常见的，因而是应用最广的一种装配尺寸链。

在万能卧式铣床总装时，要求保证的最终精度指标之一是主轴回转中心线对工作台台面的平行度要求。立式铣床或立式钻床总装时，则要求保证主轴回转中心线对工作台台面的垂直度。在这种情况下，封闭环与组成环的几何特征不是直线度而是平行度或垂直度，总之，它们之间的关系是角度关系，故属于角度尺寸链，这种尺寸链也是常见的，如图 7.25 所示。

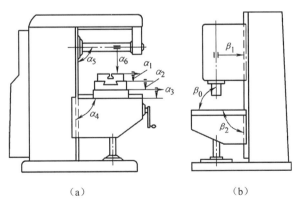

（a）　　　　　　　　　　（b）

图 7.25　装配尺寸链（角度尺寸链）示例

此外，在装配中有时会遇到平面尺寸链。这种尺寸链虽然也是由若干直线尺寸所组成的，但它们彼此不一定完全平行。车床溜板箱部件进入总装时就遇到这类装配尺寸链，如

图 7.26 所示。

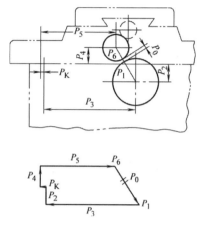

图 7.26　平面尺寸链示例

图 7.26 中，P_6 代表大拖板中齿轮的分度圆半径，P_4 是它的轴心到接合面间的距离，P_5 是它的轴心与紧固孔中心间的距离，P_1 代表溜板箱中齿轮的分度圆半径，P_2、P_3 的含义分别与 P_4、P_5 相同，叙述从略。为了保证齿轮啮合有一定的间隙，在尺寸链中以 P_0 表示间隙（可通过有关齿轮参数折算得到）。因此，在装配时需要将溜板箱沿其装配接合面相对于大拖板移动到适当位置，然后用螺钉紧固（调整装配法），再打定位销。然而，溜板箱上的螺孔中心线与大拖板上的通孔中心线之间的偏移量 P_K 受到通孔大小的限制，即调节量有一定限度，可通过这一平面尺寸链来计算。假使计算结果说明调节量不够，则需扩大通孔直径，或者紧缩其他组成环的公差。

应用装配尺寸链分析与解决装配精度问题，关键步骤有三个：①建立装配尺寸链，也就是根据封闭环查明组成环；②确定达到装配精度的方法，也称为解装配尺寸链（问题）的方法；③做必要的计算。最终目的是确定经济的、至少是可行的零件加工公差，步骤②和③往往是需要交叉进行的。例如对某一装配尺寸链问题，开始时选用了完全互换法来解决，经过计算发现对组成环的精度要求太高，于是考虑采用其他装配方法，从而又要进行相应的计算。因此，这两个步骤可以合称为装配尺寸链（问题）的解算。

2．装配尺寸链的建立

1）建立装配尺寸链的基本原理和方法

如上所述，正确地建立装配尺寸链是关键步骤之首，因为它是解算装配尺寸链问题的依据。对于初学者来说，在装配尺寸链的建立中，往往遇到的困难和问题是：第一找不到封闭环；第二把不相干的尺寸排列到尺寸链中去。找不到封闭环的原因是未能在装配图上发现装配时可能产生的精度问题，也就是不了解结构的装配精度要求。把不相干的尺寸列入尺寸链，原因是没有注意运用装配基准这一概念。至于对复杂的机械结构和复杂的装配问题，要能正确建立其装配尺寸链，还需要有一定的装配实践经验。为此，对初学者来说，需要从简单的实例着手，明确建立装配尺寸链的基本原理与方法，并运用到实际中去，积累装配经验，才能达到熟练的地步。

装配尺寸链的封闭环是在装配之后形成的，而且这一环是具有装配精度要求的。装配尺寸链中的组成环，是对装配精度要求产生直接影响的那些零件或部件（在总装时部件作为一个整体进入总装）上的尺寸或角度（在线性尺寸链中是尺寸，在角度尺寸链中是角度）。那些零件或部件，在装配中，各个零件的装配基准贴接（基准面相接，或在轴孔配合中是轴心线相重合），从而就形成尺寸相接或角度相接的封闭图形，即装配尺寸链。

2）最短路线（最少环数）原则

装配尺寸链中的组成环是由各组成零件的装配基准相连接而联系着的，因此，对于一个既定的机械结构，与其中某一项装配精度（封闭环）有关的组成环应该是一定的，简化或近似的分析则是另一回事，多出的组成环往往是和此封闭环没有直接关系的，甚至是毫无关联的尺寸。

例如图 7.27（a）所示的变速箱，其中 A_0 代表轴向间隙，是必须保证的一个装配精度，哪些零件上的哪些轴向尺寸与 A_0 有关呢？只有正确地查明有关尺寸，才能正确地建立与 A_0 有关的装配尺寸链。在图 7.27 上直接标列了许多零件尺寸，其目的是让读者去寻找有关尺寸。

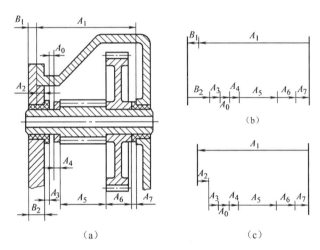

图 7.27　装配尺寸链组成的最小环数原则示例

图 7.27（b）、（c）列出了两种不同的装配尺寸链，前者是错误的，后者是正确的。前者的错误是将变速箱箱盖上的两个尺寸 B_1 和 B_2 都列入尺寸链中。很明显，箱盖上只有凸台高度 A_2 这个尺寸与 A_0 直接有关，而尺寸 B_1 的大小只影响箱盖法兰的厚度，而与 A_0 的大小并无直接关系。

在图 7.27（c）上把 B_1 和 B_2 去除，而以 A_2 一个尺寸取代，这就正确了。比较正确的装配尺寸链与错误的装配尺寸链，便可发现，正确的装配尺寸链，路线最短，换言之，环数最少，此即所谓最短路线原则，又称最少环数原则。

再仔细分析这一例子，要满足这一原则，又必须做到一个零件上只允许一个尺寸列入装配尺寸链，简言之，"一件一环"。所以，图 7.27（b）的错误就在于把箱盖上的两个尺寸 B_1 和 B_2 都列入尺寸链中，而没有注意到只有把 A_2 一个尺寸列入该尺寸链才有直接的意义。通过 B_1 和 B_2 来间接获得凸台高度尺寸 A_2，只有在加工工艺上有意义，即基准转换，而在机械结构的设计上则无意义。不符合最少环数原则的后果是容易理解的，即由于组成环数不必要的增多，所能分配到的公差就减小，从而使零件的加工精度要求提高而成本增加。

符合最短路线原则的那些尺寸，就是零件图上应该标注的尺寸，称为设计尺寸，它们都有一定的精度要求，是通过装配尺寸链的解算而得到的。在零件机械加工中，由于工艺上的原因而需要通过其他尺寸来间接保证设计尺寸时，才经过尺寸换算而产生工艺尺寸。

3. 装配尺寸链的计算方法

1）极大极小法的补充

不论哪一种装配尺寸链问题，解算尺寸链的基本原则只有两类：极大极小法和概率法。有关极大极小法的计算公式前文已有详述，在此再做一些补充。有关概率法的原理及计算方法将在后面说明。

装配尺寸链的计算（工艺尺寸链也如此）存在两种情形，习惯上称为正面计算和反面计算。正面计算就是已知组成环（基本尺寸及其偏差），要求计算封闭环（基本尺寸及其偏差）。反面计算就是已知封闭环，要求计算组成环。

第一种情形发生在已有产品装配图和全部零件图的情况下，用以验证组成环公差、基本尺寸及其偏差的规定是否正确，是否满足装配精度指标。

第二种情形在产品设计阶段产生，即根据装配精度指标确定组成环公差、标注组成环基本尺寸及其偏差，然后才能将这些已确定的基本尺寸及其偏差标注到零件图上。

毫无疑问，正面计算是极为容易的，它仅仅将一个已经解决的尺寸链问题的答案做一次验算而已。反面计算，才真正是解决尺寸链问题的计算。

反面计算中，在确定组成环公差时，已学过三种方法，即等精度法、等公差法和根据具体情况确定法。这里介绍一种中间计算法（或称相依尺寸公差法）。中间计算法是指将一些比较难以加工和不宜改变其公差的组成环的公差预先肯定下来，只将极少数或一个比较容易加工或在生产上受限制较少的组成环作为试凑对象。这样，试凑工作大为简化。这个环称为相依尺寸，意思是该环的尺寸相依于封闭环和其他组成环的尺寸及公差。

于是可列计算公式：

$$T(A_0) = T(A_y) + \sum_{i=1}^{n-2} T(A_i) \tag{7-23}$$

式中，A_y 为相依尺寸；$T(A_0)$、$T(A_y)$、$T(A_i)$ 为组成环、相依尺寸及封闭环的公差。

同理，可得到计算基本尺寸及相依尺寸上下极限偏差的公式：

基本尺寸：

$$A_0 = \sum_{i=1}^{m} \overrightarrow{A_i} - \sum_{i=m+1}^{n-1} \overleftarrow{A_i} \tag{7-24}$$

若相依尺寸是增环，则：

上极限偏差：$\mathrm{ES}(\overrightarrow{A_y}) = \mathrm{ES}(A_0) - \sum_{i=1}^{m-1} \mathrm{ES}(\overrightarrow{A_i}) + \sum_{i=m+1}^{n-1} \mathrm{EI}(\overleftarrow{A_i})$ $\tag{7-25}$

下极限偏差： $\mathrm{EI}(\overrightarrow{A_y}) = \mathrm{EI}(A_0) - \sum_{i=1}^{m-1} \mathrm{EI}(\overrightarrow{A_i}) + \sum_{i=m+1}^{n-1} \mathrm{ES}(\overleftarrow{A_i})$ （7-26）

若相依尺寸是减环，则：

上极限偏差： $\mathrm{ES}(\overleftarrow{A_y}) = -\mathrm{EI}(A_0) + \sum_{i=1}^{m} \mathrm{EI}(\overrightarrow{A_i}) - \sum_{i=m+1}^{n-2} \mathrm{ES}(\overleftarrow{A_i})$ （7-27）

下极限偏差： $\mathrm{EI}(\overleftarrow{A_y}) = -\mathrm{ES}(A_0) + \sum_{i=1}^{m} \mathrm{ES}(\overrightarrow{A_i}) - \sum_{i=m+1}^{n-2} \mathrm{EI}(\overleftarrow{A_i})$ （7-28）

式中，ES 为尺寸的上极限偏差；EI 为尺寸的下极限偏差；$\overrightarrow{A_i}$ 为增环；$\overleftarrow{A_i}$ 为减环；m 为环数；n 为包括相依尺寸和封闭环在内的总环数。

2）概率法

极大极小法的优点是简单可靠，但缺点是：从极端情况出发，推导出封闭环与组成环的关系式，因此计算得到的组成环公差过于严格。在封闭环要求高、组成环数目很多时，这种情况就更加严重。公差过小就意味着加工成本高，甚至在现实的加工条件下无法达到。其实，根据概率理论，每个组成环尺寸处在极限情况的机会是很少的。组成环较多，而且在大批生产条件下，这种极端情况的出现概率已小到没有考虑的必要，在这种情况下，完全可以按概率论的原理来计算尺寸链。

以图 7.28（a）为例。一个键装入轴的槽中，根据设计要求，需要保证一定的间隙。

设键的宽度基本尺寸用 A_1 表示，轴的槽宽基本尺寸用 A_2 表示，间隙基本尺寸以 A_0 表示。假定尺寸 A_1 与 A_2 的公差 $T(A_1)$ 与 $T(A_2)$ 都是对称分布的，尺寸分散均呈正态分布，则尺寸的平均值就是基本值。这样，装配后得到的间隙 A_0 的尺寸分散也呈正态分布，$T(A_0)$ 也是对称的，尺寸平均值就是基本值 A_0 [见图 7.28（b）]。

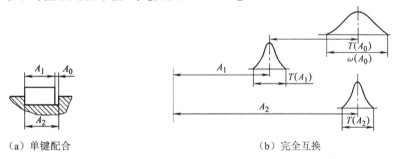

（a）单键配合 （b）完全互换

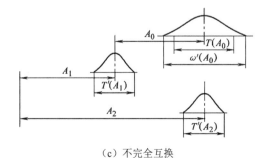

（c）不完全互换

图 7.28 概率法计算装配尺寸链

根据概率理论，可得组成环 A_1、A_2 与封闭环 A_0 三者的均方根误差关系式：

$$\sigma(A_0) = \sqrt{\sigma(A_1)^2 + \sigma(A_2)^2} \qquad (7\text{-}29)$$

由此推广到有 n-1 个组成环的情形，则有：

$$\sigma(A_0) = \sqrt{\sum_{i=1}^{n-1} \sigma(A_i)^2} \qquad (7\text{-}30)$$

因为对于正态分布，其随机误差即尺寸分散范围 ω 与均方根偏差 σ 间的关系可取为 $\omega = 6\sigma$，从而各组成环的尺寸分散范围为 $\omega(A_i) = 6\sigma(A_i)$。封闭环的尺寸分散范围为 $\omega(A_0) = 6\sigma(A_0)$。为此，当取 $T(A_i) = \omega(A_i)$ 和 $T(A_0) = \omega(A_0)$ 时，便可得到：

$$T(A_0) = \sqrt{\sum_{i=1}^{n-1} T(A_i)^2} \qquad (7\text{-}31)$$

即封闭环公差等于各组成环公差平方和的平方根。

前面已假设各组成环的公差是对称分布的，因而得到的封闭环公差也是对称分布的。所以封闭环的上、下极限偏差极易得到，即：

$$\mathrm{ES}(A_0) = +\frac{T(A_0)}{2} \qquad \mathrm{EI}(A_0) = -\frac{T(A_0)}{2}$$

假如各组成环的公差不是对称分布的，也可以将它们改为对称分布的，同时改用平均尺寸作为基本尺寸，再进行计算。为避免换算平均尺寸的麻烦，可采用所谓的"中间偏差"，其要点如下：

在直线尺寸链的情形下，即：

$$A_0 = \sum_{i=1}^{m} \overrightarrow{A_i} - \sum_{i=m+1}^{n-1} \overleftarrow{A_i}$$

求出各组成环中间偏差 $\Delta(A_i)$：

$$\Delta(A_i) = \frac{1}{2}[\mathrm{ES}(A_i) + \mathrm{EI}(A_i)]$$

则封闭环中间偏差 $\Delta(A_0)$ 和上、下极限偏差可按下式求出：

$$\Delta(A_0) = \sum_{i=1}^{m} \Delta(\overrightarrow{A_i}) - \sum_{i=m+1}^{n-1} \Delta(\overleftarrow{A_i})$$

$$\mathrm{ES}(A_0) = \Delta(A_0) + \frac{1}{2}T(A_0)$$

$$\mathrm{EI}(A_0) = \Delta(A_0) - \frac{1}{2}T(A_0)$$

用概率法做反向计算时，可按下式先做估计：

$$T_{平均} = \frac{T(A_0)}{\sqrt{n-1}} = \frac{\sqrt{n-1}}{n-1}T(A_0)$$

若 $T_{平均}$ 基本上满足经济精度的要求，则可按各组成环加工的难易程度合理调配公差。显然，在概率法中试凑各组成环的公差，比在极大极小法中要麻烦得多，因此，需要利用相依尺寸公差法，则：

$$T(A_0) = \sqrt{T(A_0)^2 + \sum_{i=1}^{n-2} T(A_i)^2}$$

从而得到：

$$T(A_y) = \sqrt{T(A_0)^2 - \sum_{i=1}^{n-2} T(A_i)^2}$$

这样就可避免试凑，立即求得相依尺寸公差 $T(A_y)$。

4. 装配尺寸链的解算实例

所谓装配尺寸链的解算，是指应用装配尺寸链方法解决实际问题，并做必要的计算。所以，在这项工作中，首先要根据装配精度建立相应的装配尺寸链，然后合理选择达到装配精度的方法，同时应用合适的计算方法进行尺寸链计算。下面将通过实例来说明这一解算过程，以便读者进一步理解如何根据实际情况选择装配方法并做相应的计算。在实例中还增加了分组垫片调整法的解算方法。

例 7-5 车床尾架与主轴等高尺寸链。

（1）根据车床精度指标列出相应的装配尺寸链。在车床尾架的装配中，尾顶尖应高出床头箱主轴顶尖 A_0。图 7.29 中所列尺寸链就是由与 A_0 这项精度指标有关的零部件尺寸组合而成的。

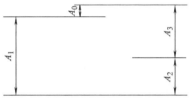

图 7.29 车床顶尖等高性装配尺寸链

这个尺寸链称为保证前后顶尖等高性的装配尺寸链。各环的意义为：

A_0——尾顶尖对前顶尖的高出量（冷态），$A_0 = 0_{+0.03}^{+0.06}$ mm。

A_1——床头箱装配基准面至前顶尖的高度，$A_1 = 160$mm。

A_2——尾架垫块的厚度，$A_2 = 30$mm。

A_3——尾架体装配基准面至后顶尖的高度，$A_3 = 130$mm。

（2）确定增环、减环，验算基本尺寸。从图 7.29 中很容易看出：A_1 是减环，A_2、A_3 是增环。

验算基本尺寸：$A_0 = -A_1 + A_2 + A_3 = (-160 + 30 + 130) = 0$

符合封闭环的基本尺寸等于各组成环基本尺寸的代数和的要求。

（3）决定解装配尺寸链问题的方法并做相应的计算。一般地说，不论何种生产类型，首先应考虑采用完全互换法。在生产批量较大、组成环数较多（两个以上）时可酌情考虑采用不完全互换法；在封闭环精度较高、组成环数较少（2~3）时，可考虑采用选配法；当上述方法均不能采用时，才考虑采用修配法或调整法。对本例来说，该车床属于小批生产，在封闭环精度如此之高 $T_{平均} = (0.03 / 3)$mm $= 0.01$mm，还有接触刚度的要求下，只能采用刮研修配法。

因此，首先要合理选择修配对象，显然，在本例中，以修配垫块的上平面最为合适，于是对各组成环按经济精度确定加工公差：

$$A_1 = 160 \pm 0.1 \text{mm} \qquad A_2 = 30^{+0.2}_{0} \text{mm} \qquad A_3 = 130 \pm 0.1 \text{mm}$$

应用极值法计算得到：$A_0 = 0^{+0.4}_{-0.2} \text{mm}$。

把这一数值与装配要求 $A_0 = 0^{+0.06}_{+0.03} \text{mm}$ 比较一下就知道，当 A_0 出现 -0.2mm 时，垫块上已无修配量，因此应该在 A_2 尺寸上加上修配补偿量 0.23mm。把尺寸 A_2 修改为：$A_2 = 30.23^{+0.2}_{0} \text{mm} = 30^{+0.43}_{+0.23} \text{mm}$。

再计算得到：$A_0 = 0^{+0.63}_{+0.03} \text{mm}$，从而可知，当 A_0 出现最小值 $+0.03$ 时，刚好满足装配精度要求，所以最小修刮量等于零；A_0 出现最大值 $+0.63$ 时，超差量为 0.57mm，即（$0.63 \text{mm} - 0.06 \text{mm} = 0.57 \text{mm}$），所以最大修刮量应是 0.57mm。

为了提高接触刚度，垫块上平面必须经过刮研，因此它必须具有最小修刮量，比如，按生产经验最小修刮量为 0.1mm，那么应将此值加到 A_2 尺寸上去，于是得到：$A_2 = 30.1^{+0.43}_{+0.23} \text{mm} = 30^{+0.53}_{+0.33} \text{mm}$。

再计算，可得 $A_0 = 0^{+0.73}_{+0.13} \text{mm}$，因此最小修刮量为 0.1mm，最大修刮量为 0.67mm，这样的修刮量是比较大的，故在机床制造中常采用合件加工法来减少修配劳动量。

7.7.4　装配工艺规程的制定

1．制定装配工艺规程的基本原则

装配工艺规程是用文件形式规定下来的装配工艺过程，它是指导装配工作的技术文件，也是进行装配生产计划及技术准备的主要依据。对于设计或改建一个机器制造厂，它是设计装配车间的基本文件之一。

进一步来讲，机器及其部、组件装配图，尺寸链分析图，各种装配夹具的应用图、检验方法图及它们的说明，零件机械加工技术要求一览表，各个装配单元及整台机器的运转、试验规程及其所用设备图，以至于装配周期图表等，均属于装配工艺规程范围内的文件。这一系列文件和日常应用的装配过程卡片及工序卡片构成一整套掌握产品装配技术、保证产品质量的技术资料。

由于机器的装配在保证产品质量、组织工厂生产和实现生产计划等方面均有其特点，故着重提出如下四条原则：

（1）保证产品装配质量，并力求提高其质量。

（2）钳工装配工作量尽可能小。

（3）装配周期尽可能缩短。

（4）所占车间生产面积尽可能小，也就是力争单位面积上具有最大生产率。

2．装配工艺规程的内容、制定方法与步骤

1）产品分析

（1）研究产品图纸和装配时应满足的技术要求；

（2）对产品结构进行尺寸分析与工艺分析。前者即装配尺寸链分析与计算，后者是指结构装配工艺性、零件的毛坯制造及加工工艺性分析。

（3）将产品分解为可以独立进行装配的装配单元，以便组织装配工作的平行、流水作业。

2）装配组织形式的确定

装配组织形式一般分为固定和移动两种。固定装配可直接在地面上或在装配台架上进行。移动装配又有连续移动和间歇移动之分，可在小车上或输送带上进行。

装配组织形式的选择，主要取决于产品结构特点（尺寸大小与质量等）和生产批量，这里不再详述。总之，由于装配工作的各个方面均有其内在联系的规律性，所以装配组织形式一旦确定，也就相应地确定了装配方式，诸如运输方式、工作地的布置等。装配组织形式与装配工艺基本内容，一般是无关的，但是与工序的划分，工序的集中或分散，则有很大关系。

3）装配工艺过程的确定

与装配单元的级别相应，分别有合件、组件、部件装配和机器的总装配过程。这些装配过程是由一系列装配工作以最理想的施工顺序来完成的。因此，首先有必要叙述装配工作的基本内容以及它们的作用和有关要点。

（1）装配工作的基本内容。

① 清洗。进入装配的零件必须进行清洗，以去除制造、储藏、运输过程中所黏附的切屑、油脂和灰尘。零部件在装配过程中，经过刮削、运转磨合后也需要进行清洗。清洗工作对保证和提高机器装配质量，延长产品使用寿命有着重要意义。特别是对机器的关键部分，如轴承、密封、润滑系统、精密偶件等更为重要。

② 刮削。刮削工艺的特点是切削量小，切削力小，产生的热量也少。又因为无须用大的装夹力来装夹工件，所以装夹变形也小。因此，刮削方法可以提高工件尺寸精度和几何精度，降低表面粗糙度和提高接触刚度。装饰性刮削刀花可美化外观。但刮削工作的劳动量大，因此目前已广泛采用机械加工来代替刮削。然而，刮削工艺还具有用具简单，不受工件形状、位置及设备条件的限制等优点，便于灵活应用，因此在机器装配或修理中，仍是一种重要的工艺方法。例如机床导轨面、密封接合面、内孔、轴承或轴瓦以及蜗轮齿面等还较多地采用刮削方法。

刮削的质量一般用各种研具以涂色方法来检验，也有用与刮削对象相配的零件来检验的。对于容易变形的工件，在刮削时要注意支承方式。

③ 平衡。旋转体的平衡是装配过程中的一项重要工作，尤其是对于转速高、运转平稳性要求高的机器，对其零部件的平衡要求更为严格，而且有必要在总装后在工作转速下进行整机平衡。

旋转体的平衡有静平衡和动平衡两种方法。一般的旋转体可作为刚性体进行平衡，其中直径大、长度小者（如飞轮、传动带盘等），一般只需进行静平衡；对于长度较大者（如鼓状零件或部件）则必须进行动平衡。工作转速在一阶临界转速 75%以上的旋转体，应以挠性旋转体进行平衡，例如汽轮机的转子便是一个典型的例子。

④ 过盈联接。在机器中过盈联接采用较多，大都是轴、孔的过盈配合联接。对于过盈联接件，在装配前应清洗洁净；对于重要机件，还需要检查有关尺寸公差和几何公差，有

时为了保证严格的过盈量,采用单配加工(汽轮机的叶轮与轴联接),则在装配前有必要检查单配加工中的记录卡片,严格进行复检。

⑤ 螺纹联接。在机械结构中广泛采用螺纹联接。螺纹联接的质量除受到加工精度的影响外,还与装配技术有很大关系。例如,拧紧螺母的次序不对,施力不均匀,将使部件变形,降低装配精度。对于运动部件上的螺纹联接,若紧固力不足,会使联接件的寿命大大缩短,以致造成事故。因此,对于重要的螺纹联接,必须规定预紧力的大小。对于中、小型螺栓,常用定力矩法(用定力矩扳手)或扭角法控制预紧力。若需精确控制,则可根据连接的具体结构,采用千分尺或在螺栓光杆部分装置应变片,以精确测量螺栓伸长量。

⑥ 校正。校正是指各零部件间相互位置的找正、找平及相应的调整工作。一般都发生在大型机械的基体件装配和总装配中。例如,重型机床床身的找平,活塞式压缩机气缸与十字头滑道的找正中心(对中),汽轮发电机组各轴承座的对正轴承中心,水压机立柱的垂直度校正,以及棉纺机架的找平(平车)等。

常用的校正方法有平尺、角尺、水平仪校正,拉钢丝校正,光学校正,近年来又有激光校正等方法。

除上述装配工作外,部件或总装后的检验、试运转、油漆、包装等一般也属于装配工作,大型动力机械的总装工作一般都直接在专门的试车台架上进行,有详细的试车规程。在这种情况下,试车工作由试车车间负责进行。

(2)装配工艺方法及其设备的确定。由上述可知,根据机械结构及其装配技术要求便可确定装配工作内容,为完成这些工作需要选择合适的装配工艺及相应的设备或工具、夹具、量具。例如对过盈联接,采用压入配合法还是热胀(或冷缩)配合法,采用哪种压入工具或哪种加热方法及设备,诸如此类,需要根据结构特点、技术要求、工厂经验及具体条件来确定。对于新建工厂,则可收集有关资料或按有关手册(如《机械工程手册》)根据生产类型等因素予以确定。

(3)装配顺序的确定。无论哪一等级的装配单元的装配,都要选定某一零件或比它低一级的装配单元作为基准件,首先进入装配工作;然后根据结构具体情况和装配技术要求考虑其他零件或装配单元装入的先后次序。总之,要有利于保证装配精度,以及使装配联接、校正等工作顺利进行。一般的规律是:先下后上,先内后外,先难后易,先重大后轻小,先精密后一般。

运用尺寸链分析方法,有助于确定合理的装配顺序。车床床身最重,它是总装配的基准件,溜板箱部件结构最复杂,有好几组装配尺寸链的封闭环集中在该部件,所以在总装配中需要首先予以考虑和安排。

以上是指零件和装配单元进入装配的次序安排。关于装配工作过程,应注意安排:

(1)零件或装配单元进入装配的准备工作——主要是注意检验,不让不合格品进入装配;注意倒角,清除毛刺,防止表面受伤;进行清洗及干燥等。

(2)基准零件的处理——除安排上述工作外,要注意水平安放及刚度,只能调平不能强压,防止因重力或紧固变形而影响总装精度。为此,要注意安排支承的安放、基准件的调平等工作。

(3)检验工作——在进行某项装配工作中和装配完成后,都要根据质量要求安排检验工作，这对保证装配质量极为重要。对于重大产品的部装、总装后的检验还涉及运转和试验的安全问题。要注意安排检验工作的对象，主要有：运动副的啮合间隙和接触情况，如导轨面，齿轮、蜗轮等传动副，轴承等；过盈联接、螺纹联接的准确性和牢固情况，各种密封件和密封部位的装配质量，防止"三漏"（漏水、漏气、漏油）；润滑系统、操纵系统等的检验，为产品试验做好准备。

4）装配工艺规程文件的整理与编写

有关装配工艺范围内的全套文件名称已在前面提到，这里着重介绍装配工艺流程图。在装配单元系统图的基础上，再结合装配工艺方法及顺序的确定，发展了装配工艺流程图，如图 7.30 所示。

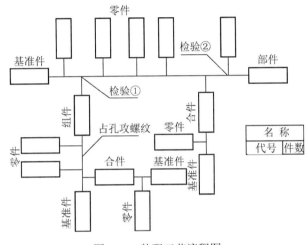

图 7.30　装配工艺流程图

习　　题

1．什么是工艺文件？机械加工工艺规程的基本内容有哪些？其在实际工作中有什么作用？

2．机械加工工艺规程的典型格式有哪些？简述其适用场合和特点。

3．简述制定机械加工工艺规程需要完成的主要工作内容及步骤。

4．试简述粗基准、精基准的选择原则。为什么在同一尺寸方向上粗基准通常只允许用一次？

5．工序的集中或分散各有什么优缺点？目前发展趋势是哪一种？

6．安排箱体类零件的工艺时，为什么一般要遵循"先面后孔"的原则？

7．什么是毛坯余量？影响工序余量的因素有哪些？确定余量的方法有哪几种？

8．机械加工工艺过程尺寸链的组成有何特点？机械加工工艺过程尺寸链中的设计尺寸链之间的并联关系是如何形成的？二环尺寸链的作用如何？

9. 如图 7.31 所示，图（a）所示为轴套零件，尺寸为 $38_{-0.1}^{0}$ mm 和 $8_{-0.5}^{0}$ mm，已加工好；图（b）、（c）、（d）所示为钻孔加工时三种工序尺寸标注方案。试计算 A_1、A_2、A_3。

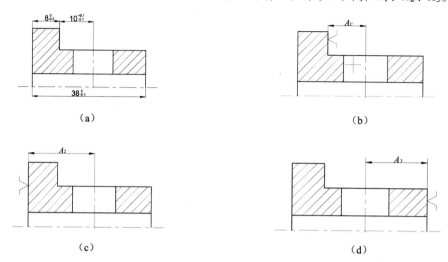

图 7.31　题 9 图

10. 什么是时间定额？单件时间定额包括哪些方面？

11. 什么是工艺成本？工艺成本由哪几部分组成？如何对不同工艺方案进行技术经济分析？

12. 加工图 7.32 所示轴及其键槽，图样要求轴径为 $\phi30_{-0.032}^{0}$ mm，键槽深度尺寸为 $26_{-0.2}^{0}$ mm，有关加工过程如下：

（1）半精车外圆至 $\phi36_{-0.1}^{0}$ mm。

（2）铣键槽至尺寸 A_1。

（3）热处理。

（4）磨外圆至 $\phi30_{-0.032}^{0}$ mm，加工完毕。

求工序尺寸 A_1。

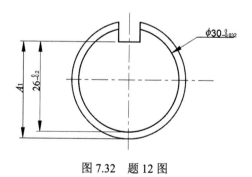

图 7.32　题 12 图

参考文献

[1] 白雪宁. 金属切削机床及应用[M]. 北京：机械工业出版社，2020.

[2] 卢秉恒. 机械制造技术基础[M]. 4 版. 北京：机械工业出版社，2017.

[3] 李凯岭. 机械制造技术基础（3D 版）[M]. 北京：机械工业出版社，2017.

[4] 张普礼. 机械加工设备[M]. 北京：机械工业出版社，2005.

[5] 盛定高. 现代制造技术概论[M]. 北京：机械工业出版社，2003.

[6] 冯显英. 机械制造[M]. 济南：山东科学技术出版社，2013.

[7] 金晓华. 机械制造技术基础[M]. 北京：机械工业出版社，2020.

第8章 先进制造技术

先进制造技术（Advanced Manufacturing Technology，AMT）的产生不仅是科学技术范畴的事情，还是人类历史发展和文明进步的必然结果。无论是发达国家、新兴工业国家还是发展中国家，都将制造业的发展作为提高竞争力、振兴国家经济的战略手段来看待，先进制造技术应运而生。

8.1 先进制造技术概论

8.1.1 先进制造技术的内容

制造技术是使原材料成为人们所需产品而使用的一系列技术和装备的总称，是涵盖整个生产制造过程的各种技术的集成。从广义来讲，它包括设计技术、加工制造技术、管理技术三大类。其中设计技术是指开发、设计产品的方法；加工制造技术是指将原材料加工成所设计产品而采用的生产设备及方法；管理技术是指将产品生产制造所需的物料、设备、人力、资金、能源、信息等资源有效地组织起来，达到生产目的的技术。先进制造技术在传统制造技术的基础上融合了计算机技术、信息技术、自动控制技术及现代管理理念等，所涉及的内容非常广泛，学科跨度大。具体地说，先进制造技术是当代信息技术、自动化技术、现代企业管理技术和通用制造技术的有机结合；是传统制造技术不断吸收机械、电子、信息、材料、能源及现代管理技术成果，并将其综合应用于制造全过程，实现优质、高效、低耗、清洁、灵活生产，获得理想技术经济效果的制造技术的总称。包括计算机技术、自动控制理论、数控技术、机器人、CAD／CAM 技术、CIM 技术及网络通信技术等在内的信息自动化技术的迅猛发展，为先进制造技术的发展和应用提供了更多、更高效的手段。

综上所述，先进制造技术以实现优质、高效、低耗、清洁、灵活生产，提高产品对动态多变市场的适应能力和竞争力为目标。它不局限于制造工艺，而是覆盖了市场分析、产品设计、加工和装配、销售、维修、服务，以及回收再生的全过程。其强调技术、人、管理和信息的四维集成，不仅涉及物质流和能量流，还涉及信息流和知识流，即四维集成和四流交汇是先进制造技术的重要特点。先进制造技术更加重视制造过程组成和管理的合理化和革新，它是硬件、软件、脑件（人）与组织的系统集成。

先进制造技术主要包括三个技术群：主体技术群、支撑技术群和制造技术基础设施群。其具体内容主要有：现代设计技术、精密及超精密加工技术、精密快速成型技术、特种加工技术、制造业综合自动化技术、系统管理技术等。

（1）先进制造技术中的主体技术群。

主体技术群包括面向制造的设计技术群与制造工艺技术群。

① 设计技术群。设计技术群指用于生产准备的工具群与技术群，包括产品、工艺过程和工厂设计，如计算机辅助设计（CAD）及工艺过程建模和仿真、系统工程集成技术、快速样件成型技术、并行工程技术、面向环境的设计。

② 制造工艺技术群。制造工艺技术群指用于产品制造的过程及设备，包括材料生产工艺、加工工艺，连接和装配技术、测试和检验技术。

（2）先进制造技术中的支撑技术群。

支撑技术群是使主体技术群发挥作用的基础和核心，是实现先进制造系统的工具、手段和系统集成的基础技术，包括信息技术、传感技术和控制技术。信息技术包括网络和数据库技术、集成平台和集成框架技术、接口和通信、基于知识的决策支持系统及软件工程方面的技术。网络和数据库技术是先进制造技术中的关键技术。通过全球网络实现信息的快速传递和共享，使企业之间的联合成为可能。先进制造技术中的控制技术将向智能控制方面发展。智能控制系统具有根据过程和环境模型及传感器数据实时决策的能力。在这方面具有潜力的领域是人工神经网络和模糊逻辑的研究。

（3）先进制造技术中的制造技术基础设施群。

制造技术基础设施群是指为了管理好各种技术群的开发，促进技术在整个国家工业企业内推广应用而采用的各种方案和机制；是使先进的制造技术与企业组织管理体制，以及使用技术的人员协调工作的系统工程。它主要包括质量管理、用户／供应商交互作用、人员培训和教育、全局监督和基准评测、技术获取和利用。

8.1.2　先进制造技术的特点

（1）先进制造技术是面向 21 世纪的技术。

先进制造技术是制造技术的最新发展阶段，是由传统的制造技术发展起来的，既保留了传统制造技术中的有效要素，又不断吸收各种高新技术成果，并渗透到产品生产的所有领域及其全部过程。先进制造技术与现代高新技术相结合产生了一个完整的技术群，是具有明确范畴的新的技术领域，是面向 21 世纪的技术。

（2）先进制造技术是面向工业应用的技术。

先进制造技术并不限于制造过程本身，它涉及产品从市场调研、产品开发及工艺设计、生产准备、加工制造到售后服务等产品寿命周期的所有内容，并将它们结合成一个有机的整体。先进制造技术的应用特别注意产生良好的实际效果，其目标是提高企业竞争力和促进国家经济和综合实力的增长，以及提高制造业的综合经济效益和社会效益。

（3）先进制造技术是驾驭生产过程的系统工程。

先进制造技术特别强调计算机技术、信息技术、传感技术、自动化技术、新材料技术和现代系统管理技术在产品设计、制造和生产组织管理、销售及售后服务等方面的应用。它要不断吸收各种高新技术成果与传统制造技术相结合，使制造技术成为能驾驭生产过程的物质流、能量流和信息流的系统工程。

（4）先进制造技术是面向全球竞争的技术。

20世纪80年代以来，市场的全球化有了进一步的发展，发达国家通过金融、经济、科技手段争夺市场，倾销产品，输出资本。随着全球市场的形成，市场竞争变得越来越激烈，先进制造技术正是为适应这种激烈的市场竞争而出现的。因此，一个国家的先进制造技术的主体应该具有世界先进水平，应能提高该国制造业在全球市场的竞争力。

（5）先进制造技术是市场竞争三要素的统一。

在20世纪70年代以前，产品的技术相对比较简单，一个新产品上市，很快就会有相同功能的产品跟着上市。因此，市场竞争的核心是如何提高生产率。到了20世纪80年代以后，随着市场全球化的进一步发展，市场竞争变得越来越激烈，先进制造技术把市场竞争三要素——时间、成本和质量有机结合起来，使三者达到统一。

除此之外，制造业不是"夕阳产业"，但是，制造技术中确有"夕阳技术"，这是同信息化格格不入、同高科技发展不相适应的技术，是缺乏市场竞争力的技术，甚至还可能是危害可持续发展的技术。所谓的"先进制造技术"，其实就是："制造技术""信息技术""管理科学"，再加上有关的科学技术交融而形成的制造技术。

先进制造技术贯穿了从产品设计、加工制造到产品销售及使用维修的全过程。先进制造技术具有下列优势。

（1）以低消耗创造高效益、高劳动生产率。

低消耗意味着低成本，从而可以创造高效益。降低能源的消耗和有效地利用能源成为未来制造业十分关心的问题。改进原有生产过程可以有效地降低工业过程的能耗。例如，大范围内实现质量控制，不仅在其他方面受益，而且节省了用于生产不合格产品而消耗的能源。

（2）提供有竞争力的优质产品。

先进制造企业提出了产品终身质量保证。"质量"一词的含义已不仅仅是"零缺陷"了。由于越来越多的公司都能有效地保证产品无缺陷，因此，人们把"质量"重新定义为"零缺陷"与"用户满意"。产品的设计过程也不仅仅是为了保证其无缺陷，还要从许多方面使用户满意。

（3）采用适用、先进的工艺装备。

适用、先进的工艺和装备能快速生产出产品，并保证质量。

（4）具有快速响应市场的能力。

当前，工业正进入市场和经济因素高度分散、快速变化、不可预测的时代。企业为了求得生存就必须应对这些频繁的变化，要想在不断变化的环境中做到迅速响应，就必须重视技术与管理的结合；重视制造过程组织和管理体制的简化与合理化，使硬件、软件和人集成的大系统的组成和体系结构具备前所未有的柔性。

（5）满足环境保护和生态平衡的要求。

现今，环境问题已成为企业运行的关键因素。随着社会对环境问题越来越关注，要求企业工艺系统及设备向环境安全型转化。面对环境污染，世界范围内环保热潮不断高涨，政府及民间组织对制造业提出更严格的要求。于是，人们提出了面向环境的设计（DFE），DFE节约了材料，减少了能源的消耗，提高了产品的再利用率，提高了企业的经济效益。

8.1.3 先进制造技术的发展趋势

为适应经济社会发展对制造技术的需要，先进制造技术的总趋势是向系统化、集成化、智能化方向发展。

（1）设计技术不断现代化。

产品设计是制造业的灵魂。现代设计技术的主要发展趋势如下：

① 设计方法和手段的现代化，它突出反映在数字仿真或虚拟现实技术的发展，以及现代产品建模理论的发展上。

② 新的设计思想和方法不断出现，如并行设计、面向"X"的设计、优化设计、反求工程技术等。

③ 由简单的、具体的、细节的设计转向复杂的总体设计和决策，要通盘考虑包括设计、制造、检测、销售、使用、维修、报废等阶段的产品的整个生命周期。

④ 由单纯考虑技术因素转向综合考虑技术、经济和社会因素。设计时不单纯追求某项性能指标的先进，而注意考虑市场、价格、安全、美学、资源、环境等方面的影响。

（2）成形制造技术向精密成形或近净成形的方向发展。

成形制造技术是铸造、塑性加工、连接、热处理、粉末冶金等单元技术的总称。成形制造技术正在从接近零件形状向直接制成工件即精密成形或近净成形的方向发展。有代表性的精密成形制造技术包括：

① 精密铸造技术。

② 精密塑性成形技术。

③ 精密连接技术。

（3）加工制造技术向着超精密、超高速及发展新一代制造装备的方向发展。

① 超精密加工技术：一般认为加工精度为 $0.1\sim1\mu m$ 的加工称为精密加工，加工精度为 $0.01\sim0.1\mu m$ 时就称为超精密加工，而加精度高于 $0.01\mu m$（10 纳米）称为纳米加工。

② 超高速切削：目前认为超高速切削的范围是：车削速度为 $700\sim7000$ m/min；铣削速度为 $300\sim6000$ m/min；磨削速度为 250m/s。

③ 新一代制造装备的发展：市场竞争和新产品、新技术、新材料的发展推动着新型加工设备的研究与开发，其中典型的例子是"并联桁架结构数控机床"（俗称六腿机床）的发展。它突破了传统机床结构方案，利用 6 个轴长短的变化以实现刀具相对于工件的加工位置的变化。

（4）制造技术专业、学科的界限逐步淡化、消失，新型制造技术不断得到发展。

在制造技术内部，冷、热加工之间，加工、检测、物流、装配过程之间，设计、材料应用、加工制造之间，其界限均逐步淡化，走向一体化。如 CAD、CAPP、CAM 的出现，使设计、制造成为一体。一个典型的例子是快速原型（RP）技术的产生，它是近年来制造领域的一个重大突破，它可以迅速地将设计思想物化为具有一定结构的功能的原型或直接制造零件，淡化了设计、制造的界限。RP 技术突破了传统加工技术采用材料"去除"原理，而采用"添加、累积"的原理。目前的主要方法有：液态树脂光固化成形，采用紫外线光源逐层对光敏树脂扫描而成形；分层实体制造（LOM），对纸进行逐层切割并粘接而成形；激光选区烧结（SLS）；熔丝沉积成形（FDM），采用蜡丝等材料逐层喷射并凝固成形。

（5）虚拟现实技术在制造业中获得越来越多的应用。

虚拟现实技术（Virtual Reality Technology）目前已经在制造业中得到应用，主要包括虚拟制造技术和虚拟企业两个部分。

虚拟制造技术将在产品真正被制造出之前，首先在虚拟制造环境中生成软产品原型代替传统的硬样品进行试验，对其性能和可制造性进行预测和评价，从而缩短产品的设计与制造周期，降低产品的开发成本，提高系统快速响应市场变化的能力。

虚拟企业、动态联盟、虚拟组织机构和虚拟公司是相同的概念。其含义是：为了快速响应某一市场需求，通过信息高速公路，将产品涉及的不同公司临时组建成为一个没有围墙、超越空间的约束、靠计算机网络联系、统一指挥的合作经济实体。

（6）信息技术、管理技术与工艺技术紧密结合，先进制造生产模式获得不断发展。

先进的制造技术必须在与之相匹配的制造模式里才能充分发挥作用。制造业在经历了少品种小批—少品种大批—多品种小批生产模式的过渡后，20 世纪七八十年代开始了以采用计算机集成制造系统（CIMS）进行制造的柔性生产模式。初期的 CIMS 以较高的自动化程度为特征，在试验过程中遇到困难。CIMS 的第二阶段是并行工程，它强调的不仅是信息集成，而且是人的集成。CIMS 是智能制造系统，它体现了制造系统化、自动化、智能化的综合发展。

精益生产（LP）是一种先进的制造生产模式。它的核心是"消灭一切浪费"和"不断改善"，其主要支柱是及时生产（JIT）、全面质量管理（TQC）、成组技术（GT）、弹性作业人数和尊重人性。日本丰田公司采用这种模式，使自动化程度不高的工厂取得了良好的效益。

敏捷制造（AM）是通过创新流程、工具和人员培训，能快速响应市场变化和客户需求并能同时控制成本和质量的制造。

上述种种先进制造生产模式的进展，主要体现了以下 5 个转变。

① 从以技术为中心向以人为中心转变。

② 从金字塔式的多层次生产结构向扁平的网络结构转变。

③ 从传统的顺序工作方式向并行工作方式转变。

④ 从按功能划分部门的固定组织形式向动态的、自主管理的小组工作组织形式转变。

⑤ 从质量第一的竞争策略向快速响应市场的竞争策略转变。

8.2　典型先进制造模式简介

8.2.1　智能制造

1. 智能制造的背景

近年来，由于市场竞争的冲击和信息技术的推动，传统的制造业正经历着一场重大的变革，围绕提高制造业水平这一中心的新概念、新技术层出不穷，智能制造正是在这一背景下应运而生的。

从市场竞争方面来看，当前和未来，企业面临的都是一个多变的市场和激烈竞争的环境。社会的需求正从大批产品转向小批甚至单件产品。企业要在这样的市场环境中立于不败之地，必须从产品的时间、质量、成本和服务等方面提高自身的竞争力，以快速响应市场频繁的变化。企业在生产活动中的机敏性和智能化就显得尤为重要。

从制造系统自身来看，它是一个信息系统。制造过程是对市场信息、开发信息、制造信息、服务信息和管理信息等进行获取、加工和处理的过程。制造所得的产品实质上是物质、能量和信息三者的统一体。因此，制造水平提高的关键在于系统处理制造信息能力的提高。由于市场的竞争、产品性能的完善、结构的复杂和需求的个性化，现代制造过程中信息量激增，信息种类多样化和信息质量复杂化，要求未来制造系统具有更强的信息加工能力，特别是信息的智能加工能力。

尽管对企业和制造系统有这样的要求，但是，由于过去人们对制造技术的注意力多集中在制造过程的自动化上，因此在制造过程自动化水平不断提高的同时，产品设计及生产管理效率提高缓慢。生产过程中人们的体力劳动虽然得到了极大解放，但脑力劳动的自动化程度（决策自动化程度）却很低，各种问题求解的最终决策在很大程度上仍依赖于人的智慧。并且，随着竞争的加剧和制造信息量的增加，这种依赖程度将越来越大。从20世纪70年代开始，发达国家为了追求廉价的劳动力，逐渐将制造业转移到发展中国家，从而引起本国技术力量向其他行业的转移，同时发展中国家专业人才严重短缺，从而制约了制造业的发展。因此，制造业企盼着自身的智能，以减小对人类智慧的依赖，从而解决人才供求的矛盾。智能制造技术（Intelligent Manufacturing Technology，IMT）和智能制造系统（Intelligent Manufacturing System，IMS）正是顺应上述情况而得以发展的。

2. 智能制造的含义

智能制造技术是指在制造工业的各个环节，以一种高度柔性与高度集成的方式，通过计算机模拟人类专家的智能活动，进行分析、判断、推理、构思和决策，旨在取代或延伸制造环境中人的部分脑力劳动，并对人类专家的智能信息进行收集、存储、完善、共享、继承与发展的技术。基于智能制造技术的智能制造系统（IMS）则是一种借助计算机，综合应用人工智能技术、并行工程、现代管理技术、制造技术、信息技术、自动化技术和系统工程技术，在国际标准化和互换性的基础上，使得制造系统中的经营决策、生产规划、作业调度、制造加工和质量保证等各个子系统分别智能化，成为网络集成的高度自动化制造系统，如图8.1所示。

智能制造系统的特点突出表现在以下几个方面：

（1）自组织能力：自组织能力是指IMS中的各种智能设备，能够按照工作任务的要求，自行集结成一种最合适的结构，并按照最优的方式运行。完成任务后，该结构随即自行解散，以便在下一个任务中集结成新的结构。自组织能力是IMS的一个重要标志。

（2）自律能力：IMS能根据周围环境对自身作业状况的信息进行监测和处理，并根据处理结果自行调整控制策略，从而采用最佳行动方案。这种自律能力使整个制造系统具备抗干扰、自适应和容错等能力。

（3）自学习和自维护能力：IMS能以原有的专家知识为基础，在实践中不断学习，完善系统知识库，并删除库中有误的知识，使知识库趋向最优。同时，能对系统故障进行自我诊断、排除和修复。

（4）整个制造环境的智能集成：IMS 在强调各生产环节智能化的同时，更注重整个制造环境的智能集成。这是 IMS 与面向制造过程中的特定环节、特定问题的"智能化孤岛"的根本区别。IMS 覆盖了产品的市场、开发、制造、服务与管理整个过程，把它们集成为一个整体，系统地加以研究，实现整体的智能化。

IMS 不同于计算机集成制造系统（CIMS），CIMS 强调的是企业内部物料流的集成和信息流的集成；而 IMS 强调的则是更大范围的整个制造过程的自组织能力。但两者又是密切相关的，CIMS 中的众多研究内容是 IMS 发展的基础，而 IMS 又将对 CIMS 提出更高的要求。集成是智能的基础，而智能又推动集成达到更高水平，即智能集成，如图 8.1 所示。因此，有人预言，21 世纪的制造工业将以双 I（Intelligent 和 Integration）为标志。

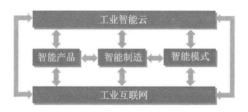

图 8.1　智能制造系统

3．智能制造的支撑技术

1）人工智能技术

智能制造技术的目标是用计算机模拟制造业人类专家的智能活动，取代或延伸人的部分脑力劳动，而这些正是人工智能技术研究的内容。因此，IMS 离不开人工智能技术（专家系统、人工神经网络、模糊逻辑）。IMS 智能水平的提高依赖着人工智能技术的发展。同时，人工智能技术是解决制造业人才短缺的一种有效方法。当然，由于人类大脑活动的复杂性，人们对其认识还很片面，人工智能技术目前尚处于低级阶段，此时 IMS 中的智能主要是人（各领域专家）的智能。但随着人们对生命科学研究的深入，人工智能技术一定会有新的突破，最终在 IMS 中取代人脑进行智能活动，将 IMS 推向更高阶段。

2）并行工程

针对制造业而言，并行工程的含义是产品概念的形成和设计，与其生产和服务系统的实现相并行，即在制造过程的设计阶段就考虑到产品全生命周期的各环节，集成并共享各环节和各方面的制造智能，并行地开展产品制造各环节的设计工作。并行工程作为一种重要的技术方法学，应用于 IMS 中，将最大限度地减少产品设计的盲目性和重复性。

3）虚拟制造技术

虚拟制造技术是随着计算机多媒体技术的发展而发展起来的一项新兴技术。它是以计算机支持的仿真技术为前提，对设计、制造等生产过程进行统一建模，在产品设计阶段，实时地、并行地以多媒体的方式模拟出产品未来制造的全过程，以及制造过程对产品设计的影响，并预测产品性能、产品制造成本和产品的制造性的制造技术，即在产品设计阶段就模拟出该产品的整个生命周期，从而更有效、更经济、更灵活地组织生产，同时使工厂和车间的设计与布局更加合理，以实现产品开发周期最短，产品成本最低，产品质量最优，生产效率最高。将虚拟制造技术应用于 IMS 中，为并行工程的实施提供了必要的保证。

4）信息网络技术

信息网络技术是制造过程的系统和各个环节"智能集成"的支撑。信息网络是制造信息及知识流动的通道。因此，此项技术在 IMS 研究和实施中占有重要地位。

8.2.2 敏捷制造

1. 敏捷制造企业的产生及其特点

目前，各方面的发展都在驱使制造业中大规模生产系统的转变。随着市场竞争的加剧和用户要求不断提高，大批大量的生产方式正朝单件、多品种方向转化。于是敏捷制造的设想被提出。大规模生产系统通过大量生产同样的产品来降低成本，而采用新的生产系统能获得用户定做的数量很少的高质量产品，并使单件成本最低。

在敏捷制造企业中，可以迅速改变生产设备和程序，生产多品种的新型产品。在大规模生产系统中，即使提高及时生产（JIT）能力和采用精益生产，各企业仍主张独立进行生产。企业间的竞争促使各企业不得不进行规模综合生产，而敏捷制造系统促使企业采用较小规模的模块化生产设施，促进企业间的合作。每一个企业都将对新的生产能力做出部分贡献。在敏捷制造系统中，竞争和合作是相辅相成的。在这种系统中，竞争的优势取决于产品投放市场的速度、满足各个用户需要的能力以及对公众给予制造业的社会和环境关心的响应能力。

敏捷制造将一些可重新编程、重新组合、连续更换的生产系统集成为一个新的、信息密集的制造系统，以使生产成本与批量无关。对于一种产品，生产 10 万件同一型号的产品和生产 10 万件不同型号的产品，成本应无明显差异，敏捷制造企业不是采用以固定的专业部门为基础的静态结构，而是采用动态结构。其敏捷性是通过将技术、管理和人员三种资源集成为一个协调的、相互关联的系统来实现的。

敏捷制造企业的特点就是多企业在信息集成的基础上的合作与竞争。信息技术是支持敏捷制造的一个有力的关键技术。所以，基于开放式计算机网络的信息集成框架是敏捷制造的重要研究内容。在计算机网络和信息集成基础结构之上构成的虚拟制造环境，根据客户需要和社会经济效益组成虚拟公司或动态联合公司，这是未来企业组织的最高形式，它完全是由市场机遇驱动而组织起来的。这样使企业的组成和体系结构具备前所未有的柔性，敏捷制造单元生产资源架构如图 8.2 所示。

2. 敏捷制造的特征

与传统的大量生产方式相比，敏捷制造主要具有以下特征。

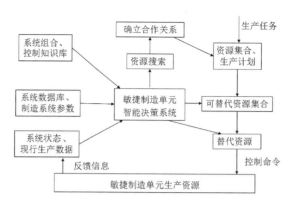

图 8.2　敏捷制造单元生产资源架构

（1）全新的企业合作关系——虚拟企业或企业动态联盟。

什么是虚拟企业？虚拟并非没有。推出高质量、低成本的新产品的最快的方法是利用不同地区的现有资源，把它们迅速组合成为一种没有围墙的、超越空间约束的、靠电子手段联系的、统一指挥的经营实体——虚拟企业。虚拟企业的特点是：

① 功能的虚拟化。在虚拟企业的组织形态下，一个企业虽具有制造、装配、营销、财务等功能，但在企业内部却没有执行这些功能的机构，所以称之为功能虚拟。在这种情况下，企业仅具有实现其市场目标的最关键的功能，其他的功能，在有限的资源下，无法达到足以竞争的要求，因此将它虚拟化，以各种方式借助外力来进行组合和集成，以形成足够的竞争优势。这是一种分散风险的、争取时间的敏捷制造策略，它与"大而全、小而全"策略是完全对立的。

② 组织的虚拟化。虚拟企业是市场多变的产物，为了适应市场环境的变化，企业的组织结构要能够及时反映市场的动态。企业的结构不再是固定不变的，而是逐步倾向于分布化，讲究轻薄和柔性，呈扁平网络状。虚拟企业可以根据目标和环境的变化进行组合，动态地调整组织结构。

③ 地域的虚拟化。运用信息高速公路和全国工厂网络，把综合性工业数据库与提供服务结合起来，还能够创建地域上相距万里的虚拟企业集团，运作控股虚拟公司，排除传统的多企业合作和建立集团公司的各种障碍。

（2）大范围的通信基础结构。在信息交换和通信联系方面，必须有一个能将正确的信息在正确的时间发送给正确的人的准时信息系统（Just In Time Information System），作为灵活的管理系统的基础，通过信息高速公路与国际互联网络将全球范围内的企业联系起来。

（3）为订单而设计、为订单而制造的生产方式。

（4）高度柔性的、模块化的、可伸缩的生产制造系统。这种柔性生产系统往往规模有限，但成本与批量无关，在同一系统内可生产出的产品的品种是无限的。

（5）柔性化、模块化的产品设计方法。

（6）高质量的产品。敏捷制造的质量观念已变成整个产品生命周期内的用户满意度，企业的这种质量跟踪将持续到产品报废为止。

（7）有知识、有技术的人是企业成功的关键因素。在敏捷制造企业中，解决问题靠的是人，不是单纯的技术，敏捷制造系统的能力将不再受限于设备，而只受限于劳动者的想象力、创造性和技能。

（8）基于信任的雇佣关系。雇员与雇主之间将建立一种新型的"社会合同"的关系，大家能为了长远利益而和睦相处。

（9）基于任务的组织与管理。敏捷制造企业的基层单位是"多学科群体"的项目组，是以任务为中心的一种动态组合，敏捷制造企业强调权力分散，把职权下放到项目组，提倡基于统观全局的管理模式，要求各个项目组都能了解全局的远景，胸怀企业全局，明确工作的目标和任务的时间要求，而完成任务的中间过程则完全可以自主。

（10）对社会的正效应。大量生产方式通常只关心企业本身的效益，不关心对社会的影响，所以会带来不同程度的环境污染、能源浪费及失业等社会问题。而敏捷制造则要最大限度地消除企业生产给社会造成的不利影响。

8.2.3　并行工程

1．什么是并行工程

并行工程，是近年来国际制造业中兴起的一种新的企业组织管理方法，旨在提高产品质量，降低产品成本和缩短开发周期。并行工程是对产品及其相关过程（包括制造过程和支持过程）进行并行、集成化处理的系统方法。这种系统方法力图使开发者从一开始就考虑到产品全生命周期（从概念形成到产品报废）中的所有因素，包括质量、成本、进度与用户要求。并行工程包括四方面的内容：并行性、约束性、协调性和一致性。

并行工程从全局优化的角度出发，对集成过程进行管理与控制，同时对已有产品的开发过程进行不断的改进与提高，以克服传统串行产品开发过程中大反馈造成的长周期与高成本等缺点，增强企业产品的竞争力。从经营方面考虑，并行工程意味着产品开发过程重组，以便并行地组织作业。

2．并行工程的特点

与传统设计方法相比，并行工程的主要特点为：设计的出发点是产品的整个生命周期的技术要求；并行设计组织是一个包括设计、制造、装配、市场销售、安装及维修等各方面专业人员在内的多功能设计组，其设计手段是一套具有CAD、CAM、仿真、测试功能的计算机系统，它既能实现信息集成，又能实现功能集成，可在计算机系统内建立一个统一的模型来实现以上功能。并行设计能与用户保持密切的对话，可以充分满足用户要求，可缩短新产品投放市场的周期，实现最优的产品质量、最低的成本和最好的可靠性。

传统的工程设计是按阶段顺序进行的，对一个新产品的开发大多采用所谓"抛过墙式"的序列化研制过程，如图8.3所示。产品从上一部门递交给下一部门（例如，设计开发部→工艺部→制造加工部→总装测试部等），各部门都按自己的需求修改，很少考虑到下一部门的需求（可制造性、可装配性、可测试性、可维修性等）。即使有所考虑，也不可能把下一个过程的要求详尽地反映出来。由于这种传统的序列化研制过程不能在设计的早期反映产品在整个生命周期内的各种需求，所制造的产品存在较多的缺陷，也就导致产品从概念设计到工艺过程设计的多次修改，而且在不同的环节重复这一过程，造成了对原设计的大量改动，甚至是产品的返工，延长了产品的开发周期。据统计，产品成本的70%是在概念设计阶段确定的，但概念设计的修改费用占总费用的比例很小，而产品序列化研制过程的设计修改费用将大大增加，详细设计的修改费用是概念设计修改费用的 10 倍；生产制造阶段的修改费用是详细设计修改费用的 10 倍，所以序列化研制方法难以适应激烈的市场竞争。

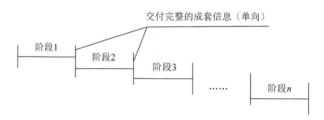

图 8.3 传统序列化研制过程

并行工程是一种用来综合、协调产品的设计及其相关过程（包括制造和保障过程）的系统化方法。这种方法使研制人员从一开始就考虑从方案设计直到产品报废整个周期的所有要素。这种研制过程允许不同的研制阶段并行进行，且有一段搭接时间，如图 8.4 所示。

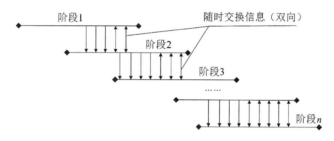

图 8.4 并行研制过程

其特点如下：

（1）在每一后续阶段开始时，前一阶段尚未结束。

（2）在后续阶段刚开始时，绝大多数信息是单向传输的（由上向下流动），但经过一段时间后就变成双向的了，即在两个阶段的人员之间有了信息交流。

（3）当后续阶段发现以前的阶段存在问题时，可及时反馈信息，以便对上一阶段的设计进行修改。同时，前一阶段应将现行方案提交给后一阶段的工作人员，以便观察是否会产生矛盾和不协调的问题。

因此，采用并行的研制过程必须要求不同研制阶段的所有成员都能了解所研制产品的总目标和技术要求。

并行工程同计算机集成制造一样，是一种经营哲学、一种工作模式。这不仅体现在产品开发的技术方面，也体现在管理方面。并行工程对信息管理技术提出了更高要求，不仅要求对产品信息进行统一管理与控制，而且要求能支持多学科领域专家群体的协同工作，并要求把产品信息与开发过程有机地结合起来，做到把正确的信息在正确的时间以正确的方式传递给正确的人。

并行工程的基础技术研究目前主要集中在以下 6 个方面。

（1）面向并行工程的组织机构研究。

（2）面向并行工程的管理决策支持系统。

（3）面向并行工程的新设计学科。

（4）面向并行工程机理的 CAD、CAPP、CAM、CAE。

（5）建模与仿真技术。

（6）基于计算机的知识信息、工具集成技术。

8.2.4 虚拟制造系统

1. 虚拟制造技术

虚拟制造技术（Virtual Manufacturing Technology，VMT）可以通俗而形象地理解为：在计算机上模拟产品的制造和装配全过程。换句话说，借助建模和仿真技术，在产品设计时，就把产品的制造过程、工艺设计、作业计划、生产调度、库存管理以及成本核算和零部件采购等生产活动在计算机屏幕上显示出来，以便全面确定产品设计和生产过程的合理性。

虚拟制造技术是一种软件技术，它填补了 CAD／CAM 技术与生产过程和企业管理之间的技术鸿沟，把企业的生产和管理活动在产品投入生产之前就在计算机屏幕上加以显示并做出评价，使工程师能够预见可能出现的问题和后果。

实际制造流程图和虚拟制造流程图如图 8.5 所示。

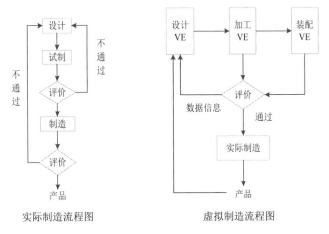

图 8.5 实际制造流程图和虚拟制造流程图

采用虚拟制造技术可以给企业带来下列效益：①提供关键的设计和管理决策对生产成本、周期和能力的影响信息，以便正确处理产品性能与制造成本、生产进度、风险之间的平衡，做出正确的决策；②提高生产过程开发的效率，可以按照产品的特点优化生产系统的设计；③通过对生产计划的仿真，优化对资源的利用，缩短生产周期，实现柔性制造和敏捷制造；④可以根据用户的要求修改产品设计，及时给出报价和保证交货期。

引入虚拟制造技术应该是一个渐进的过程，它的首要前提是已经掌握 CAD／CAM 技术并积累了一定的经验。其次是已经初步建立了企业的管理信息系统，基础数据齐全，工时定额和成本核算比较科学，在计算机管理方面具有较好的基础和条件。

2. 虚拟制造系统

如图 8.5 所示，虚拟制造系统（Virtual Manufacturing System，VMS）是基于虚拟制造技术实现的制造系统，是实际制造系统（Real Manufacturing System，RMS）在虚拟环境（VE）下的映射，而现实制造系统是物质流、信息流、能量流在控制机的协调与控制下，实现从投入到输出的有效的转变。为简化起见，可将实际制造系统划分为两个子系统：实际信息系统（Real Information System，RIS）和实际物理系统（Real Physical System，RPS）。

RIS 由许多信息、信息处理和决策活动组成，如设计、规划、调度、控制、评估信息，它不仅包括制造过程的静态信息，还包括制造过程的动态信息。

RPS 由存在于现实中的物质实体组成，这些物质实体可以是材料、零部件、产品、机床、夹具、机器人、传感器、控制器等。当制造系统运行时，这些实体有特定的行为和相互作用，如运动、变换、传递等，制造系统本身也与环境以物质和能量的方式发生作用。

假设有一个计算机系统能够接受来自 RIS 的信息和控制命令，执行所接受的控制命令，并将执行状态返回到 RIS。如果所返回的状态报告与 RPS 返回的状态报告一致，那么，这种模拟 RPS 响应的计算机系统称为虚拟物理系统（Virtual Physical System，VPS）。VPS 是 RPS 在虚拟空间的映射，组成 VPS 的虚拟实体是 RPS 中的真实实体在虚拟空间的映射，是 RPS 中真实实体的抽象模型。这些抽象模型与真实实体一一对应，并具有与真实实体相同的性能、行为和功能。

同样，如果一个计算机系统能模拟 RIS 的功能，那 RPS 中的机器就不能区分控制命令是来自 RIS 还是来自计算机系统。这种能够模拟 RIS 并为 RPS 产生控制命令的计算机系统就称为虚拟信息系统（Virtual Information System，VIS）。

由 VPS 和 VIS 构成的制造系统称为虚拟制造系统。虚拟制造系统不消耗现实资源和能量，所生产的产品是可视的虚拟产品，具有真实产品所必须具有的特征，它是一个数字产品。

3. 虚拟制造系统的功能及其体系结构

虚拟制造系统是在虚拟制造思想指导下的一种基于计算机技术的集成的、虚拟的制造系统。在信息集成的基础上，通过组织管理、技术、资源和人机集成实现产品开发过程的集成。在整个产品开发过程中，在基于虚拟现实、科学可视化和多媒体等技术的虚拟使用环境、虚拟性能测试环境及虚拟制造环境下，在各种人工智能技术和方法的支持下，通过集成地应用各种建模、仿真分析技术和工具，实现集成的、并行的产品开发过程，以及对产品设计、制造过程、生产规划、调度和管理的测试，利用分布式协作提高制造企业内各级决策和控制能力，使企业能够实现自我调节、自我完善、自我改造和自我发展，达到提高整体的动作效能、实现全局最优决策和提高市场竞争力的目的。

虚拟制造系统具有以下功能。

（1）通过虚拟制造系统实现制造企业产品开发过程的集成。

根据制造企业策略，基于虚拟制造系统，在信息集成和功能集成的基础上，实现产品开发过程的集成。通过对整个产品开发过程的建模、管理、控制和协调,对企业资源、技术、人员进行合理组织和配置,面向产品整个生命周期,实现制造企业策略与企业经营、工程设计和生产活动的集成(纵向集成),以及在产品开发的各个阶段分布式并行处理虚拟环境下多学科群体的协同工作(横向集成),快速适应市场和用户需求的变化,以最快的速度向市场和用户提供优质低价的产品。

(2)实现虚拟产品设计 / 虚拟制造仿真闭环产品开发模式。

各种建模、仿真、分析技术和工具的大量使用,使产品开发从过去的经验方法转变为预测方法,实现虚拟产品设计 / 虚拟制造仿真闭环产品开发模式。虚拟制造系统能够在产品开发的各个阶段,根据用户对产品的要求,在虚拟环境下对虚拟产品原型的结构、功能、性能、加工、装配及制造过程进行仿真,并根据产品评价体系提供的方法、规范和指标,为设计修改和优化提供指导和依据。由于以上开发过程都是在虚拟环境下针对虚拟产品原型进行的,所以大大缩短了开发时间,节约了研制经费,并能在产品开发的早期阶段发现可能存在的问题,并使其在成为事实之前予以解决。又由于开发进程的加快,所以能够对多个解决方案进行比较和选择。

(3)提高产品开发过程中的决策和控制能力。

(4)提高企业自我调节、自我完善、自我改造和自我发展的能力。

基于企业建模的虚拟制造系统,通过信息集成、组织管理集成、智能集成、资源集成、技术集成、串/并行工作机制集成、过程集成和人机集成等,实现企业的全面集成,为使企业能够根据复杂多变的竞争环境,不断调整组织结构,优化运营过程,合理配置人力、财力、物力资源,革新技术和提高人员素质等提供了一种系统的方法和途径,使企业的自我调节、自我完善、自我改造和自我发展的能力大幅提高。

8.3 几种常用的先进制造技术

8.3.1 高速及超高速切削加工技术

高速切削加工技术作为先进制造技术的重要组成部分,正逐步成为切削加工的主流,具有强大的生命力和广阔的应用前景。从 20 世纪 30 年代初提出高速切削加工的理念以来,经过半个多世纪艰难的理论探索和研究,并随着高速切削机床技术和高速切削刀具技术的发展和进步,直至 20 世纪 80 年代后期,高速切削加工才进入工业化应用。目前它在工业发达国家的航空航天、汽车、模具等制造业中应用广泛,取得了巨大的经济效益。

1. 高速/超高速切削加工技术概述

高速切削加工技术中的"高速"是一个相对的概念。对于不同的加工方法、工件材料与刀具材料,高速切削加工时应用的切削速度并不相同。如何定义高速切削加工,至今还没有统一的认识。目前沿用的高速切削加工定义主要有以下几种。

(1)以线速度 500~7000m/min 进行的切削加工为高速切削加工。

(2)主轴转速高于 8000r/min 的切削加工为高速切削加工。

（3）将以高于普通切削5～10倍的速度进行的切削加工定义为高速切削加工。

（4）从主轴设计的角度来看，以沿用多年的 DN 值（主轴轴承孔直径 D 与主轴最大转速 N 的乘积）来定义高速切削加工。DN 值达$(5～2000)×10^5 mm \cdot r/min$ 时为高速切削加工。

（5）从刀具和主轴动力学角度来定义高速加工。这种定义取决于刀具振动的主模式频率，它在 ANSI/ASME 标准中被用来进行切削性能测试时选择转速范围。

因此，高速切削加工不能简单地用某一具体的切削速度值来定义。不同的切削条件具有不同的高速切削加工速度范围。虽然很难就高速切削加工给出明确定义，但从实际生产考虑，高速切削加工中的"高速"不应仅是一个技术指标，还应是一个经济指标，即由此获得较大经济效益。根据目前的实际情况和可能的发展，不同的工件材料大致的切削速度范围如图 8.6 所示。

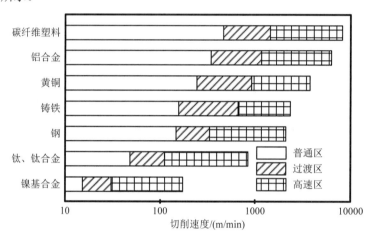

图 8.6 不同工件材料大致的切削速度范围

2．高速/超高速切削加工技术体系

1）高性能刀具材料

高速切削加工对刀具的材料、镀层、几何形状提出了很高的要求。高速切削加工刀具的材料必须具有很高的高温硬度和耐磨性，必要的抗弯强度、冲击韧度和化学惰性，良好的工艺性（刀具毛坯制造、磨削和焊接性等），且不易变形。目前，国内外性能好的刀具主要是超硬材料刀具，包括金刚石刀具、聚晶立方氮化硼刀具、陶瓷刀具、TiC（N）基硬质合金刀具、涂层刀具和超细晶粒硬质合金刀具等，刀具材料的发展与切削速度的关系如图 8.7 所示。

2）高速主轴系统

高速主轴系统是高速切削加工技术中最重要的关键技术之一。高速主轴由于转速极高，主轴零件在离心力的作用下产生振动和变形，高速运转摩擦产生的热和大功率电动机产生的热会引起热变形和高温，所以必须严格控制，为此对高速主轴提出如下性能要求。

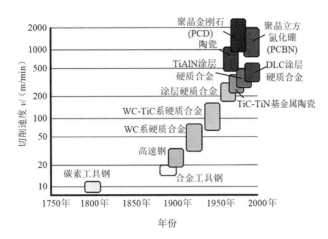

图 8.7 刀具材料的发展与切削速度的关系

（1）结构紧凑、质量小、惯性小，可避免振动和噪声，具有良好的启停性能；

（2）足够的刚性和回转精度；

（3）良好的热稳定性；

（4）功率大；

（5）先进的润滑和冷却系统；

（6）可靠的主轴监控系统。

高速主轴为满足上述性能要求，结构上几乎全部是交流伺服电动机直接驱动的内装电动机集成化结构，集成化主轴结构由于减少了传动部件，故具有更高的可靠性。高速主轴要求在极短的时间内实现升/降速，在指定的区域内实现快速启停，这就要求主轴具有很高的角加速度。为此，将主轴电动机和主轴合二为一，制成电主轴，实现无中间环节的直接传动，是高速主轴单元的理想结构。

轴承是决定主轴寿命和负荷的关键部件。为了适应高速切削加工，高速切削机床采用了先进的主轴轴承以及润滑和散热等新技术。目前高速主轴主要采用陶瓷轴承、磁悬浮轴承、空气轴承和液体动/静压轴承等。

3）高速进给系统

高速切削时，为了保证刀具每次进给量基本不变，随着主轴转速的提高，进给速度也必须大幅度提高。为了适应进给运动高速化的要求，在高速切削加工机床上主要采取了如下措施。

（1）采用新型直线滚动导轨，其中的球轴承与钢轨之间的接触面积很小，摩擦系数为槽式导轨的 1/20 左右，并且爬行现象大大减少；

（2）采用小螺距、大尺寸、高质量滚珠丝杠或大螺距多头滚珠丝杠；

（3）高速进给伺服系统已发展为数字化、智能化和软件化系统，使伺服系统与 CNC 系统在 A/D 与 D/A 转换中不会有丢失和延迟现象；

（4）为了尽量减轻工作台但又不损失工作台的刚度，高速进给机构通常采用碳纤维增强复合材料；

（5）直线电动机消除了机械传动系统的间隙、弹性变形等问题，减小了传动摩擦力，几乎没有反向间隙，并且具有高加速、减速特性。

4）高速 CNC 系统

数控高速切削加工要求 CNC 系统具有快速数据处理能力和较高的功能化特性，以保证在高速切削时特别是在 4～5 轴坐标联动加工复杂曲面时仍具有良好的加工性能。高速 CNC 系统的数据处理功能有两个重要指标：一是单个程序段处理时间，为了适应高速，要求单个程序段处理时间要短，为此，需使用 32 位 CPU、64 位 CPU，并采用多处理器；二是插补精度，为了确保高速下的插补精度，要有前馈和超前程序段预处理功能。此外，还可采用 NURBS（非均匀有理 B 样条）插补、回冲加速、平滑插补、钟形加减速等轮廓控制技术。高速切削加工 CNC 系统的功能包括：加减速插补、前馈控制、精确矢量插补、最佳拐角减速。

5）高速刀柄系统

传统的加工中心的主轴和刀具的连接大多采用 7∶24 锥度的单面夹紧刀柄系统。高速切削加工时此类系统出现了刚性不足，自动换刀重复精度不稳定；受离心力作用影响较大；刀柄锥度大，不利于快速换刀和机床的小型化的问题。针对这些问题，为提高刀具与机床主轴的连接刚性和装夹精度，适应高速切削加工技术的发展需要，开发了刀柄与主轴内孔锥面和断面同时贴紧的两面定位的刀柄。两面定位的刀柄主要有两大类：一类是对现有的 7∶24 锥度刀柄进行的改进性设计，如 BIG-PLUS、WSU、ABSC 等系统；另一类是采用新思路设计的 1∶10 中空短锥刀柄系统，有德国开发的 HSK、美国开发的 KM 和日本开发的 NC5 等几种形式。图 8.8 所示为传统 BT 刀柄与 HSK 刀柄的结构。

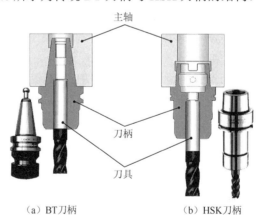

（a）BT刀柄 （b）HSK刀柄

图 8.8 传统 BT 刀柄与 HSK 刀柄的结构

3．高速/超高速切削工艺技术及应用

高速/超高速切削典型的工艺技术包括高速硬切削、薄壁件高速切削、基于热软化效应的高速切削、基于应变率脆化效应的高速/超高速切削等。本部分结合当前生产实际中的应用现状，对前两种工艺技术进行介绍。

1）高速硬切削

高速硬切削是高速切削加工技术的一个典型应用领域，是指对高硬度的材料直接进行切削加工，可以实现"以切代磨"的新工艺。适用于高速硬切削的材料包括淬硬钢、高速钢、轴承钢、冷硬铸铁、镍基合金等。目前高速硬切削工艺在汽车、飞机、机床、医疗设备等工业领域得到了广泛应用。

与传统磨削加工相比，硬切削工艺具有加工效率高、设备投资少、加工精度高和便于实现洁净加工的特点，但需要具有优良刚性的机床来支持高速硬切削过程。此外，高速硬切削还要注意选择合适的刀具材料与几何结构，加工时产生的切屑和切屑所带的热量必须尽快排除，考虑系统振动影响等因素。

高速硬切削对刀具有较高的要求。高速硬切削时切削力大、切削温度高，需要刀具、机床、夹具同时提供良好的条件支持。刀具需要有较高的红硬性、耐磨性和良好的高温化学稳定性，同时刀具的几何角度要有利于提高刀具刚性，降低切削刃破损概率。机床刚性要高，散热性和热稳定性要好，机床主轴系统要能承受较高轴向力和径向力。夹具（刀柄系统）刚度要高。

2）薄壁件高速切削

薄壁件在保持较轻的情况下拥有较好的刚性和较高的比强度，在航空航天领域有着广泛的应用。相较于普通零件，对薄壁件进行高速铣削时应注意以下几点。

（1）薄壁件的整体尺寸较大，结构比较复杂且壁薄，在加工过程中极易产生加工变形，零件的变形控制及校正工作是加工过程中的重要内容。

（2）薄壁件的截面积较小，而外廓尺寸相对截面尺寸较大，在加工过程中，随着零件刚性的降低，容易发生切削振动，严重影响零件的加工质量。

（3）薄壁件的制造主要采用数值量传递或图形直接传递方式，应用数控加工的方法来完成。目前，CAD、CAM、CNC 技术是加工航空薄壁件的主要技术。

（4）薄壁件不仅要具有较高的加工尺寸精度，而且零件的配合精度也有非常高的要求。如槽口、结合孔、缘条内套接合面及接头等位置精度要求高，加工这些装配要求的表面，必须符合配合要求，才能保证零件装机使用要求。

（5）薄壁件的选材多为高强度铝合金，虽然其为易切削材料，但问题的关键在于加工过程中的变形控制，常规的加工工艺无法保证加工精度。而且铝合金材料的缺口敏感性强，一般采用手工或机械打磨达到表面粗糙度要求，其打磨工作量占全部工作量的 20%以上。随着数控加工技术的进一步完善与发展，打磨工作量将会逐渐减少。

8.3.2 增材制造技术

1．增材制造技术概述

增材制造（Additive Manufacturing，AM）技术是 20 世纪 80 年代中期发展起来的高新技术。AM 技术以计算机三维模型的形式为开端，它可以经过几个阶段直接转化为成品，不需要使用模具、附加夹具和切削工具。从成型原理出发，它提出了一个分层制造、逐层叠加成型的全新方法：将计算机辅助设计（CAD）、计算机辅助制造（CAM）、计算机数控（CNC）、激光伺服驱动等先进技术集于一体，基于计算机上构成的三维设计模型，分层切片，得到各层截面的二维轮廓信息。在控制系统的控制下，AM 设备的成型头按照这些轮廓信息，选择性地固化或切割一层层的成型材料，形成各个截面轮廓，并按顺序逐步叠加形成三维制件。

AM 技术有以下优点。

1）设计灵活性

AM 技术的显著特征是它们的分层制造方法，这个方法可以创建任何复杂的几何形状。这与切削（减材制造）工艺形成对比，切削工艺由于需要工装夹具和各种刀具，以及当制造复杂几何形状时刀具达到较深或不可见区域等会造成加工困难甚至无法加工成型。从根本上说，AM 技术为设计人员提供了将材料精确地放置在实现设计功能所需位置上的能力。这种能力与数字生产线相结合，就能够实现结构的拓扑优化，从而减少材料的用量。

2）节省成本

目前的 AM 技术为设计师在实现复杂几何形状方面提供了最大的自由发挥空间。由于 AM 技术不需要额外的工具、不需要重新修复、不需要增加操作员的专业知识，甚至不需要增加制造时间，因此使用 AM 技术时，零件的复杂性不会造成额外的成本增加。尽管传统的制造工艺也可以制造复杂部件，但其几何复杂性与模具成本之间仍存在直接的关系，如大批生产时利润才可达到预期。

3）尺寸精度

与原始数字模型相比，尺寸精度（打印公差）决定了最终推导的模型的质量。在传统制造系统中，需要基于国家标准的一般尺寸公差和加工余量来保证零件的加工质量。大多数 AM 设备用于制造几厘米或更大的部件时，具有较高的形状精度，但尺寸精度较差。尺寸精度在 AM 技术的早期开发中并不重要，主要用于原型制作。然而，随着对 AM 制品的期望越来越高，对于 AM 制品的尺寸精度要求也越来越高。

4）生产运行时间和成本效益

一些常规工艺（如注塑成型），不管启动成本是多少，批量生产都需要消耗大量的时间和成本。虽然 AM 工艺比注塑成型要慢得多，但是由于不需要生产启动的环节，所以它更适合于单件小批生产。此外，按订单需求采用 AM 技术生产可以降低库存成本，也可能降低与供应链和交付相关的成本。通常，用 AM 技术制造部件时，浪费的材料很少。虽然会由于粉末熔融技术中的支撑结构和粉末回收而产生一些废料，但是所购物料的量与最终的材料量的比率对于 AM 工艺来说非常低。

AM 技术的常见工艺方法主要包括陶瓷膏体光固化成形（Stereolithography Apparatus，SLA）、分层实体制造（Laminated Object Manufacturing，LOM）、激光选区烧结（Selective Laser Sintering，SLS）、熔丝沉积成形（Fused Deposition Modeling，FDM）、激光选区熔化（Selective Laser Melting，SLM）及电弧增材制造（Wire and Arc Additive Manufacturing，WAAM）等。

2．增材制造技术的应用

1）增材制造技术在航空航天工业中的应用

航空工业在 20 世纪 80 年代就开始使用 AM 技术，之前 AM 技术在航空制造业只扮演了做快速原型的小角色。最近的发展趋势是，这一技术将在整个航空航天产业链占据战略性的地位。由于 AM 技术具有极大灵活性，未来的飞机设计可以实现极大的优化，具有更优良的仿生力学的结构。

图 8.9 所示是增材制造技术在航空航天工业中的典型应用。

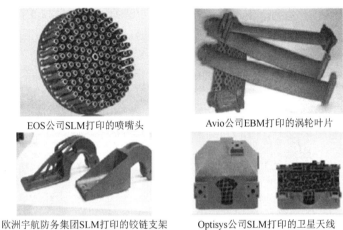

EOS公司SLM打印的喷嘴头　　　　　Avio公司EBM打印的涡轮叶片

欧洲宇航防务集团SLM打印的铰链支架　　Optisys公司SLM打印的卫星天线

图 8.9　增材制造技术在航空航天工业中的典型应用

2）增材制造技术在汽车工业中的应用

汽车行业是最早采用 AM 技术进行快速原型制造的行业之一。汽车制造商和代工厂正朝着数字化量产的方向迈进。现在，汽车制造商已经看到了采用 AM 技术生产零件带来的效益。目前，AM 技术在汽车行业的应用主要集中在概念模型的设计、功能验证原型的制造、样机的评审及小批定制成品四个生产阶段。在 1∶1 模型的基础上，可以用 AM 技术制作和安装车灯、座椅、方向盘和轮胎等汽车零部件。图 8.10 所示为采用 3D 打印制作的汽车零部件。

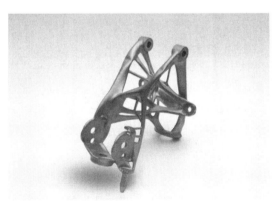

图 8.10　采用 3D 打印制作的汽车零部件

3）增材制造技术在生物医学中的应用

生物 3D 打印是基于 AM 原理，以特制生物"打印机"为手段，以加工活性材料包括细胞、生长因子、生物材料等为主要内容，以重建人体组织和器官为目标的跨学科、跨领域的新型再生医学工程技术。

① 可用于规划和模拟复杂手术。利用 AM 技术打印出 3D 模型，供外科医生模拟复杂的手术，从而制定最佳的手术方案，提高手术的成功率。随着 AM 技术的发展，利用打印设备打印出模型对腹腔镜、关节镜等微创手术进行指导或术前模拟等也将得到更多的应用与推广。图 8.11 所示为利用三维建模工具构建的下颚骨三维立体模型。

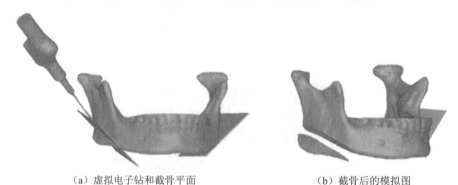

（a）虚拟电子钻和截骨平面　　　　　　（b）截骨后的模拟图

图 8.11　利用三维建模工具构建的下颚骨三维立体模型

② 器官定制。随着生物材料的发展，人类 3D 生物打印速度提高到较高水平，所支持的材料更加精细全面，且若打印制造出的组织器官能够免遭人体自身排斥，则实现复杂的组织器官的定制将成为可能。那时每个人专属的组织器官随时都能被打印出来，这就相当于为每个人建立了自己的组织器官储备系统，可以实现定制植入物。图 8.12 所示为 3D 打印的仿生耳图。

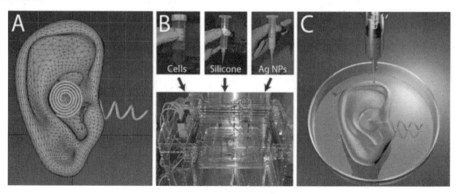

图 8.12　3D 打印的仿生耳图

③ 快速制作医疗器械。当 3D 打印设备逐步升级后，在一些紧急情况下，还可利用 3D 打印机制作医疗器械用品，如导管、手术工具、衣服、手套等，可使各种医疗用品更适合患者，同时减少获取环节和时间，临时解决医疗用品不足的问题。图 8.13 所示为 3D 打印的烧伤面具。

4）增材制造技术在食品工业中的应用

随着生活水平不断提高，健康饮食理念深入人心，越来越多的人追求个性化、美观化的营养饮食。传统食品加工技术很难完全满足这些需求，3D 食品打印技术不仅能自由搭配、均衡营养，以满足各类消费群体的个性化营养需求；还可以改善食品品质，根据人们情感需求改变食物形状，增加食品的趣味性。因此，3D 食品打印技术为健康个性化饮食提供了可能性，在食品工业中有着良好的发展前景。

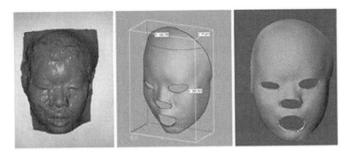

图 8.13　3D 打印的烧伤面具

3D 食品打印机具备很多优点：让厨师开发出更多的新菜品，制作个性美食，满足不同消费者的需求。打印机制作食物可以大幅缩减从原材料到成品的环节，从而避免食物加工、运输、包装等环节的不利影响。另外，营养师可利用该项技术根据个人的基础代谢量和每天的活动量，运用 3D 食品打印机打印每日所需的食物，以此来控制肥胖、糖尿病等问题。图 8.14 所示为 3D 打印的经典美食。

图 8.14　3D 打印的经典美食

5）增材制造技术在文化创意中的应用

AM 技术在文化创意产业中应用广泛，比如个性化产品定制、文物复制与修复、影视动漫产业中的道具和影视形象，还有工业设计、手工艺品制作、建筑设计，都是 AM 技术施展身手的平台。图 8.15 所示为 3D 打印的个性化创意产品。

图 8.15　3D 打印的个性化创意产品

3．4D 打印技术

AM 技术经过 30 多年的发展，其含义逐渐发生变化，内涵逐渐丰富，随着 2013 年 4D 打印概念的提出，AM 和 3D 打印"同一性"的固有思维被打破，4D 打印技术是在 3D 打印技术三维坐标轴基础上增加了"时空轴"。

图 8.16 展示了增材制造技术的分类、发展历程及技术特点。按照 AM 构件的发展历史，可将其分为结构构件、功能构件、智能构件、生命器官、智慧物体等。

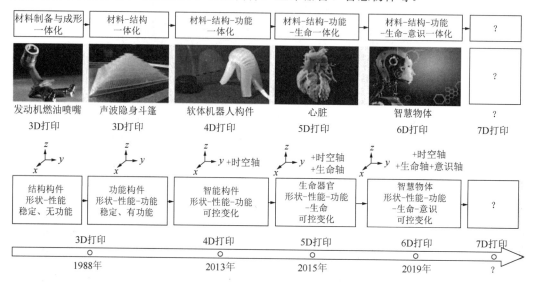

图 8.16　增材制造技术的分类、发展历程及技术特点

在 20 世纪 90 年代，AM 技术能够实现材料的制备与成形一体化，即在制备材料的同时也成形出所需形状，注重构件的形状和力学性能，其成形件称为结构构件，其形状和性能要求稳定；到了 2010 年前后，面向 AM 工艺的新材料大量涌现，构件的宏/微观结构、力学性能及其他性能均受到关注，AM 技术实现了材料-结构一体化成形，得到功能构件，其形状、性能和功能要求稳定；然而，随着高端制造领域对构件的要求越来越高，如今智能构件的材料-结构-功能一体化 4D 打印已成为 AM 技术的重要发展方向，其构件的形状、性能和功能要求可控变化。从图 8.16 中可以看出，随着制造思维的进一步发散，制造领域构件的智能化、生命化、意识化是必然的发展趋势，"5D 打印""6D 打印"的概念也加入了"AM 技术的大家庭"中。自此，AM 技术不再是 3D 打印的代名词，而包含了更高维度、更多方面、更深层次的含义。5D 打印已有实验室研究成果，尽管 6D 打印仅是新提出的概念，尚未进入实质性的研究阶段，但随着对 4D 打印技术研究的逐渐深入，预示了更高维度打印方式的可能性，表明了 AM 技术的发展趋势，引发了对制造思想的再认识和再思考，极有可能引发制造技术的变革和颠覆。目前，对 4D 打印技术的研究已全面展开。

4D 打印技术不仅可解决航空航天领域部分构件结构复杂、设计自由度低、制造难的问题，而且其"形状、性能和功能变化可控"的特征在智能变形飞行器、柔性驱动器、航天功能变形件等智能构件的设计制造中将展现出巨大的优势。

生物支架经常用在外科手术中，如血管支架，起到扩充血管的作用。支架在植入时所占空间较小，处于收缩状态，当植入到指定位置时再撑开以达到扩充血管的目的。支架一般是多孔结构，这些特点使得 4D 打印技术尤其适用于生物支架的成形，如图 8.17 所示。

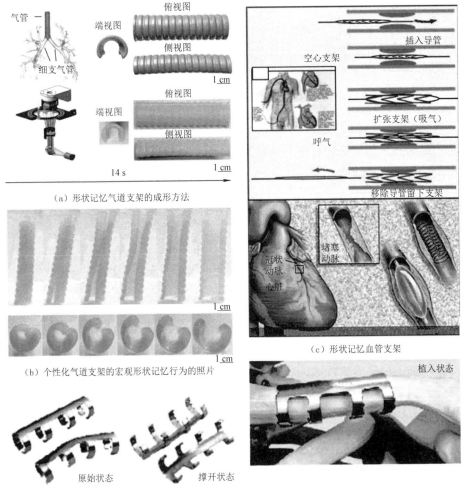

　　（a）形状记忆气道支架的成形方法

　　（b）个性化气道支架的宏观形状记忆行为的照片

　　（c）形状记忆血管支架

（d）多臂环抱型锁式接骨器原始状态　　（e）多臂环抱型锁式接骨器撑开状态　　（f）多臂环抱型锁式接骨器植入状态

图 8.17　4D 打印技术用于生物支架的成形

8.3.3　复合加工技术

1．复合加工技术概述

　　随着科学技术的进步和社会工业化进程的迅猛发展，对产品功能与性能的要求趋于多样化，使得产品结构越来越复杂，特别是在航空、航天、兵器、汽车等领域，各种新结构、新材料及复杂形状的精密零件层出不穷，对于产品零件的制造精度和质量要求日益提高。采用一般机械加工方法往往难以满足其结构形状的复杂性、材料的可加工性及加工精度和表面质量方面的要求，这就不断地向加工技术提出新的挑战。复合加工技术就是在这种背景下逐步形成的一门综合性制造技术。

　　复合加工技术是将多种加工方法融合在一起，充分发挥各自的优势，互为补充，在一道工序内使用 1 台多功能设备，实现多种加工方法的集成加工。复合加工技术主要解决两个方面的问题：特殊结构与复杂结构的加工、难加工材料及脆硬材料的加工。复合加工的主要特点是综合应用机械、光学、化学、电力、磁力、流体和声波等多种能量进行综合加工，提高了加工效率，生产效率往往远远高于单独使用各种加工方法的生产效率之和，在提高加工效率的同时，兼顾了加工精度、加工表面质量及工具损耗等，具有常规单一加工技术无法比拟的优点。

2．复合加工技术的种类

复合加工技术目前主要分为三种类型：第一种是以工序集中原则为基础的、以机械加工工艺为主的传统机械加工方法的复合加工；第二种是利用多种形式能量的综合作用来实现材料的去除的传统加工方法与特种加工方法的复合；第三种是增材制造和减材制造的复合。

1）传统机械加工方法的复合加工

（1）镗铣复合加工。

镗铣复合加工中心是集钻、镗、铰、攻螺纹和铣加工功能为一体的高精度、多功能加工中心，不仅具有坐标镗床的高精度，而且具备较高的刚性和主轴转速，能够实现机匣类零件外形铣削和定位孔的钻镗复合加工。

（2）卧式车铣复合加工。

车铣复合加工中心是集车削和镗铣加工为一体的多功能复合加工中心，旋转工作台不仅具有车削加工需要的高转速、高转矩，而且具备铣削加工要求的高精度分度功能，配备刚性铣头，能够安装车刀、铣刀、镗刀和测头等多种工具，能够实现自动换刀车铣复合加工。车铣复合加工中心以车加工为主，在进行零件主要型面车加工的同时，辅助完成定位孔、安装孔、键槽和凸台的镗铣加工，实现工序集中，保持较好的加工一致性，有利于提高加工效率，实现加工过程自动化。

（3）立式车铣复合加工。

立式车铣复合加工中心是以铣加工功能为主的车、铣一体结构的复合加工中心，该设备采用高速直线驱动电动机，具有较高的主轴刚性和转速，旋转工作台具有较高的定位精度，并且具备大转矩和高转速的特点，不仅能对难切削材料进行高速、高效铣削加工，而且能够进行内、外圆车加工。

2）传统加工方法与特种加工方法的复合加工

（1）电火花铣复合加工。

电火花铣是在电火花放电产生的高能热的基础上，采用铣削加工刀具运动方式，以去除材料为目的的加工方法。电火花铣加工工具是管状电极，电极高速旋转，做直线或圆弧插补运动，能够实现复杂曲面的仿形加工。与传统铣加工相比，电火花铣没有切削力，适合薄壁零件加工；没有刀具消耗，电极损耗费用比刀具消耗费用小得多，节约大量刀具费用；电火花铣机床与加工中心设备费用相差很多，使用电火花铣会大幅降低加工成本。

（2）电火花磨复合加工。

电火花磨削实质上是运用磨削加工的形式进行电火花加工，工具电极和工件各自做回转运动，使工具电极与工件有相对回转运动。电极局部放电，径向进给实现磨削方式的加工，电极损耗可以通过进给予以补偿。对放电间隙进行伺服控制，保持加工间隙。如 REDM-100 型电火花磨床，主轴头沿垂直方向或水平方向做单轴伺服进给运动，而工件安装在水平工作台上做定速旋转运动来实现电火花磨削加工。

（3）化学机械复合加工。

化学机械复合加工是指化学加工方法与机械加工方法的综合，利用化学腐蚀机理，结合机械振动、磨削、铣削等机械加工方法，实现脆硬难加工材料、薄壁复杂结构零件的高效、高精度加工，化学机械复合加工包括化学铣、化学机械振动抛光等。

其中，化学铣是将金属坯料浸没在化学腐蚀溶液中，利用溶液的腐蚀作用去除表面金属的工艺方法。化学铣已经成为现代精密制造工业中广泛应用的一种特种加工工艺。化学铣工艺过程如下：将金属零件清洗除油，在表面上涂覆能够抵抗腐蚀溶液作用的可剥性保护涂料，经室温或高温固化后进行刻形，然后将涂覆于需要铣切加工部位的保护涂料剥离。

（4）加热辅助切削复合加工。

加热辅助切削复合加工通过对加工零件表面局部瞬间加热，改变零件加工部位表层材料的物理、力学性能，降低加工表面机械强度、表层硬度，改善零件加工性能，降低刀具磨损，延长刀具使用寿命，提高加工效率，保证加工质量。

（5）超声振动辅助切削复合加工。

超声振动辅助切削复合加工是难加工材料、细长孔等复杂结构零件加工的一种有效加工方法，其机理是加工刀具或工具以适当的方向、一定的频率和振幅振动，以脉冲式进给方式切削零件，从而改善加工工况及断屑条件，通过连续有规律的脉冲切削减小切削力、减少切削变形、消除加工带来的自激振动，达到提高加工精度、延长刀具使用寿命的目的。

3）增减材复合加工

增材制造技术是依据产品的三维 CAD 数据来逐层累加材料，从而形成产品的一种制造工艺。增材制造技术具有可以成形任意复杂形状的零件，无需刀具、夹具等专用装备，成形速度快等特点。但在产品的几何尺寸精度和表面粗糙度方面，增材制造工艺的效果不太理想。而传统的切削加工属于"减材加工"，具有高精准度和易于切削加工等优点。因此，减材制造与增材制造的优缺点具有很强的互补性，实现增减材制造工艺的复合，不仅能够提高生产效率，降低生产成本，拓宽产品原材料加工范围，还可以减少切削液的使用，保护环境，具有广阔的应用前景。

增减材复合加工技术是一种将产品设计、软件控制及增材制造与减材制造相结合的新技术。借助计算机生成 CAD 模型，并将其按一定的厚度分层，从而将零件的三维数据信息转换为一系列的二维或三维轮廓几何信息，层面几何信息融合沉积参数和机加工参数生成增材制造加工路径数控代码，最终成型三维实体零件。然后针对成型的三维实体零件进行测量与特征提取，并与 CAD 模型进行对照寻找误差区域后，基于减材制造，对零件进行进一步加工修正，直至满足产品设计要求。

从复合加工技术的原理可以看出，该技术的实质是 CAD 软件驱动下的三维堆积和机加工过程。因此，一个基本的复合加工系统应该由以下几个部分组成：CNC 加工中心、沉积制造部分、送料系统、软件控制系统及辅助系统。其中涉及的关键技术主要包括复合加工的集成方式、软硬件平台搭建和复合制造控制系统。

8.3.4　微纳米制造技术

1．微纳米制造技术概述

制造业的飞速发展，对器件加工精度与微型化提出了更高的要求。微纳器件的尺寸多分布在 1nm～100μm 内，在此尺寸范围内的材料通常具备常规材料所不具备的奇异或反常的物理、化学特性。例如，陶瓷材料在通常情况下呈脆性，然而由纳米超微颗粒压制成的纳米陶瓷材料却具有良好的韧性。通过传统机械加工方法车、钻、磨、锻、铸、焊等，很难实现微纳器件的加工，由此诞生了微纳米制造技术这一概念。

微纳米制造技术是制造微米级、纳米级或更小尺寸结构、器件、系统技术的统称。具体来讲，微纳米制造技术可分为微制造技术与纳制造技术。微制造技术主要实现 0.1～100μm 尺寸范围的器件或系统的研究与开发。目前主要有两种不同的微制造工艺方式。一种是硅基材料半导体制造工艺的光刻技术、LIGA 技术、键合技术、封装技术等，这些工艺方法在微电子工业领域已发展得较为成熟，但普遍存在加工材料单一、加工设备昂贵等问题，且只能加工结构简单的二维或准三维微机械零件，无法进行复杂的三维微机械零件的加工。另一种是机械微加工，是指采用机械加工、特种加工及其他成型技术等传统加工技术形成的微加工技术，可进行三维复杂曲面零件的加工。纳制造技术是主要面向 1nm～100nm 尺寸的原子、分子的操纵、加工与控制技术，主要分为两种方向：一种以微制造为基础向其制造精度的极限逼近，达到纳米加工的能力。如半导体加工主要包括晶圆制备、集成电路制造、测试封装。集成电路制造最为复杂，现有技术包括气相沉积、刻蚀、离子注入等可实现亚纳米甚至埃米级的加工精度，但光学光刻制造的精度成为半导体器件加工的瓶颈。纳制造包括纳米压印技术、刻划技术、原子操纵技术等。微制造技术与纳制造技术在结构、器件、系统尺寸上存在巨大差异，纳制造技术具有超高的工作频率、高灵敏度，能以极低的功耗实现吸附性的控制力，但在更小尺寸下产生的一些新物理特性将影响器件的操作方式和制造手段。

总的来讲，微纳米制造技术从其得以应用之日起，就立足科技顶端、制造业尖端，在市场需求与消费方面具有高端的定位。

2．微纳米制造技术的种类

微纳米制造技术具有很高的学科交叉性，可视为一种综合性技术，包括了自然科学（物理、化学、生物、分子物理）、工程学（电子工程、机械工程、材料工程、工业工程、化学工程）。此外，由于微/纳尺度下在电荷传递、摩擦、热传导、扩散、流体阻尼方面特有的小尺寸效应，从事微纳米制造技术的研发者和工程师必须具备相关的知识与经验，从而保证所设计制造的器件或系统的质量。下面将对微纳米制造的光刻、聚焦离子束、气相沉积技术、刻蚀工艺、激光微加工、纳米压印，分别进行介绍。

1）光刻

早期的微静电计、微马达、微压力传感器等微纳器件，都是基于光刻（Photolithography）工艺发展起来的。光刻加工是对硅基半导体材料进行二维或二维半微结构精密制造的技术。光刻技术由照相平版印刷术发展而来，利用光交联型、光分解型和光聚合型的反应特点，在紫外线或更短波长的光波照射下，将光刻掩膜版上的图形精确地印制在涂有光致抗蚀剂的工件表面，再利用光反应后的光致抗蚀剂的非腐蚀特性，从而获得尺寸分辨率高的图形。到目前为止，基于光刻工艺的半导体工艺已经产生了巨大市场效益。

目前，光刻在微纳米制造技术中有以下应用：第一，大规模集成电路芯片是基于光刻工艺发展起来的，是目前工艺更迭快、产生经济效益大、前景极为光明的技术。目前，浸润式光学曝光的线宽精度已经达到 5nm（2020 年）。第二，可用于批量生产生物医学、汽车电子工业中的微纳器件或传感器，例如现在基于光刻工艺生产的微流控芯片集成各类生物医学分析传感器，实现非侵入式高通量血液指标监测。第三，可定制化的微纳传感器件，例如集成微光学、微机械、微电子的微光机电系统。

2）聚焦离子束

聚焦离子束（Focused Ion Beam，FIB）加工是实现纳米尺度制造的另一重要操作手段。离子束是以近乎相同的速度向同一方向运动的一群带电离子。离子束源是聚焦离子束技术的核心，早期的离子束通常采用惰性气体氦与氩。液态金属离子束源的小尺寸、高密度的特性促进了离子束源的进一步发展。现在的离子束源通常将熔融态的液态金属与直径在 10μm 以内的钨丝针尖粘连，在外电场的作用下会产生高于 1000V/m 的场强，液态金属表面原子的外层电子会溢出表面，金属原子实现了离子化，离子化的金属会沿着场强的方向产生离子束流。

扫描式聚焦离子束加工的工作原理与扫描式电子束曝光原理相似，是基于高能火花的离子束与待加工工件表面多次轰击碰撞实现的。到目前为止，扫描式聚焦离子束加工在离子注入过程中的离子轰击对超微细结构进行铣削与刻蚀，可利用背散射离子电子及 X 射线等获取材料表面的信息，实现二次电子成像和背散射离子成像。

3）气相沉积技术

在过去二三十年里，气相沉积技术一直是一项快速发展的新技术。它能改变材料在气相中的物化性质，达到改变工件表面成分的目的，使其具有特殊的性能，如形成具有特殊电学和光学性能的超硬耐磨层。一般来说，气相沉积技术分为两类：物理气相沉积（PVD）和化学气相沉积（CVD）。气相沉积作为一种新型的模具表面硬化技术，已广泛应用于各种模具的表面硬化处理。目前，超硬沉积材料如(TiAl)N，TiCrN 等，以及复合涂层如 TiC 等已用于生产。

4）刻蚀工艺

刻蚀工艺作为一种微纳米减材制造技术，用于除掉裸露在抗蚀剂之外的薄膜层，并在薄膜层上得到与抗蚀剂膜上相同图形的工艺。刻蚀是运用一种或多种物理或化学方法，有针对性地去除裸露在抗蚀剂外的部分薄膜层，从而使在薄膜上得到的图形和抗蚀剂膜上的图形几乎完全一致。

5）激光微加工

相比于一般的机械加工，激光微加工具有精确度高、准确率高、加工速度快的特点。这种工艺主要是通过激光束与材料之间的相互作用，来对不同的材料进行加工的，主要包括切割、焊接、冲孔、打标、热处理等多种加工工艺。激光微加工成型主要包括两种类型：

①通过红外激光对材料表面进行加热，使其汽化（蒸发），这种热加工方法主要使用波长为 0.16μm 的 YAG 激光。②通过紫外激光对非金属材料表面的分子键进行破坏，进而令分子脱离物体，该加工方式为不产生高热量的冷加工，主要使用波长为 355nm 的紫外激光。飞秒激光微纳米制造技术具备极高的加工精度，可加工的材料范围广，因而在微光学、微电子、微流控等复杂的三维微纳结构的制备中被广泛应用。

6）纳米压印

纳米压印技术是一种在微纳米结构上复制结构图案的技术，可以制造出具有更高精度、更大面积的微纳米结构。纳米压印技术主要包括热压印、紫外线压印等技术。采用纳米压印技术将模板图形复制到聚合物薄膜上，具有高效率、低成本、高分辨率的优点，但也存在受力不均造成结构差异的现象。纳米压印技术目前正应用于高精度微纳器件，如有机激光器、数据存储器、化学传感器、有机发光半导体和生物芯片的制造。

习　题

1．先进制造技术是在怎样的背景下被提出的？其内涵与特点如何？

2．分析先进制造技术与传统制造技术相比有何特点。

3．简述并行工程与传统设计方法的区别。

4．什么是敏捷制造？比较敏捷制造企业与传统制造企业的区别。

5．什么是虚拟制造？分析虚拟制造的功能特征。

6．什么是智能制造系统？分析智能制造系统的特征。

7．什么是高速切削加工？试分析高速切削加工的关键技术。

8．列举当前常用的增材制造的工艺方法并分析其工艺过程及特点。

9．列举当前常用的微纳米制造技术及其工艺特点。

参考文献

[1]　周俊. 先进制造技术[M]. 北京：清华大学出版社，2014.

[2]　王隆太.先进制造技术[M]. 3 版. 北京：机械工业出版社，2020.

[3]　裴未迟，龙海洋，李耀刚，等. 先进制造技术[M]. 北京：清华大学出版社，2019.

[4]　陈明，安庆龙，刘志强. 高速切削技术基础与应用[M]. 上海：上海科学技术出版社，2012.

[5]　刘强. 智能制造概论[M]. 北京：机械工业出版社，2021.

[6]　崔铮. 微纳米加工技术及其应用[M]. 4 版. 北京：高等教育出版社，2020.

[7]　吴超群，孙琴. 增材制造技术[M]. 北京：机械工业出版社，2020.